福建省高职高专土建大类十二五规划教材

工程测量基础

主　编◎李　冰
副主编◎黄　颖
主　审◎徐行军

厦门大学出版社
XIAMEN UNIVERSITY PRESS
国家一级出版社
全国百佳图书出版单位

图书在版编目(CIP)数据

工程测量基础 / 李冰主编.—厦门 ：厦门大学出版社，2017.8(2019.12 重印)

ISBN 978-7-5615-6553-7

Ⅰ.①工… Ⅱ.①李… Ⅲ.①工程测量-教材 Ⅳ.①TB22

中国版本图书馆 CIP 数据核字(2017)第 189544 号

出 版 人 郑文礼

总 策 划 宋文艳

责任编辑 眭 蔚

美术编辑 李嘉彬

技术编辑 许克华

出版发行 厦门大学出版社

社　　址 厦门市软件园二期望海路 39 号

邮政编码 361008

总 编 办 0592-2182177 0592-2181406(传真)

营销中心 0592-2184458 0592-2181365

网　　址 http://www.xmupress.com

邮　　箱 xmup@xmupress.com

印　　刷 三明市华光印务有限公司

开本 787mm×1092mm 1/16

印张 13.5

字数 330 千字

版次 2017 年 8 月第 1 版

印次 2019 年 12 月第 2 次印刷

定价 35.00 元

本书如有印装质量问题请直接寄承印厂调换

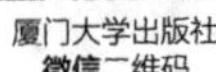

厦门大学出版社
微信二维码

厦门大学出版社
微博二维码

前 言

本书是在福建省高等职业教育土建类专业教材编审委员会指导下编写的，是土木工程等相关专业主干课程的专业教材之一。教材编写力求与高职高专人才培养模式相适应，在对多家土木建筑工程施工单位进行调研的基础上，突出基础性、实用性和先进性，对教材内容体系进行了整体优化。

全书在着重介绍基本概念、基本理论和基本操作技能的基础上，以应用为主，本着“必需、够用”的原则，力争做到推理充分、严密，内容翔实，通俗易懂。在体系安排上，注重工程测量基础学科的系统性，力图以点位确定为中心，以常规测量为主线，结合新技术、新仪器在土木工程建设上的应用，建立由浅入深、先易后难、循序渐进的教材体系。本书通过大量的实操实例对新仪器、新技术在测量中的应用进行详尽说明，突出应用性，适用面广，既可作为建筑、市政、路桥等相关专业学生的教材，也可供施工、工程管理、监理等相关技术人员学习参考。

本书由福建船政交通职业学院李冰任主编，福建船政交通职业学院黄颖任副主编。编写分工为：福建船政交通职业学院李冰编写第1章、第2章、第3章，第4章第1、2、3、4节，第5章、第6章，及各章测试题目；福建船政交通职业学院黄颖编写第7章；福建船政交通职业学院祝可为编写第4章第5、6、7节。福建船政交通职业学院徐行军副教授担任本书主审。在编写过程中得到福建省高等职业教育土建类专业教材编审委员会领导和专家的大力支持和指导，在此表示感谢！

由于测量新仪器、新技术不断更新，加之编者水平有限，编写时间仓促，不妥与疏漏之处在所难免，敬请读者批评指正。

编者

2017年7月

目 录

第1章　测量学的基本知识

【教学要求】

知识准备	能力要求	相关知识点
测量学研究的对象及建筑工程测量的任务	(1)理解测量学的研究对象 (2)了解测量学的分科 (3)掌握建筑工程各阶段测量的任务	(1)测量学的研究对象 (2)测量学的分科 (3)测绘的概念 (4)测设的概念 (5)变形监测的目的与作用
地面点位的确定	(1)理解测量工作的基准线是铅垂线，基准面是大地水准面 (2)能建立独立的平面直角坐标系 (3)能计算任意点高斯投影带带号及中央子午线的经度 (4)能确定任意点的高程	(1)地球的形状和大小 (2)水准面及大地水准面 (3)经度、纬度的概念 (4)高斯投影、投影带带号、中央子午线经度的计算 (5)平面直角坐标的建立 (6)绝对高程、相对高程的概念 (7)高差的计算
测量工作中用水平面代替水准面的限度	(1)能根据距离确定用水平面代替水准面的角度、距离和高差的误差 (2)能正确判断工程中用水平面代替水准面的限度	(1)水平面代替水准面对水平角的影响 (2)水平面代替水准面对水平距离的影响 (3)水平面代替水准面对高程的影响
测量工作的基本概念	(1)能根据三个基本要素确定地面点的相对位置关系 (2)能根据测量工作的基本原则实施测量工作	(1)测量的基本工作 (2)测量工作的基本原则

1.1　测量学研究的对象及建筑工程测量的任务

1.1.1　测量学的研究对象

测量学是一门研究地球的形状、大小和地球重力场以及确定地面点位关系的学科，并在此基础上建立一个统一的坐标系统，利用各种测量仪器、传感器及其组合系统对地球及其上各种实体在一定坐标系中有关空间定位和分布的信息进行采集、处理、描绘和管理，为研究地球自然和人文现象，解决人口、资源、环境和灾害等社会可持续发展中的重大问题以及为国民经济和国防建设提供技术支撑和数据保障。

1.1.2 测量学的分科

随着科技的不断发展和社会的不断进步，测量学的理论、方法、仪器和用具等得到了很大的发展和不断变革，各种先进技术广泛使用到测量工作中。现代的测量学按照研究范围、研究对象及采用的技术手段不同，大体可分为大地测量学、普通测量学、摄影测量与遥感学、制图学和工程测量学等主要分支学科。

1. 大地测量学

大地测量学是研究整个地球的形状、大小和外部重力场的理论、技术和方法的学科，解决大范围的控制测量工作。大地测量学是测量学各分支学科的理论基础，它的主要任务是为测制地形图和工程建设提供基本的平面控制和高程控制，是为研究地球有关各学科服务的，并且是施测地形图的重要依据。由于全球定位系统(Global Positioning System，GPS)、卫星激光测距(Satellite Laser Ranging，SLR)、甚长基线干涉测量(Very Long Baseline Interferometry，VLBI)和卫星测高(Satellite Altimetry，SA)等新技术的引进，大地测量从分维式发展到整体式，从静态发展到动态，从描述地球的几何空间发展到描述地球的物理—几何空间，从地表层测量发展到地球内部结构的反演，从局部参考坐标系中的地区性大地测量发展到统一地心坐标系中的全球性大地测量。随着人造地球卫星和及遥感技术的发展，又可以细分为卫星大地测量和常规大地测量两种。

2. 普通测量学

普通测量学是研究地球表面一个较小的局部区域的地物、地貌及其他信息测绘成地形图的理论、方法和技术的学科。它的主要任务是图根控制网的建立、地形图的测绘及工程的施工测量。

3. 摄影测量与遥感学

摄影测量与遥感学是研究利用电磁波传感器获取目标物的影像数据，从中提取语义或非语义的信息，并用图形、图像和数字形式表达的学科。当前，由于现代航天技术和计算机技术的发展，在摄影测量中引进遥感技术，并且与卫星定位技术和地理信息技术相集成，称为地球空间信息科学与技术。

4. 制图学

制图学主要是利用测量所获得的成果资料，研究如何投影绘编成图以及地图制作的理论、方法、应用等方面的学科。

5. 工程测量学

工程测量学是研究工程建设和自然资源开发中各个阶段进行控制测量、地形测绘、施工放样和变形监测的理论和技术的学科。它是测绘学在国民经济和国防建设中的直接应用，是综合性的应用测绘科学和技术。按其研究对象可分为建筑、铁路、公路、水利、地下、管线、矿山、城市和国防等工程测量。

测量学各分支学科之间相互渗透，相互补充，相辅相成。本书主要讲述普通测量学和工程测量学的基本内容。

1.1.3　建筑工程各阶段测量的任务

测量学主要任务包括测绘、测设和变形监测三方面。建筑工程测量属于工程测量的范畴，是测量学的一个组成部分。它是研究建筑工程在勘测设计、施工阶段和运营管理各阶段所进行的各种测量工作的理论和技术的学科。其任务主要有以下三方面：

1. 测绘

要进行勘测设计，必须要有设计底图。而该阶段测量工作的任务就是为勘测设计提供地形图，进行地形图测绘。地形图测绘也称测定，它使用测量仪器和工具，通过测量和计算得到工程建设区域各种地面物体的位置与形状，以及地表的起伏形态等一系列测量信息，然后用规定的图例与符号，依据选定的比例尺绘制成地形图，或者用数字表示出来，供工程建设规划设计使用。

2. 测设

也称为“施工放样”，在工程施工建设之前，测量人员将地形图上规划设计好的工程建筑物和构筑物按设计和施工技术的要求在现场地面标定出来，作为后续施工的依据。施工放样是联系设计和施工的桥梁，一般来讲，需要较高的精度。

3. 变形监测

在建筑物和构筑物施工过程中，要进行变形监测，以指导和检查工程的施工，确保施工质量符合设计的要求；竣工后还要测绘竣工图，供日后扩建、改建、维修等应用。对某些重要的建筑物或构筑物在建设中和建成以后的运营管理阶段都需要进行稳定性观测，对建筑物的稳定性及变化情况进行监督测量，了解其变形规律，以确保建筑物的安全。主要内容为沉降观测、位移观测、倾斜观测、裂缝观测、挠度观测等。

总之，在工程建设的勘测、设计、施工和运营管理各个阶段都要进行测量工作，测量工作贯穿于整个工程建设的始终。因此，从事工程建设的工程技术人员必须掌握工程测量的基本知识和技能。

1.2　地面点位的确定

1.2.1　地球的形状、大小和测量基准

测量工作是在地球表面进行的，要测量地球表面点的相对位置，必须首先确定一个共同的坐标系统，以此为参照，各点间的相互位置关系就能确定了。如何确定这一共同的坐标系

统，则与地球的形状和大小有密切关系。

1. 地球的形状和大小

测量工作的主要研究对象是地球的自然表面。地球是一个南北极稍扁，赤道稍长，平均半径约为 6371 km 的椭球。它的自然表面有高山、丘陵、平原、盆地及海洋等，呈复杂的起伏形态，是一个不规则的曲面。如我国西藏与尼泊尔交界处的珠穆朗玛峰 2005 年复测海拔为 8844.43 m，而在太平洋西部的马里亚纳海沟深达 11022 m，地表的高低起伏约 20 km。尽管有这么大的高低起伏，但相对于地球半径 6371 km 来说是微不足道的。而地球表面上海洋面积约占 71%，陆地面积约占 29%，因此，可以认为地球的形状是被海水包围的球体。

2. 测量的基准线和基准面

由于地球的自转运动，地球上任一点都要受到离心力和地球引力的双重作用，这两个力的合力称为重力。重力的方向线称为铅垂线，铅垂线是测量工作的基准线。假设某一个静止的海水面延伸穿越陆地，包围整个地球，形成一个闭合的曲面，称为水准面。水准面是一个处处与铅垂线垂直的连续曲面，它的特点是该面上的任意一点的铅垂线（与重力的方向线一致）都垂直于该点所在曲面的切面。与水准面相切的平面是水平面，水平面内的任意方向的直线均为水平线，如图 1-1 所示。

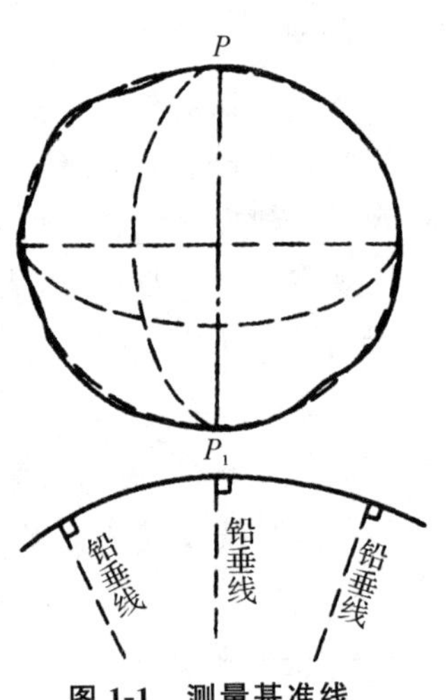

图 1-1 测量基准线

由于受到风浪和潮汐的影响，完全静止的海水面是不易求得的。因此，人们通过在海岸设立一系列验潮站，求得一个平均的海水面来代替假想的静止的海水面，称为大地水准面，如图 1-2 所示。大地水准面所包围的地球形体称为大地体。通常大地水准面是地面点高程的起始面。故水准面有无数多个，而大地水准面是其中特定的一个，而且只有一个。

由于地球内部质量分布不均匀，引起铅垂线的方向产生不规则的变化，致使大地水准面成为一个复杂的曲面，如果将地球表面上的图形投影到这个复杂的曲面上，是无法进行测量工作的。为了测量计算工作的便利，通常选择一个与大地体非常接近的、能用数学方程表示的几何形体即旋转椭球体来代替地球的形体，作为测量计算工作的基准面，如图 1-3 所示。

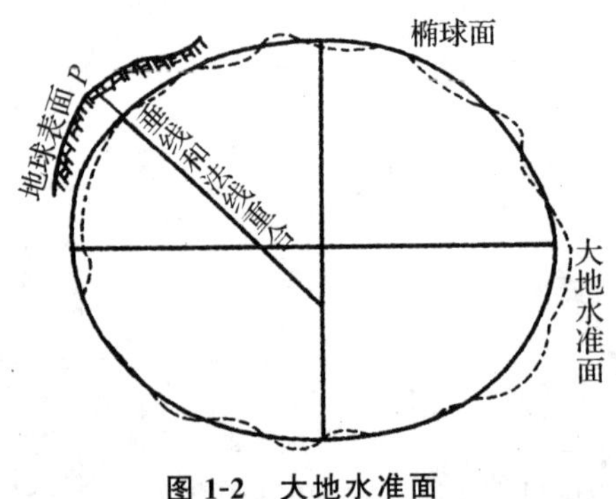

图 1-2 大地水准面

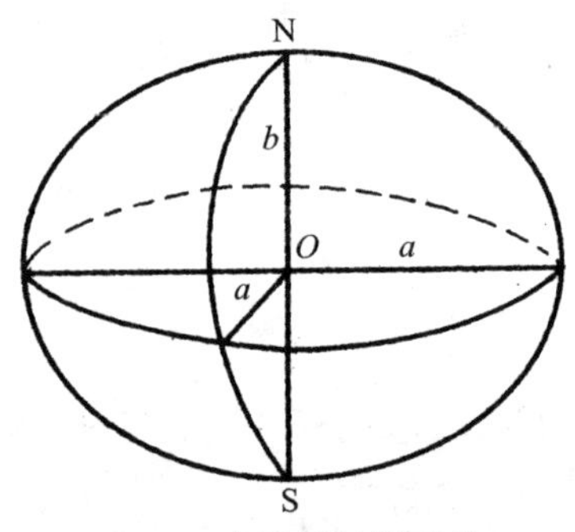

图 1-3 大地旋转椭球体

椭球体的形状和大小由椭球基本元素长半轴 a、短半轴 b 和扁率 $\alpha=\frac{a-b}{a}$ 来表示，我国 1954 年北京坐标采用的是克拉索夫斯基椭球，1980 年国家大地坐标采用的是 1975 年国际椭球，而现行的工程测量规范规定的 WGS-84 大地坐标系、全球定位系统（GPS）采用的是 WGS-84 椭球。它们各自的基本几何参数见表 1-1。

表 1-1　我国使用的椭球体基本几何参数

椭球名称	长半轴 a/m	短半轴 b/m	扁率 α	备注
克拉索夫斯基	6378245	6356863	1∶298.3	1954 年北京坐标系采用
1975 年国际椭球	6378140	6356755	1∶298.257	1980 年国家大地坐标系采用
WGS-84	6378137	6356752	1∶298.257	美国 GPS 采用

测量工作就是以椭球面作为基准面，将其作为地球的数学模型建立坐标系统，确定地面点的位置。由于地球椭球体的扁率很小，当测量的区域较小或在地形测量和工程测量中对精度要求不高时，可以把地球近似当成圆球看待，球半径近似为 6371 km。

1.2.2　确定地面点位的方法

在测量工作中，无论是测绘还是测设的基本任务都是通过确定地面点的空间位置来实现的，即确定地面点位在某个空间坐标系中的三维坐标。因此，确定地面点的空间位置，一般通过确定地面点在基准面（参考椭球面）上的投影位置以及地面点到基准面（大地水准面）的铅垂距离来实现，故测量上将空间的三维坐标分解为确定点的球面位置的坐标系和高程系。

1. 确定点的球面位置的坐标系

在测量工作中，确定点的球面位置的坐标系通常有下面几种表示方法。

(1)地理坐标系

地理坐标系属于球面坐标系，当研究和测定整个地球的形状或进行大区域的测绘工作时，可用地球坐标来确定地面点的位置。根据采用的投影面的不同，可以分为天文地理坐标和大地地理坐标。

①天文地理坐标

天文地理坐标简称为天文坐标，表示地面点在大地水准面上的位置。它的基准是铅垂线和大地水准面，采用天文经度 λ 和天文纬度 φ 两个参数来表示地面点在球面上的位置，如图 1-4所示。

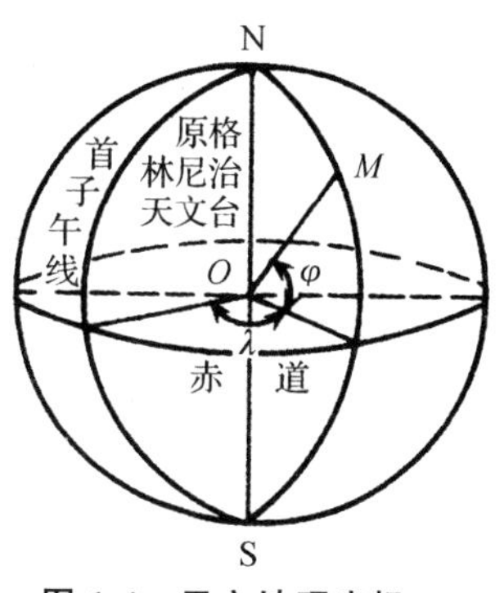

图 1-4　天文地理坐标

地球北极 N 与地球南极 S 的连线为地球的自转轴，过地球表面任意一点和自转轴 NS 的平面为该点的子午面，该面和大地水准面的交线即子午线（也称经线）。规定自通过英国格林尼治天文台的子午面为起始子午面（也称首子午面），相应的子午线称为起始子午线或零子午线，是经度计量的起点。通过点

M 的子午面与首子午面所组成的两面角称为该点的天文经度,用 λ 表示。它自首子午面向东或向西值在 0°～180°之间,在首子午面以东为东经,以西为西经。垂直于地球自转轴的平面与球面的交线称为纬线,用 φ 表示。通过球心且垂直于自转轴的平面称为赤道平面,其与球面的交线为赤道。通过 M 点的铅垂线与赤道平面的夹角称为该点的纬度,用 φ 表示。纬度自赤道开始向南或向北计算,取值范围为 0°～90°,赤道以南为南纬,以北为北纬。因此,地面点的天文坐标表示为(λ,φ)。

②大地地理坐标

大地地理坐标简称为大地坐标,用大地经度 L 和大地纬度 B 表示的地面点在旋转椭球体上投影的位置,如图 1-5 所示。A 点的大地纬度 L 是通过 A 点的子午面与首子午面的两面角;该点的大地纬度 B 是通过该点与旋转椭球面垂直线与赤道面的夹角。

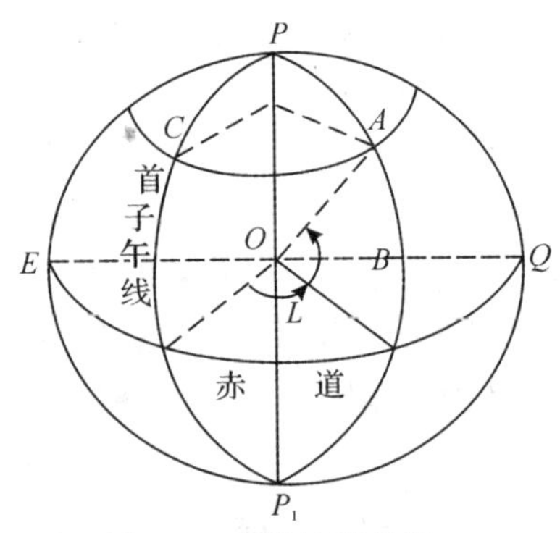

图 1-5　大地地理坐标

相对于天文坐标,由于两者依据的基准面和基准线的不同,前者为大地水准面,后者为旋转椭球面,同一点的天文坐标和大地坐标是不同的。天文坐标是用天文测量的方法直接测定的,而大地坐标由于其所依据的椭球面不能直接测量,故其是按照大地测量所获得的数据推算得到的。

我国目前采用陕西省泾阳县永乐镇内的大地坐标原点(该点的大地经纬度和天文经纬度相同)为起算点,进行大地定位,由此建立全国统一的坐标体系,称为“1980 年国家大地坐标系”。

(2)平面直角坐标系

采用地理坐标对地面局部区域或小区域进行测量工作是不方便的,例如在赤道上,1″的经度差和纬度差对应的地面距离约为 30 m,采用曲面坐标,使得工作烦琐且不直观,测量计算最好在平面上进行,故考虑建立平面坐标。测量工作中所用的平面直角坐标和数学上常用的笛卡儿坐标有些不同,测量中以 X 轴为纵轴,一般表示南北方向;以 Y 轴为横轴,一般表示东西方向;象限按顺时针方向编号,直线的方向是从纵轴北端按顺时针方向度量,便于数学上定义的各类函数公式直接应用到测量计算中,不需要做任何变更。建立平面直角坐标的方法有高斯平面直角坐标、独立平面直角坐标等。

①高斯平面直角坐标

当测区范围比较大时,考虑地球表面是一个不可展平的曲面,必须采取适当方法减少将旋转椭球体上的图形绘制到平面上所带来的变形,我国采用高斯-克吕格投影方法。

高斯投影的方法是将地球按经线划分成带,称为投影带,投影带从首子午线开始,每隔 6°划分为一带,称为 6°带,如图 1-6 所示。

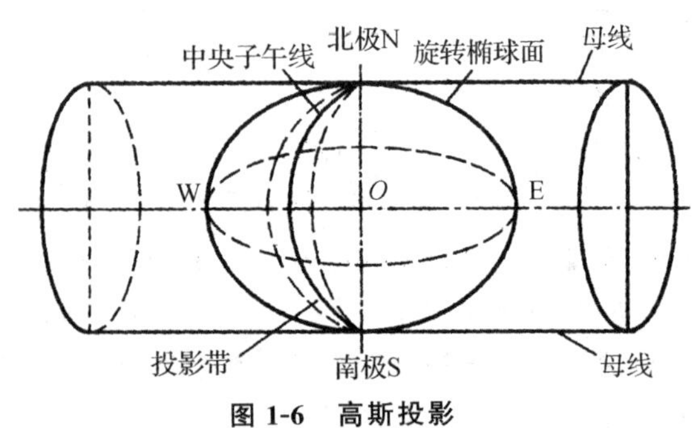

图 1-6　高斯投影

从首子午线开始，自西向东分成60个带，带号从首子午线开始，用阿拉伯数字表示，位于各带中央的子午线称为该带的中央子午线（或主子午线），如图1-6所示。第一个6°带的中央子午线的经度为3°，任意一个带的中央子午线经度L_0可用下式计算：

$$L_0 = 6N - 3° \tag{1-1}$$

反之，已知地面任一点的经度L，要求计算该点所在的6°带编号的公式为：

$$N = \mathrm{int}\left(\frac{L+3}{6} + 0.5\right) \tag{1-2}$$

式中，N—投影带的带号；

int—取整函数。

采用上述方法划分投影带后，就可以进行高斯投影。如图1-6所示，设想有一个空心圆柱体横套在旋转椭球体的外面，圆柱体的中心轴线位于赤道平面内并通过球心，并且与某一个带的中央子午线相切，将球面图形投影在圆柱上，再将圆柱体沿通过南北极母线切开并展开成平面。在这个平面上，投影后的中央子午线和赤道成为互相垂直的直线，在坐标系内以中央子午线为坐标纵轴（x轴），向北为正，赤道为坐标横轴（y轴），向东为正，两轴交点为坐标原点O，组成的平面直角坐标系称为高斯平面直角坐标系。

在高斯投影中，仅在中央子午线上的投影没有变形，其他离开子午线的点在作高斯投影时都会产生变形，而且离开中央子午线愈远变形越大，这样对于测图和应用图都是不利的。研究发现，当采用6°带投影，边缘部分的变形能够满足1∶25000或更小比例尺测图的精度，而当需要使用1∶10000或更大比例尺测图时，采用缩小投影带宽度的方式来减小投影带边缘位置距离变形，即采用3°带投影法或1.5°带投影法。在这里仅介绍3°带投影法。

3°带是在6°带的基础上分成的，它是从东经1°30′开始，自西向东每隔经差3°划分为一带，将整个地球划分成120个3°带，用1～120顺序编号。6°带投影和3°带投影的关系如图1-7所示。任意3°带的中央子午线的经度L'可按下式计算：

$$L_0' = 3n \tag{1-3}$$

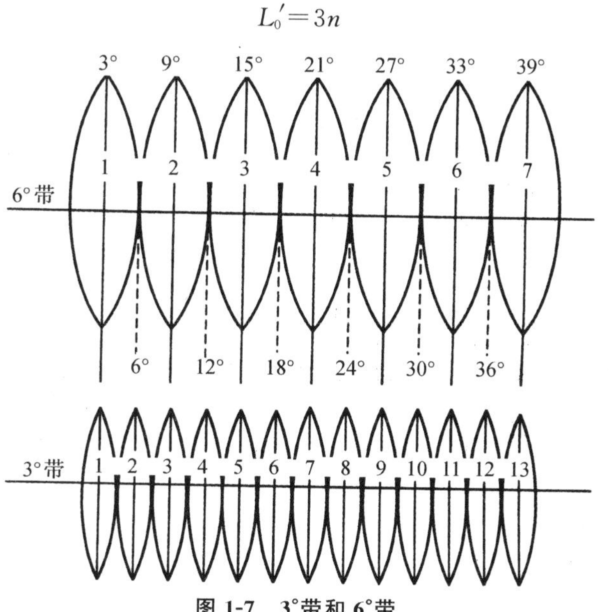

图1-7　3°带和6°带

反之，已知地面任一点的经度 L'，计算该点所在的 3°带编号的公式为：

$$n=\text{int}\left(\frac{L'}{3}+0.5\right) \tag{1-4}$$

式中，n—3°投影带的带号；

int—取整函数。

我国国土隶属于北半球，在东经 73°27′～135°09′之间，6°带投影带号范围为 13～23，3°带投影的带号范围为 25～45，境内 x 轴坐标恒为正，而 y 轴坐标有正有负，当点位于中央子午线以东时为正，以西时为负。如图 1-8(a)所示，B 点位于中央子午线以西，y_B 为负，而 y_A 为正。对于 6°带高斯坐标系，最大的 y 坐标负值大约为 365 km。为了避免出现负值，我国统一规定每个投影带的坐标原点向西平移 500 km，则投影带内任意点的坐标均为正值，如图 1-8(b)。由于 6°带有许多个，为了能确定某点在哪一个 6°带内，可以在横坐标（y 轴坐标）前冠以该带的编号。例如 B 点位于中央子午线是 117°的 6°带内，带号为 18，x_B = 678921.42 m，y_B = －234432.26 m，则横坐标为 y_B = 234432.26 m＋500000 m = 265567.74 m。为区别不同投影带，在横坐标前冠以该投影带带号，则 B 点横坐标为 y_B = 18265567.74 m。我们通常将未加 500 km 和未加带号的横坐标值称为自然值，将加上 500 km 并冠以带号的称为通用值。

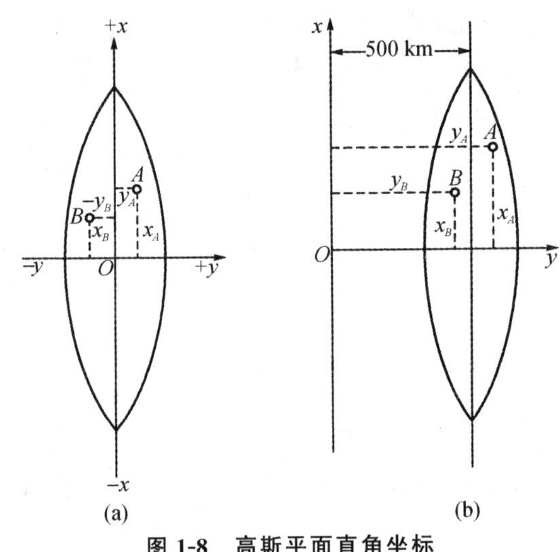

图 1-8　高斯平面直角坐标

②独立平面直角坐标

大地水准面虽然是曲面，但是当测量区域比较小（如测量半径不大于 10 km 的范围）时，可以用测区中心点的切平面来代替曲面，地面点在投影面上的投影可以用平面直角坐标（x，y）来表示。如图 1-9 所示。该坐标系与本地区统一坐标系没有必然的联系，故称为独立平面直角坐标系。如有必要，独立的平面直角坐标系可与当地的高斯平面直角坐标系联测后，同一点的两种坐标可以通过一定的计算互相转换。在某些工程现场，为了便于对平面位置进行施工放样，常采用平面直角坐标系与工程设计轴线平行或垂直，而对于左右或前后对称的工程，可以将坐标原点设于对称中心，便于计算与放样。坐标象限的划分按顺时针编号，如图 1-10 所示。

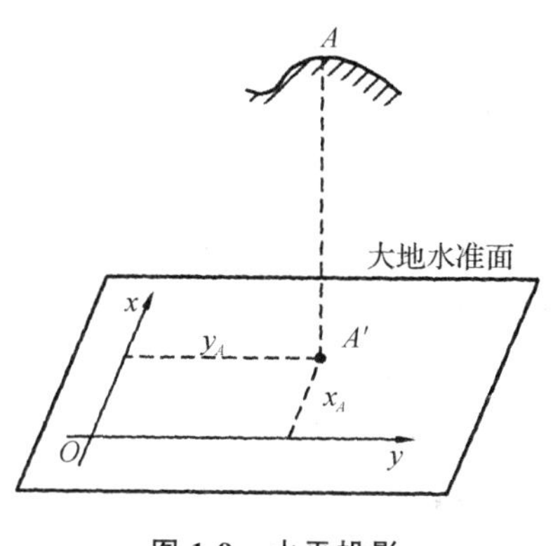

图 1-9　水平投影

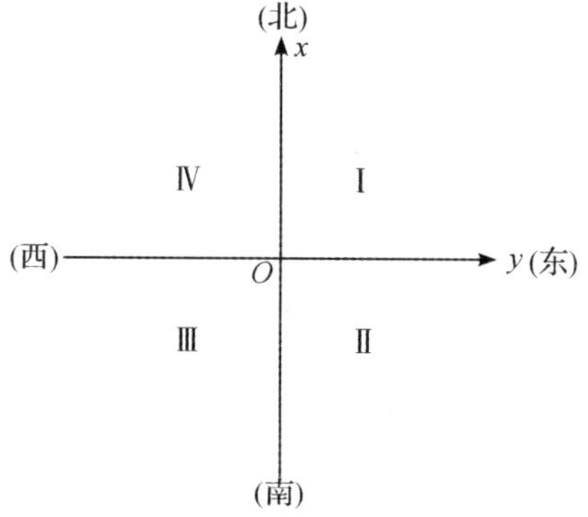

图 1-10　独立平面直角坐标

③地心坐标系

卫星大地测量是利用空中卫星的位置来确定地面点的位置。由于卫星围绕地球质心运动，故卫星大地测量中采用地心坐标系，该系统一般采用地心空间直角坐标系和地心大地坐标系两种表达形式。在地心空间直角坐标系中，坐标系原点 O 与地球质心重合，z 轴指向地球北极，x 轴指向格林尼治子午面与地球赤道的交点，y 轴垂直于 xOz 平面构成右手坐标系；在地心大地坐标系中，椭球体中心与地球质心重合，椭球短轴与地球自转轴重合，大地经度 L 为过地面点的椭球子午面与格林尼治子午面的夹角，大地纬度 B 为过地面点的法线与椭球赤道面的夹角，大地高 H 为地面点沿法线至椭球面的距离。美国的全球定位系统(GPS)用的 WGS-84 坐标就是这类坐标。

2. 确定点的高程系

(1)绝对高程

地面点到大地水准面的铅垂距离称为该点的绝对高程或海拔(简称为高程)，通常用 H_i 表示。如图 1-11 中 A、B 两点的绝对高程分别为 H_A、H_B。

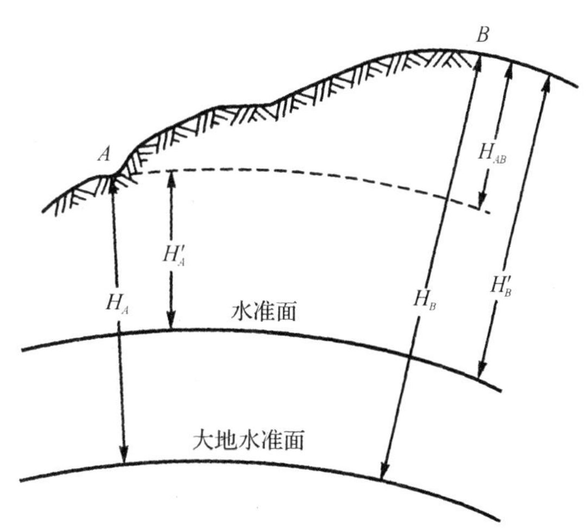

图 1-11　绝对高程、相对高程与高差

由于海水面受潮汐、风浪等影响，它的高低时刻在变化。通常是在海边设立验潮站，进行长期观测，求得海水面的平均高度作为高程零点。通过该点的大地水准面作为高程基准面，也即在大地水准面上高程为零。在我国境内高程以青岛验潮站历年观测的黄海平均海水面作为我国的大地水准面，以 1950—1956 年间青岛验潮站历年观测的黄海平均海水面为基准建立的高程系统称为“1956 年黄海高程系”。新的国家高程基准面是根据 1952—1979 年间青岛验潮站历年观测资料计算确定的，依此建立的高程系统称为“1985 年黄海高程基准”，并于 1987 年开始启用。

国家水准原点设立于青岛市观象山，用水准测量的方法将在验潮站确定的高程零点引测到水准原点，水准原点在“1956 年黄海高程系”中的高程为 72.289 m，在“1985 年黄海高程基准”中的高程为 72.260 m。全国各地的高程都是以水准原点为基准进行测算的。在使用测量资料时，一定要注意新旧高程系统以及系统间的正确换算。

(2)相对高程

在局部地区特殊条件下，当引测绝对高程有困难或不需要和国家高程系统联系时，也可以采用一个假设水准面为高程起算面。地面上某点到假设水准面的铅垂距离，称为该点的假定高程或相对高程，如图 1-11 中 A、B 两点的相对高程分别为 H'_A、H'_B。

(3)高差

两点的高程之差称为高差，一般用 h 表示。图 1-11 中 A、B 两点的高差为 h_{AB}。地面上两点的高差与高程起算面无关，只与两点的位置有关。

$$h_{AB}=H_B-H_A=H'_B-H'_A \tag{1-5}$$

当 h_{AB} 为正时，B 点高于 A 点；当 h_{AB} 为负时，B 点低于 A 点。在建筑工程中，将绝对高程和相对高程统称为标高。

1.3 测量工作中用水平面代替水准面的限度

对大区域测量工作来说，因地球水准面为曲面，应当采用高斯平面直角坐标，但当测区范围较小时，可将大地水准面近似看成为水平面，这样既可以简化测量计算工作，又不致因曲面和平面的差异过大而产生较大的测量误差。因此，要分析测区在多大范围内可以用水平面代替水准面，而产生的角度、距离和高差变形不会超过测量误差的允许范围。这也就是分析用水平面代替水准面的限度。

1.3.1 水平面代替水准面对水平角的影响

由球面三角学知道，同一多边形在球面上的投影的各内角和比在平面上的投影的内角和要大角度 ε，称为球面角超，其大小与图形的面积成正比。公式为：

$$\varepsilon=\rho''\frac{A}{R^2} \tag{1-6}$$

式中，A—球面多边形面积；

R—球的半径；

$\rho''=206265''$。

当面积为 $A=100\ \text{km}^2$ 时，将地球半径 $R=6371$ 代入式(1-6)计算得 $\varepsilon\approx0.51''$。可见，在面积为 100 km² 的区域内进行水平角测量，只有最精密的测量才考虑地球曲率的影响，一般的测量工作不必考虑。

1.3.2 水平面代替水准面对水平距离的影响

如图 1-12 所示，A、B 为地面上两点，它们在大地水准面上的投影为 a、b，弧长为 D，所

对的圆心角为 θ。A、B 两点在水平面上的投影为 a'、b'，其距离为 D'，两者之差 ΔD 即为用水平面代替水准面所产生的误差。

$$\Delta D = D' - D = R\tan\theta - R\theta = R(\tan\theta - \theta) \tag{1-7}$$

由于小地区内圆心角 θ 一般很微小，可以将 $\tan\theta$ 用级数展开为：

$$\tan\theta = \theta + \frac{1}{3}\theta^3 + \frac{5}{12}\theta^5 + \cdots \tag{1-8}$$

略去高次项，取前两项，并将 $\theta = D/R$ 代入式(1-8)得：

$$\Delta D = R\left(\theta + \frac{1}{3}\theta^3 - \theta\right) = \frac{1}{3}R\theta^3 = \frac{1}{3}R\left(\frac{D}{R}\right)^3 = \frac{D^3}{3R^2} \tag{1-9}$$

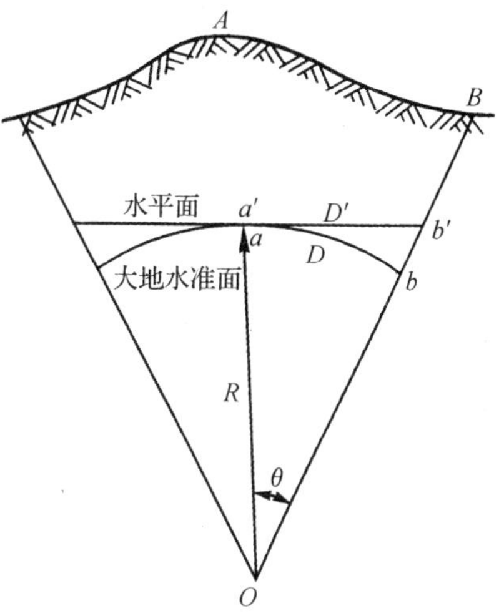

图 1-12　水平面代替水准面的影响

表示成相对误差为：

$$\frac{\Delta D}{D} = \frac{D^2}{3R^2} \tag{1-10}$$

取 R=6371 km，并以不同的 D 值代入式(1-9)和式(1-10)，即可求得用水平面代替水准面的距离误差和相对误差，见表 1-2。

表 1-2　水平面代替水准面对水平距离的影响

距离 D/km	距离误差 ΔD/cm	相对误差 $\Delta D/D$	距离 D/km	距离误差 ΔD/cm	相对误差 $\Delta D/D$
10	0.821	1∶1220000	50	102.7	1∶48700
25	12.8	1∶200000	100	821.2	1∶12170

由以上计算可以看出，当距离为 10 km 时，以水平面代替水准面所产生的距离误差为 1∶1220000，小于目前精密距离测量的容许相对误差容许值。因此，在 10 km 为半径的圆面积之内进行距离测量时，地球曲率对水平距离的影响可以忽略不计。对于精度要求较低的测量，还可以扩大到以 25 km 为半径的范围。

1.3.3　水平面代替水准面对高程的影响

同样如图 1-12，地面上点 B 的高程应为铅垂距离 bB，如果用水平面代替水准面，则 B 点的高程变成 $b'B$，两者之差 Δh 即为对高程的影响，其值为：

$$\Delta h = bB - b'B = Ob' - Ob = R\sec\theta - R = R(\sec\theta - 1) \tag{1-11}$$

由于圆心角为 B 一般很微小，可以将 $\sec\theta$ 用级数展开：

$$\sec\theta = \theta + \frac{1}{2}\theta^2 + \frac{5}{24}\theta^4 + \cdots \tag{1-12}$$

略去高次项，取前两项，并将 $\theta = D/R$ 代入式(1-12)得：

$$\Delta h = R\left(1 + \frac{1}{2}\theta^2 - 1\right) = R\,\frac{D^2}{2R^2} = \frac{D^2}{2R} \tag{1-13}$$

取球半径 $R=6371$ km，代入上式，当水平距离 D 取不同值时，可以得到不同的 Δh，其结果见表 1-3。

表 1-3 水平面代替水准面对高程的影响

距离 D/m	100	200	300	400	500	1000	2000	5000	10000
Δh/cm	0.08	0.3	0.7	1.3	2	8	31	196	785

由表 1-3 可知，用水平面代替水准面作为高程的起算面，即使距离很短，对高程的影响是很大的。因此，对于高程测量，即使是在较短距离或很小区域内也必须考虑地球曲率的影响。

1.4 测量工作的基本概念

1.4.1 测量的基本工作

地球表面虽然十分复杂，但总体来说可以将复杂的表面看成各种复杂曲面的组合，曲面又可以看成是由各个点所组成的，因此测量工作实际上就是确定地面点的工作。

要确定地面待定点的点位通常不是直接测出的，而是通过测量与已知点(已知坐标或高程的点)之间的相对位置再推算出待定点的坐标或高程。通过测量水平角和水平距离就可计算出坐标增量，从而求出待定点的坐标，通过测量待定点与已知点的高差推算出待定点的高程。可见角度、距离、高差是测量定位地面点的基本元素(或称为基本观测量)，而角度测量、距离测量和高差测量是测量的基本工作。

1.4.2 测量工作的基本原则

地球表面的形态和地球上固定不动物体的形状都是由许多特征点决定的。在进行工程测量时，就是需要测定(或测设)许多特征点在平面上的位置和它的高程。如果从一个特征点开始逐点进行测量，虽然容易测得各点的位置，但是由于测量工作中存在不可避免的误差，在实际工作中量度误差会从前一点传递到后一点，依次积累起来，最后可能使点位误差达到不能接受的程度。为了避免以上情况的发生，在进行测量工作时，必须按照一定的原则开展工作。

在实际开展测量工作时，应遵循的原则是“从整体到局部，先控制后碎部，高精度控制低精度”，也就是在测量工作开展的范围内先选择一些起控制作用的点(控制点)，把它们的平面位置和高程精确地测定出来，再以这些控制点为根据测定(或测设)附近的特征点(碎部点)的位置。这种分阶段进行的测量方法可以明显减少误差的传递和积累。同时，应该注意在测量工作的各个阶段需要选择合适的精度，特别是后期碎部测量的精度显然受到前期控制测量精度的约束，所以要由高精度的控制测量来控制低精度的碎部测量。

测量工作有外业和内业之分。利用测量仪器在野外进行测量，称为测量外业。而将野外测量的成果在室内进行整理、计算和绘图，称为测量内业。为了保证测量工作满足实际需要，减少错误的产生，在测量工作开展的各阶段要重视校核，特别是在外业向内业过渡前。因此，“先进行校核再开展下一步工作”也是实际测量工作中应该遵循的原则。

1.4.3　测量工作的基本内容

1. 测绘

地球表面的形态是复杂多样的，具体可以分为两类：一类是地球表面的各种自然和人工构造物，如河流、湖泊、房屋、桥梁、道路等，称为地物；另一类是地球表面的高低起伏形态，如山川、盆地、悬崖等，称为地貌。地物和地貌统称为地形。地形图的测量，就是把测量范围内的地物和地貌按一定测量规则进行测量并绘制在图纸上。如前所述，为了保证必要的精度，地形图的测绘可以分为控制测量和碎部测量两个阶段。

首先要在测区内均匀布置一些起控制作用的点，即控制点，并测量计算出它们的 x、y、H 三维坐标。如图 1-13 中的 A、B、C、D、E 点等，测量控制点点位（坐标或高程）的工作称为控制测量。目前，利用人造地球卫星的全球定位系统（GPS）或者运用全站仪是控制测量的发展趋势。

(a)

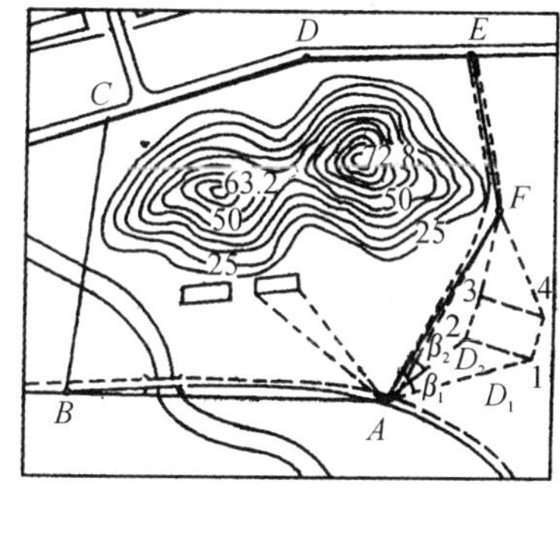

(b)

图 1-13　地形图的测绘

其次，在控制测量的基础上，可以进行碎部测量。例如要在图纸上绘出一幢房屋，就需要在这幢房屋附近，在与房屋通视且坐标已知的控制点 A（如图 1-13）上安置测量仪器，选择另一个坐标已知控制点 F 或 B（如图 1-13）作为定向方向，测量这幢房屋角点与已知控制点之间的角度和水平距离，按选定的比例缩小后绘制在同一张图纸上，或测量出这幢房屋角点的坐标。像这种能够反映地物和地貌形状和形态的点称为特征点，测量上将测绘地物和地貌特征点坐标的方法与过程称为碎部测量。

2. 测设

施工测量主要是将图纸上设计好的物体的位置在实际地面上标定出来。通常施工测量也是分成两个阶段，即控制测量和碎部测量。一般情况下，施工控制测量首先利用现有的控制点，如城市控制点或测图控制点，无法满足需要时，再根据需要进行必要的加密或增测。施工阶段的碎部测量是在实地上标定出图上已设计好的建（构）筑物各个特征点的详细位置，以便施工。通常先在图上，根据控制点计算特征点与已知控制点之间的角度和水平距离，然后根据计算的数据，在现场通过对应控制点进行角度测量和距离测量，定出各特征点的平面位置，根据已知控制点的高程计算出待测特征点的高程与两点间高差。

3. 变形监测

重要的建筑物或构筑物在建设中和建成后都需要进行变形的观测，了解其变形规律，以确保建筑物的安全。通常在工程设计时就应对变形监测的内容和范围做出统筹安排并由监测单位制定详细的监测方案。具体包括变形监测的项目、内容，并根据工程实际情况合理确定观测点点位、观测标志、观测精度、观测方法、监测周期、监测频率等。

思考练习题

1. 测量学的研究对象及建筑工程测量的任务是什么？

2. 测绘与测设有什么区别？

3. 有哪几种坐标系统表示地面点位？各有什么用途？

4. 什么叫水准面？什么叫大地水准面？它们的特性是什么？

5. 简述绝对高程与相对高程的异同。两点之间的高差用绝对高程计算或相对高程计算是否相同？

6. 测量学中的平面直角坐标系和数学上的平面直角坐标系有何不同？为何这样规定？

7. 已知点 M 位于东经 $128°35'$，试计算该点所在的 3°带和 6°带的带号，其相应的 3°带和 6°带的中央子午线的经度是多少？

8. 已知在 23 带中有一点 A，其位于中央子午线以西 234567.74 m 处，试写出该点横坐标的通用值。

9. 对水平距离和高差而言，在多大的范围内可用水平面代替水准面？

10. 确定地面点位的三个基本要素和三项基本测量工作是什么？

11. 测量工作的基本原则是什么？

第 2 章　水准测量

【教学要求】

知识准备	能力要求	相关知识点
水准仪及其使用	(1)掌握水准测量的原理 (2)认识 DS_3 水准仪的基本构造 (3)掌握 DS_3 水准仪的粗平、照准、精平和读数	(1)水准仪的构造 (2)水准尺和尺垫 (2)水准仪的使用
水准测量的外业施测和内业计算	(1)能够进行水准测量的施测 (2)能够完成水准测量数据的记录与计算 (3)能够对水准测量的外业测量数据进行内业计算	(1)水准点及水准路线 (2)水准测量观测的基本步骤 (3)水准测量数据的记录与计算 (4)水准测量的校核 (5)水准测量的闭合差计算
水准仪的检验与校正	(1)认识水准仪各轴线应满足的几何条件 (2)掌握圆水准器、十字丝板、水准管轴的检验与校正	(1)水准仪的各个轴系 (2)圆水准器的检验与校正 (3)十字丝板的检验与校正 (4)水准管轴的检验与校正
水准测量的误差及注意事项	(1)了解水准测量误差的主要来源 (2)掌握减少或消除误差的基本措施	(1)仪器误差 (2)观测误差 (3)外界条件误差
其他水准仪	(1)能够利用自动安平水准仪完成水准测量 (2)能够利用电子水准仪完成水准测量	(1)自动补偿 (2)自动安平水准仪的使用 (3)电子水准仪的使用

测定地面点高程的测量工作称为高程测量。根据使用仪器和施测方法的不同，高程测量分为水准测量、三角高程测量、气压高程测量和 GPS 高程测量四种。其中，水准测量是高程测量中最基本、精度最高的一种方法。

2.1　水准测量的原理

水准测量是根据仪器提供的水平视线，读得尺上读数来测定地面两点间的高差，然后根据已知点的高程和高差求算未知点高程的一种方法。

如图 2-1 所示，设已知 A 点的高程为 H_A，用水准测量方法求未知点 B 高程 H_B。在

A、B 两点间安置一台能提供水平视线的仪器——水准仪，并在 A、B 两点上分别竖立有刻画的标尺水准尺，根据水准仪提供的水平视线在 A 点水准尺上读数为 a，在 B 点水准尺上读数为 b，则 A、B 两点间（B 相对于 A 点）的高差为：

$$h_{AB}=a-b \tag{2-1}$$

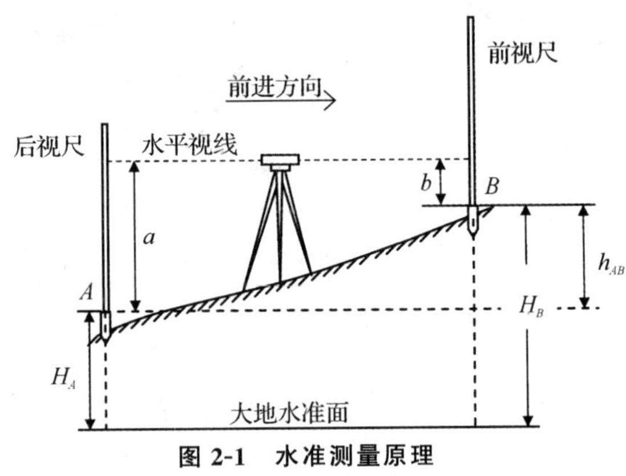

图 2-1　水准测量原理

测量方向是由已知点 A 向未知点 B 前进，即 A 在后 B 在前，A 点为后视点，后视点上的尺为后视尺，尺上读数 a 为后视读数；B 点为前视点，前视点上的尺为前视尺，尺上读数 b 为前视读数。高差等于后视读数减去前视读数。当高差 h_{AB} 为正，说明 B 点高于 A 点；反之，当高差 h_{AB} 为负，说明 A 点高于 B 点。当前进方向为 B 点向 A 点前进，两点间的高差为 h_{BA}，符号与 h_{AB} 相反。未知点 B 点的高程为：

$$H_B=H_A+h_{AB} \tag{2-2}$$

这种由高差计算未知点高程的方法称为高差法。在工程测量中，当安置一次水准仪，根据一个后视点的高程，需要测定多个前视点的高程时，为计算方便，由仪器的视线高程计算多个未知点高程的方法，简称视线高法。由图 2-2 可知，A 的高程加后视读数就是仪器的视线高程，用 H_i 表示，即

视线高程　$$H_i=H_A+a \tag{2-3}$$

得 B 点高程为　$$H_B=H_i-b_1 \tag{2-4}$$

得 C 点高程为　$$H_C=H_i-b_2 \tag{2-5}$$

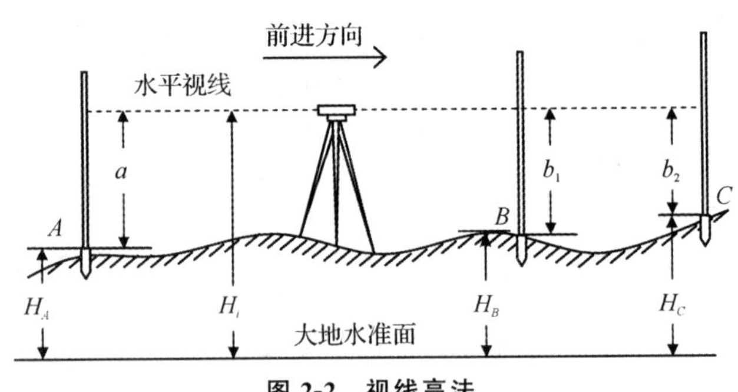

图 2-2　视线高法

2.2　水准测量的仪器和工具

水准测量所使用的仪器为水准仪，工具为水准尺和尺垫。水准仪按其精度可分为 $DS_{0.5}$、DS_1、DS_3 和 DS_{10} 等四个等级。其中 D 和 S 分别为“大地测量”和“水准仪”汉语拼音的第一个字母。数字 0.5、1、3、10 指仪器的精度，即每千米往返测高差中数的中误差，以毫米为单位。$DS_{0.5}$ 和 DS_1 型水准仪称为精密水准仪，用于国家一、二等水准测量和精密工程测

量、大型工程建筑物施工及变形测量以及地下建筑测量、城镇与建(构)筑物沉降观测等。DS_3和DS_{10}型水准仪称为普通水准仪,常用于国家三、四等水准测量或等外水准测量。

2.2.1 DS_3水准仪的构造及各部件作用

DS_3型微倾式水准仪主要由望远镜、水准器及基座三部分构成。

仪器的上部有望远镜、水准管、水准管气泡观察窗、圆水准器、目镜及物镜对光螺旋、水平制动螺旋、微动螺旋及微倾螺旋等,通过仪器竖轴与仪器基座相连。基座上装有一个圆水准器,下面有三个脚螺旋,用以粗略整平仪器。望远镜一侧装有管状水准器,其下端装有一个能使望远镜做微小上下仰俯动作的微倾螺旋,转动微倾螺旋可以调节水准管连同望远镜一起做上下微小转动,使水准管气泡居中,从而使望远镜视线精确水平。

整个仪器的上部可以绕仪器竖轴在水平方向旋转。水平制动螺旋和微动螺旋用于控制望远镜在水平方向转动。松开制动螺旋,望远镜可在水平方向任意转动;只有当拧紧制动螺旋后,微动螺旋才能使望远镜在水平方向上做微小转动,以精确瞄准水准尺。

基座的作用是支承仪器的上部,并通过连接螺旋使仪器与三脚架相连。它包括轴套、脚螺旋、三角形底板等,仪器竖轴插入轴套内。

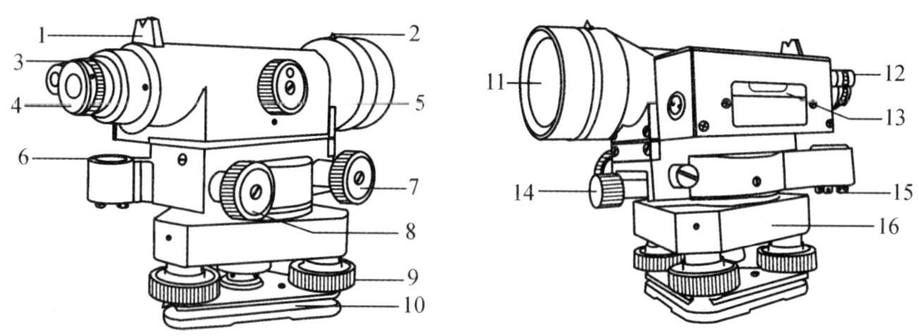

图 2-3 DS_3型微倾水准仪

1—缺口;2—准星;3—目镜;4—目镜对光螺旋;5—物镜对光螺旋;6—圆水准器;7—水平微动螺旋;8—微倾螺旋;9—脚螺旋;10—三角底板;11—物镜;12—水准管气泡观察窗;13—水准管;14—水平制动螺旋;15—圆水准器校正螺丝;16—基座

1. 望远镜

望远镜是用来精确瞄准远处水准尺和提供视线进行读数的设备。如图 2-4 所示,它主要由物镜、目镜、对光透镜及十字丝分划板等组成。镜筒外装有缺口、准星,用来初步瞄准目标。物镜和目镜采用多块透镜组合而成,调焦透镜由单块透镜或多块透镜组合而成。望远镜所瞄准的目标 AB 经过物镜的作用形成一个倒立而缩小的实像 a_1b_1。调节物镜对光螺旋即可带动调焦透镜在望远镜筒内前后移动,从而将不同距离的目标清晰地成像在十字丝平面上。调节目镜对光螺旋可使十字丝像清晰,再通过目镜,便可看到同时放大了的十字丝和目标虚像 a_2b_2。放大后的虚像与眼睛直接看到的目标大小比值,称为望远镜放大率,用 V 表示。DS_3型水准仪的望远镜放大率约为 30。

十字丝分划板用来精确照准目标进行读数。十字丝分划板是由圆形平板玻璃制成的,分划板上刻有两条互相垂直的长细丝,长横丝称为中丝,与之垂直的一根丝称为竖丝。在中

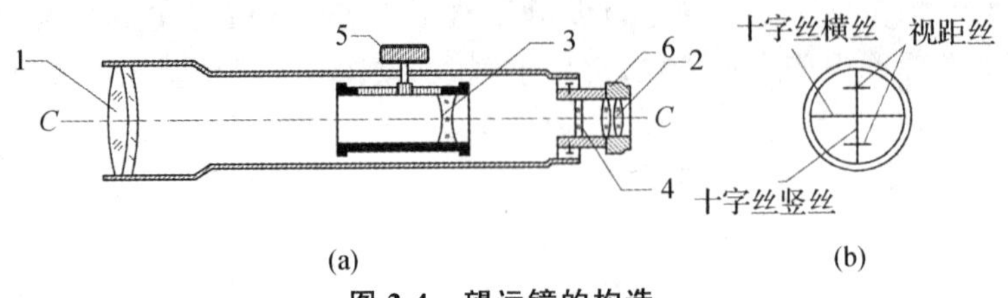

图 2-4　望远镜的构造

1—物镜；2—目镜；3—对光透镜；4—十字丝分划板；5—物镜对光螺旋；6—分划板护罩

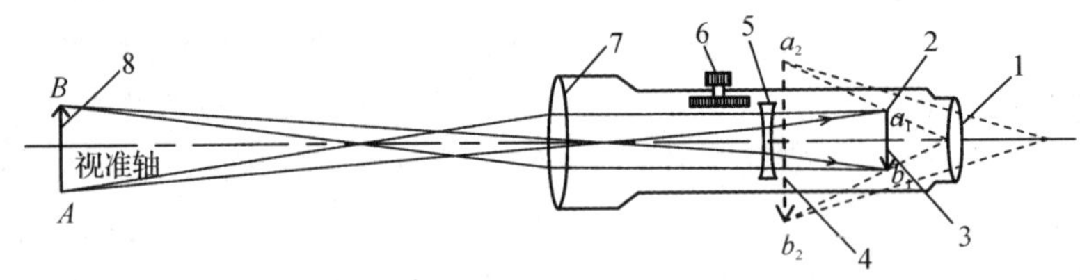

图 2-5　望远镜的成像原理

1—目镜；2—十字丝；3—倒立小实像；4—放大虚像；5—调焦凹透镜；6—物镜对光螺旋；7—物镜；8—目标

丝的上下还对称地刻有两条与中丝平行的短横丝，即上、下丝，是用来测量距离的，称为视距丝。平板玻璃片装在分划板座上，分划板座由止头螺丝固定在望远镜筒上。通过物镜光心与十字丝交点的连线 CC 称为望远镜视准轴，视准轴的延长线即为视线，它是瞄准目标的依据。

望远镜可在水平方向任意转动，水平制动螺旋和微动螺旋用于控制望远镜在水平方向转动。拧紧制动螺旋后，望远镜固定不动，旋转微动螺旋使望远镜在水平方向上做微小转动，以精确瞄准目标。松开制动螺旋，望远镜可在水平方向任意转动，这时微动螺旋不起作用。

2. 水准器

水准器是仪器的整平设备，是用来标志视线是否水平、仪器竖轴是否铅垂的一种装置。它利用液体受重力作用后使气泡居为最高处的特性，指示水准器的水准轴位于水平或竖直位置，从而使水准仪获得一条水平视线来实现整平的目的。水准器分圆水准器和管水准器两种。

(1)管水准器

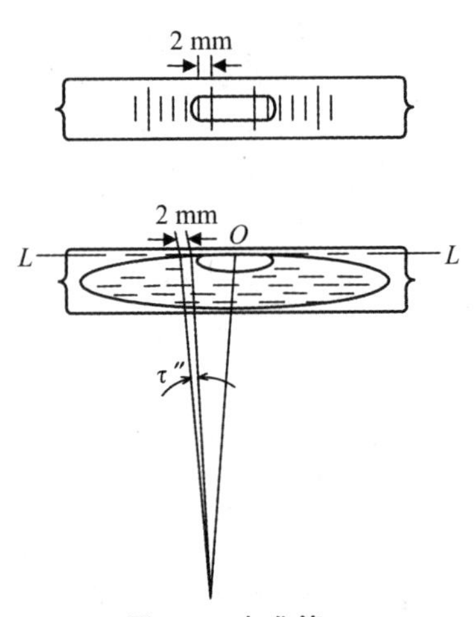

图 2-6　水准管

管水准器又称水准管，是精确整平设备，用来指示视准轴是否水平。水准管圆弧中点 O 称为水准管零点。过零点与内壁圆弧相切的直线 LL，称为水准管轴。当水准管气泡中心与零点重合，即气泡两端与零点对称时，称气泡居中，这时水准管轴处于水平位置。根据仪器构造原理，水准管轴与望远镜的视准轴平行，气泡居中时，视准轴也处于水平位置。

为了便于判断气泡是否居中，一般在与零点对称的两端刻有间隔 2 mm 的分划线。管上每 2 mm 弧长所对的圆心角 τ 称为水准管分划值，它是反映水准管性能的重要指标。用公式表示为

$$\tau=\frac{2}{R}\rho'' \tag{2-6}$$

式中，$\rho''=206265''$；R—水准管圆弧半径，mm。

上式说明分划值 τ 与水准管圆弧半径 R 成反比。R 愈大，分划值 τ 愈小，水准管灵敏度愈高，则整平仪器的精度也愈高，反之整平精度就低。工程上常用水准仪的水准管分划值有 20″、30″和 60″三种。DS_3 型水准仪的水准管分划值为 20″。

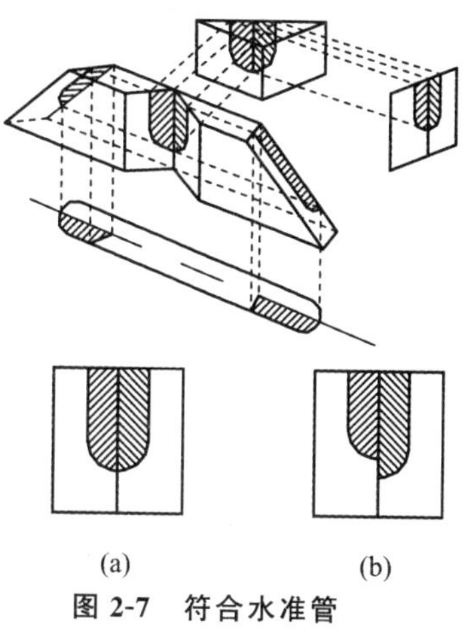

(a)　(b)

图 2-7　符合水准管

为了提高水准管气泡居中精度，微倾式水准仪安装了符合水准器。在水准管上方安装一组符合棱镜，如图 2-7 所示。通过符合棱镜的折射作用，将水准管气泡两端的影像反映在望远镜旁的水准管气泡观察窗内。当气泡两端的两个半圆形影像符合成一个圆弧时，就表示水准管气泡居中，如图 2-7(a)所示；若两个半像错开，则表示水准管气泡不居中，如图 2-7(b)所示。此时可转动位于目镜下方的微倾螺旋，使气泡两端的半像完全吻合(即居中)，仪器达到精确整平。这种配有符合棱镜的水准器，不仅便于观察，精确判断两端气泡的符合程度，同时使气泡居中精度提高一倍。

(2)圆水准器

圆水准器是粗略整平设备，用来指示竖轴是否铅垂。圆水准器由一个玻璃圆盒制成，顶面的内壁磨成球面，中央刻有一个小圆圈或两个同心圆，其圆心称为圆水准器的零点，过零点的法线 $L'L'$ 称为圆水准器轴。当圆水准气泡居中时，圆水准器轴处于铅垂位置。根据仪器构造原理，圆水准器轴与仪器的竖轴平行，所以圆水准气泡居中，表示水准仪的竖轴也处于铅垂位置。DS_3 水准仪圆水准器分划值一般为 $8'\sim10'/2$ mm。由于分划值较大，它的精度较低，故只用于仪器的粗略整平。

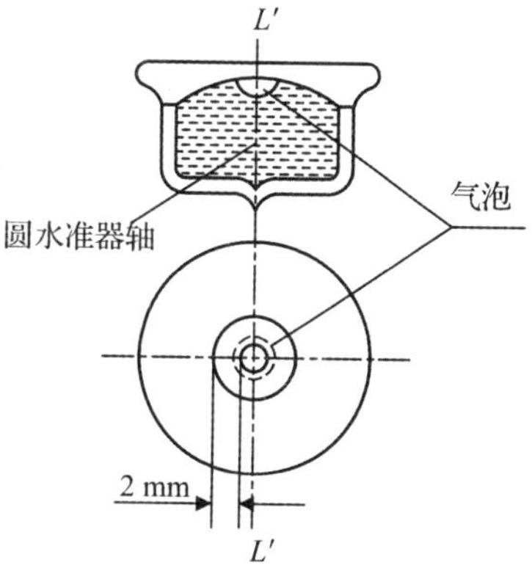

L′
气泡
圆水准器轴
2 mm
L′

图 2-8　圆水准器

3. 基座

基座的作用是支承仪器的上部，并通过连接螺旋使仪器与三脚架相连。它由轴座、脚螺旋、三角形底板组成。仪器上部竖轴插入基座的轴套内，仪器上部在基座支承下可进行水平方向旋转。基座下面有三个脚螺旋和一块三角形底板，通过三脚架的中心连接螺旋旋入三角形底板，使仪器与三脚架相连。圆水准器与基座为一体，转动脚螺旋，可使圆水准气泡居中。

2.2.2 水准尺

水准尺一般用优质木材、铝合金或玻璃钢制成，尺长为 2～5 m。根据构造可以分为直尺、塔尺和折尺，直尺又分单面分划尺和双面(红黑面)分划尺。

双面水准尺一般长 3 m，尺的双面均有刻画，一面为黑白相间，称为黑面(也称基本分划面)；另一面为红白相间，称为红面(也称辅助分划面)。两面的最小分划均为 1 cm，分米处有注记，注记数字有倒写的，也有正写的，倒写的数字是为了从成倒像的望远镜中看到的是正像字。“E”的最长分划线为分米的起始，读数时直接读取米、分米、厘米，估读毫米，单位为米或毫米。黑面尺底端起点为零；红面尺底端起点不为零，而是一常数 K。一根尺常数为 4.687，另一根尺常数为 4.787，双面尺一般成对使用，多用于三、四等水准测量。利用黑红面尺零点差可对水准测量读数进行检核。

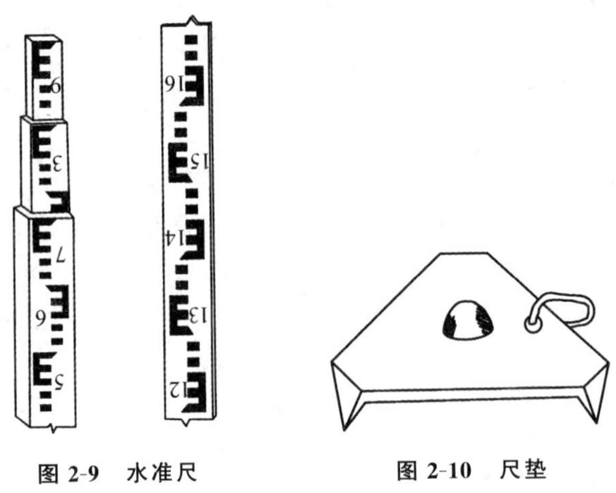

图 2-9 水准尺　　　　图 2-10 尺垫

塔尺尺长为 3～5 m。尺长为 5 m 的塔尺由三节小尺套接而成，不用时套在最下一节之内，长度仅 2 m，如将三节全部拉出可达 5 m。塔尺携带方便，但容易产生接头误差，使用时应注意塔尺的连接处，务必使套接准确稳固。塔尺因节段接头处存在误差，一般用于地形起伏较大、精度要求较低的水准测量。

铟钢尺通常是单面尺，一般长 2 m 或 3 m。常与精密水准仪配套使用，用于国家一、二等水准测量。

2.2.3 尺垫

尺垫是在转点处放置水准尺用的，用生铁铸成，一般为三角形。中央有一突起的半圆球体，作为转点标志。水准尺竖立于半圆球体顶上，尺子转动时不改变其转点位置，下方有三个尖脚，用时将尖脚牢固地踩入土中，以固稳防动，防止尺子下沉。在水准测量中，当地面松软或无突出固定点可选时，在转点处放置尺垫，可防止观测过程中尺子下沉或位置发生变化。

2.3　DS_3水准仪的使用

水准仪的使用包括仪器的安置、粗略整平、瞄准水准尺、精平和读数等操作步骤。

2.3.1　水准仪的使用方法

1. 安置水准仪

在测站上松开三脚架架腿的固定螺旋，调节脚架高度使其高度适中，拧紧固定螺旋，打开三脚架，使其中一架腿脚尖着地，另外两架腿往外拉开，将架腿踩实，并目估架头大致水平。

打开仪器箱，看清仪器在箱中的位置，一手握住望远镜，一手托住基座，取出仪器，安放在架头上，一手扶住仪器，另一只手立即适度拧紧中心连接螺旋。在安置过程中，要注意检查脚架腿是否安置稳固，脚架固定螺旋是否拧紧，才能安上仪器。安上仪器后，要注意检查仪器与脚架是否固紧，最后关上仪器箱。

2. 粗略整平(粗平)

调节三个脚螺旋使圆水准气泡居中，目的是使仪器竖轴大致铅直，视准轴大致水平。

(1)圆水准器放在任意两个脚螺旋的中间位置，调节这两个脚螺旋，使气泡位于第三个脚螺旋的中线上。

(2)调节第三个脚螺旋，使气泡居中。

(3)若气泡还未居中，重复(1)、(2)步骤，使气泡居中。

在粗平过程中，气泡移动的规律通常可采用以下左手大拇指法来判定：

气泡移动的方向与左手大拇指转动脚螺旋的方向一致。如图 2-11 所示，图(a)中的气泡偏向左边的脚螺旋①，若要使气泡居中，气泡就要往右边移动，根据规律，这时左手大拇指要往右转动脚螺旋①，同时右手的大拇指往左转动脚螺旋②，这样仪器一端降低，另一端升高，气泡移到脚螺旋③中线上时，脚螺旋①、②方向粗略水平。这时调脚螺旋③，如图(b)所示，气泡要往脚螺旋③方向移动才能居中，因此左手拇指向上转动脚螺旋③。

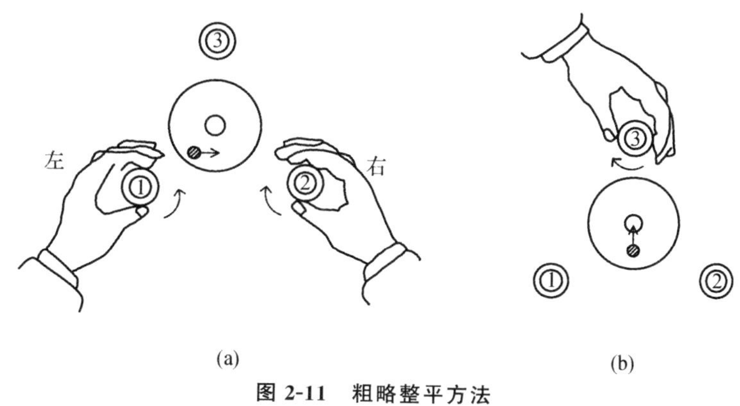

图 2-11　粗略整平方法

3. 瞄准水准尺

(1)粗略瞄准。通过望远镜镜筒上方的缺口和准星粗略瞄准水准尺,拧紧制动螺旋。

(2)对光。转动目镜对光螺旋,使十字丝的成像清晰;转动物镜对光螺旋,使水准尺的成像清晰。

(3)精确瞄准。转动微动螺旋,使十字丝的竖丝平分水准尺。

(4)消除视差。眼睛在目镜端上下移动,有时可看见十字丝与水准尺影像之间相对移动,这种现象叫视差。产生视差的原因是水准尺的尺像未落在十字丝平面上,如图 2-12(b)所示。视差的存在将影响读数的正确性,应予消除。消除视差的方法是重新转动物镜对光螺旋,使尺像落在十字丝的平面上,若还不能消除视差,说明目镜对光没有对好,重新转动目镜对光螺旋,直到十字丝和尺像没有相对移动的现象为止。

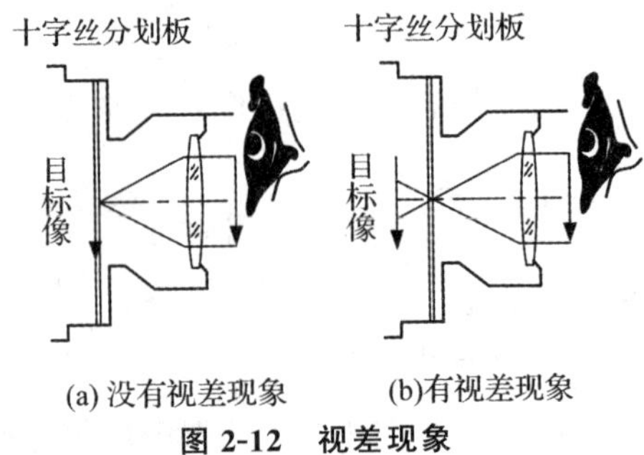

图 2-12 视差现象

4. 精确整平

精确整平简称精平,调节微倾螺旋使符合水准管两半气泡完全符合。眼睛观察水准气泡,观察窗内的气泡影像,缓慢地转动微倾螺旋,两半气泡移动规律为如图 2-13 所示:顺时针转动微倾螺旋,两半气泡左上右下,否则反之。当两半气泡影像稳定不动而又符合的时候,水准管轴处于水平位置,视准轴亦水平,即提供了一条水平视线。

5. 读数

符合水准管气泡符合后,应立即用十字丝中丝在水准尺上进行读数。读数时应从小数向大数读,如果从望远镜中看到的水准尺影像是倒像,在尺上应从上往下读取。直接读取米、分米和厘米,并估读出毫米,共四位数。如图 2-14 所示,读数是 1.465 m,也可读 1465,单位为 mm。读数后再检查符合水准管气泡是否符合,若不符合,应再次精平,重新读数。

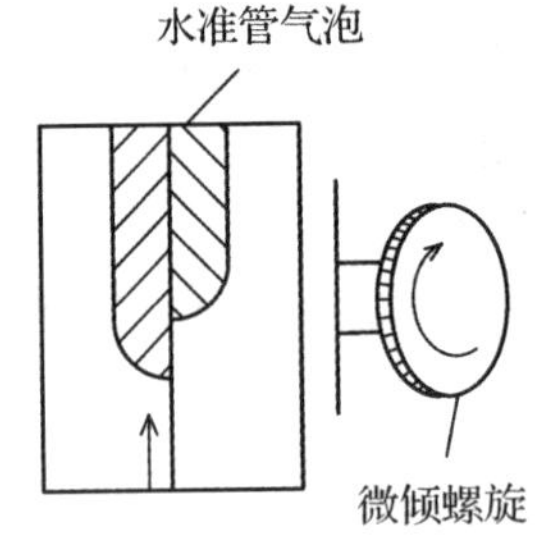

图 2-13 微倾螺旋旋转方向

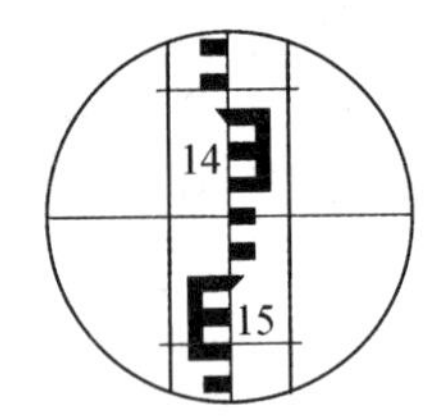

图 2-14 水准尺读数

2.3.2 水准仪使用的注意事项

(1)搬运仪器时,注意检查仪器箱是否扣紧、锁好,拉手和背带是否牢固,并注意轻拿轻放。

(2)开箱时,应将仪器箱放置平衡。开箱后,记清仪器在箱内安放的位置,以便用后按原样放回。安置仪器时，应注意拧紧脚架的架腿螺旋和架头的中心连接螺旋，仪器取出后，应关好仪器箱，严禁在箱上坐人。

(3)仪器安置后不可置仪器于一旁而无人看管，以防外人扳弄损坏。

(4)烈日或雨天观测时应撑伞，严防仪器日晒雨淋。

(5)若发现透镜表面有灰尘或其他污物，需用软毛刷或擦镜头纸拂去，严禁用手帕、粗布或其他纸张擦拭，以免磨坏镜面。

(6)各制动螺旋勿拧过紧，以免损伤；各微动螺旋不能拧到极限，防止失灵。当用微动螺旋不能使目标调中时，应将微动螺旋反松几圈，再松开制动螺旋重新瞄准。

(7)近距离搬站，应放松制动螺旋，一手握住三脚架放在肋下，一手托住仪器，放置胸前稳步行走。不准将仪器斜扛肩上，以免碰伤仪器。若距离较远，必须装箱搬站。

(8)仪器装箱时，应松开各制动螺旋，按原样放回后先试关一次，确认放妥后，再拧紧各制动螺钉，以免仪器在箱内晃动，最后关箱上锁。

(9)仪器应放在阴凉、干燥、通风和安全的地方，注意防霉，防止碰撞或防跌损伤。

2.4 普通水准测量

我国国家水准测量依精度不同分为一、二、三、四等，一等的精度最高。不属于国家规定等级的水准测量一般称为普通(或等外)水准测量。普通水准测量和等级水准测量的测量基本原理相同，其作业方法也有许多相同地方，但是等级水准测量对所用仪器、工具以及观测、计算方法都有特殊的要求。

2.4.1 水准点

水准点就是用水准测量的方法测定的高程控制点。为统一全国的高程系统和满足各种测量的需要，测绘部门在全国各地埋设并测定了很多高程点，这些点为已知水准点，称为水准点(bench mark，通常缩写为 BM)。工程中选定的次级水准点的高程就从这些已知高程的高级水准点进行引测确定。水准点分为临时性水准点和永久性水准点，埋设时应按照水准测量等级，根据地区气候条件与工程需要，每隔一定距离埋设不同类型的永久性或临时性水准标志或标石。水准点标志或标石可埋设于土质坚实、稳固的地面或地表冰冻线以下合适处，必须便于长期保存又利于观测与寻找。国家等级永久性水准点埋设形式如图 2-15所示，一般用钢筋混凝土或石料制成，标石顶部嵌有不锈钢或其他不易锈蚀的材料制成的半球形标志，标志最高处(球顶)作为高程起算基准。永久性水准点的金属标志(一般宜铜制)也可以直接镶嵌在坚固稳定的永久性建筑物的墙脚上，称为墙上水准点，如图 2-16 所示。

各类建筑工程中常用的永久性水准点一般用混凝土或钢筋混凝土制成，如图 2-17(a)所示，顶部设置半球形金属标志。临时性水准点可用大木桩打入地下，如图 2-17(b)所示，桩顶面钉一个半圆球状铁钉，木桩周围可用水泥混凝土加固。也可直接把大铁钉(钢筋头)打入沥青等路面或在桥台、房基石、坚硬岩石上刻上记号（用红油漆示明）。

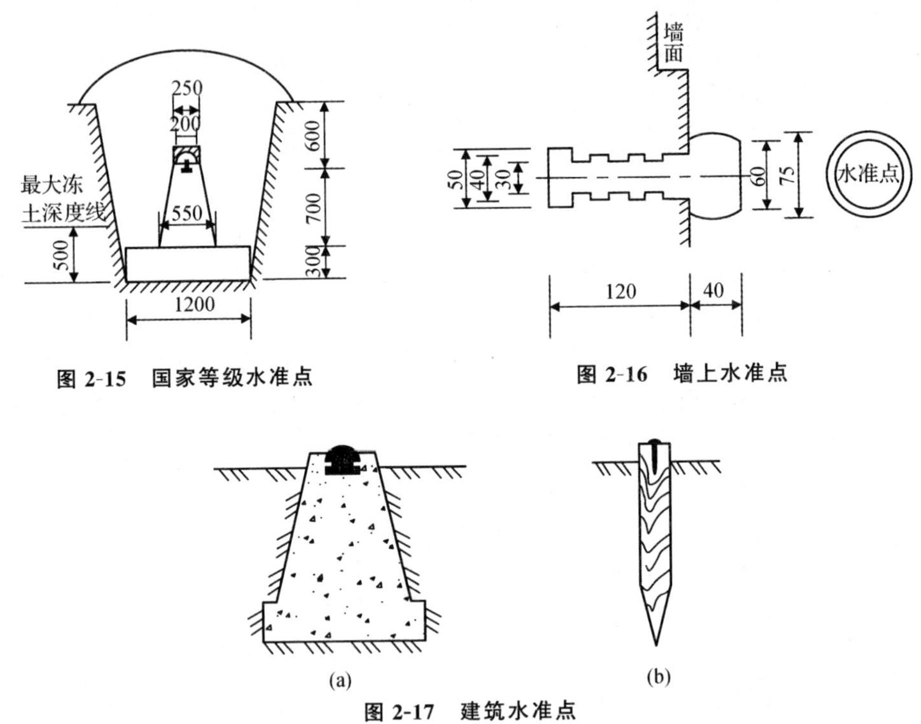

图 2-15　国家等级水准点

图 2-16　墙上水准点

图 2-17　建筑水准点

埋设水准点后，为便于以后寻找，应作点之记，对水准点进行编号（编号前一般冠以“BM”字样，以表示水准点），并绘出水准点与附近固定建筑物或其他明显地物关系的点位草图（在图上应写明水准点的编号和高程、埋设日期等），作为水准测量的成果一并保存。

2.4.2　水准路线布设

根据实际工程需要，结合地形在地面选定若干高程待定的水准点，作下相应标志，并依次进行编号。这些水准点的高程要由更高等级的已知高程水准点引测来确定。为了检查测量成果精度是否满足要求，水准测量必须进行必要的检核，路线检核为之提供可靠的检核条件，所以在施测前，必须进行水准路线的布设，将各水准点组成一条适当的水准路线。在水准点间进行水准测量所经过的路线，称为水准路线。相邻两水准点间的路线称为测段。在一般的工程测量中，水准路线布设形式主要有以下三种：

1. 附合水准路线

如图 2-18 所示，从一已知水准点 BM_1 出发，沿各高程待定的水准点 1、2、3 进行水准测量，最后附合到另一个已知高程的水准点 BM_2 上所构成的路线，称为附合水准路线。从理论上讲，附合水准路线中各测站实测高差的代数和应等于两已知水准点间的高差。实测高差存在误差，使测量值与理论值不完全相等，其差值称为高差闭合差 f_h，即

$$f_h = \sum h_{测} - (H_{终} - H_{始}) \tag{2-7}$$

式中，$H_{终}$—附合路线终点高程；$H_{始}$—起点高程。

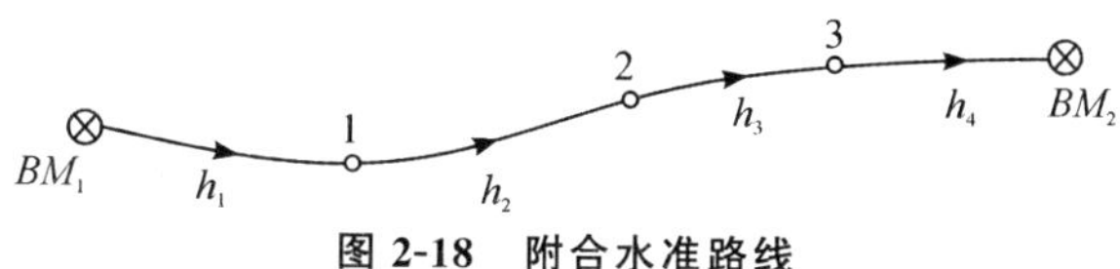

图 2-18　附合水准路线

2. 闭合水准路线

如图 2-19 所示，从一已知水准点 BM_1 出发，沿各高程待定的水准点 1、2、3 进行水准测量，最后又回到原水准点 BM_1 所构成的环形路线，称为闭合水准路线。闭合水准路线中各段高差的代数和理论值为零，但实测高差总和不一定为零，从而产生闭合差 f_h，即

$$f_h = \sum h_{测} \tag{2-8}$$

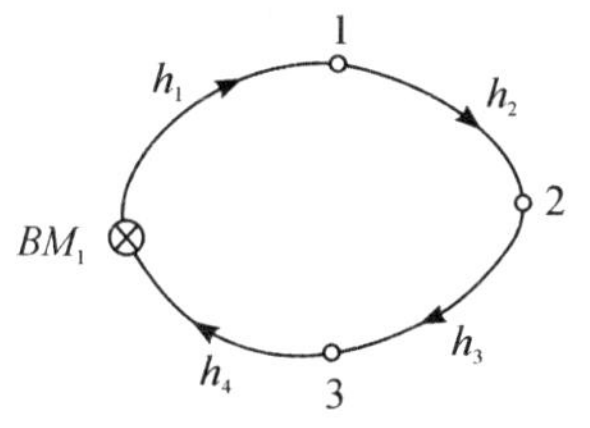

图 2-19　闭合水准路线

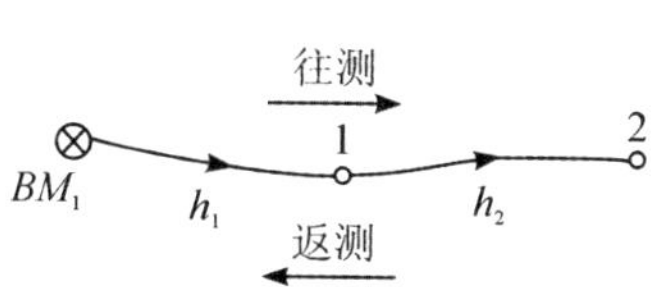

图 2-20　支水准路线

3. 支水准路线

如图 2-20 所示，从一已知水准点 BM_1 出发，沿各高程待定的水准点 1、2 进行水准测量，其路线既不闭合又不附合，称为支水准路线。支水准路线要进行往、返测，往测高差总和与返测高差总和理论上应大小相等、符号相反，但实测值两者之间存在差值，即产生高差闭合差 f_h，即

$$f_h = \sum h_{往} + \sum h_{返} \tag{2-9}$$

2.4.3　普通水准测量的施测

1. 分段、设转点

水准测量一般从已知高程水准点开始，根据布设的水准路线沿路线前进方向对整条路线进行施测。当相邻地面两水准点相距较远或高差较大时，安置一站仪器难以测得两点的高差，要进行分段测量。如图 2-21 所示，A 为已知高程水准点，B 为待定水准点，由于 A、B 两点间相距较远，在 A、B 两点之间增设若干临时立尺点，把 A、B 分成若干测段，逐段测出高差，最后由各段高差求和，得出 A、B 两点间高差。这种根据水准测量原理依次连续地在两个立尺点中间安置水准仪来测定相邻各点间高差，最后取各个测站高差的代数和，即求得两点间的高差值的方法，称为连续水准测量。水准测量中的 TP_1、TP_2 等临时立尺点是用

来传递高程的，称为转点。为了保证高程传递的正确性，转点应增设在坚固突出的地方，如无适当位置可选时，可在转点的地方放置尺垫。在 A 点至 B 点水准路线上假设增设 $n-1$ 个临时立尺点（转点），安置 n 次水准仪，依次连续地测定相邻两点间高差 $h_1,\cdots,h_n$，即

$$h_1=a_1-b_1$$
$$h_2=a_2-b_2$$
$$\vdots$$
$$h_n=a_n-b_n$$

则
$$h_{AB}=h_1+h_2+\cdots+h_n=\sum h=\sum a-\sum b \tag{2-10}$$

式中，$\sum a$ 为后视读数之和，$\sum b$ 为前视读数之和，则未知点 B 的高程为

$$H_B=H_A+h_{AB}=H_A+(\sum a-\sum b) \tag{2-11}$$

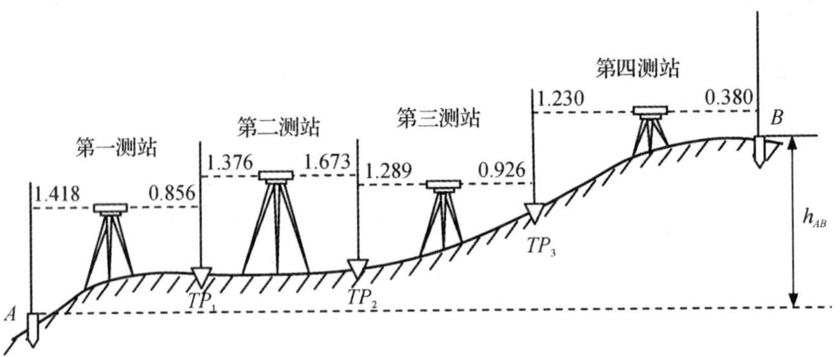

图 2-21　水准测量的施测

2. 安置、粗平

从已知水准点 A 到第一个增设的转点 TP_1 定为第一测站，$TP1$ 到 $TP2$ 为第二测站……沿路线方向依次观测，在第一测站上两立尺点 A 和 TP_1 大约等距离的地方安置水准仪，并粗略整平。

3. 瞄准、读数

瞄准后视尺（A 点上的水准尺），精平，读得后视读数（1.418），记入手簿；瞄准前视尺（TP_1 点上的水准尺），精平，读得前视读数（0.856），记入手簿。

当进行第二测站观测时，A 点上的水准尺移到转点 TP_2 上，TP_1 点上的水准尺固定不动，仪器搬到第二测站，同法观测，依次测到 B 点。

在相邻测站的观测过程中，要注意保持转点（尺垫）稳定不动；同时尽可能保持各测站的前后视距大致相等；还要尽可能通过调节前、后视距离保持整条水准路线中的前视视距之和与后视视距之和相等，这样有利于消除（或减弱）地球曲率和仪器某些误差对高差的影响。

表 2-1　水准测量记录表

日期 2012.9.5　　仪器 41230　　观测 王×

天气 晴　　地点 ×××　　记录 李×

<table>
<tr><th rowspan="2">测站</th><th rowspan="2">测点</th><th colspan="2">水准尺读数/m</th><th colspan="2">高差/m</th><th rowspan="2">高程/m</th><th rowspan="2">备注</th></tr>
<tr><th>后视(a)</th><th>前视(b)</th><th>+</th><th>−</th></tr>
<tr><td rowspan="2">Ⅰ</td><td>A</td><td>1.418</td><td></td><td rowspan="2">0.562</td><td rowspan="2"></td><td>92.970</td><td rowspan="2"></td></tr>
<tr><td>TP_1</td><td></td><td>0.856</td><td></td></tr>
<tr><td rowspan="2">Ⅱ</td><td>TP_1</td><td>1.376</td><td></td><td rowspan="2"></td><td rowspan="2">0.297</td><td></td><td rowspan="2"></td></tr>
<tr><td>TP_2</td><td></td><td>1.673</td><td></td></tr>
<tr><td rowspan="2">Ⅲ</td><td>TP_2</td><td>1.289</td><td></td><td rowspan="2">0.363</td><td rowspan="2"></td><td></td><td rowspan="2"></td></tr>
<tr><td>TP_3</td><td></td><td>0.926</td><td></td></tr>
<tr><td rowspan="2">Ⅳ</td><td>TP_3</td><td>1.230</td><td></td><td rowspan="2">0.850</td><td rowspan="2"></td><td></td><td rowspan="2"></td></tr>
<tr><td>B</td><td></td><td>0.380</td><td>94.448</td></tr>
<tr><td colspan="2">$\sum$</td><td>5.313</td><td>3.835</td><td>1.775</td><td>0.297</td><td></td><td></td></tr>
<tr><td colspan="2">计算校核</td><td colspan="6">$\sum a - \sum b = 5.313 - 3.835 = 1.478$
$\sum h = 1.478$
$H_B - H_A = 1.478$</td></tr>
</table>

2.4.4　水准测量的检核方法

1. 测站检核

在水准测量每一站测量时，任何一个观测数据出现错误，都将导致所测高差不正确。为保证观测数据的正确性，应对每一测站进行测站检核，通常采用以下方法进行。

(1)双仪高法

在每一测站上测出两点高差后，改变仪器高度再测一次高差，要求改变仪器高度应大于10 cm，两次所测高差之差不超过容许值(例如等外水准测量容许值为±5 mm)，取其平均值作为该测站最后结果，否则需重测。

(2)双仪器法

在两测点之间同时安置两台仪器，分别测得两点的高差，进行比较，结果处理方法同上。

(3)双面尺法

在每一测站上，仪器高度不变，对前视点和后视点上的水准尺进行黑面和红面读数，分别算出黑、红面高差，从而进行检核。例如四等水准测量中，若同一水准尺红面与黑面读数(加常数后)之差≤3 mm，且黑、红面(扣去零点差±0.1 m后)的高差之差≤5 mm，则取其平均值作为该测站高差；否则，需要检查原因，重新观测。

2. 计算检核

在实际工作中，一段水准路线通常需要由多个测站进行观测，测量数据较多，为了能够检查高差计算是否正确，应进行计算检核。如图 2-21 所示，两水准点 A、B 间高差等于两点间各测站高差的代数和，也等于所有测站的后视读数之和减去前视读数之和，公式表达为

$$h_{AB}=\sum h=\sum a-\sum b \tag{2-12}$$

比较两种方法计算出来的高差，如果高差相等，说明计算正确。计算检核只能检查计算是否正确，不能检核观测和记录时是否产生错误。

3. 成果检核

对于一条水准路线来说，测量过程中虽然对每个测站都进行测站检核，能够满足精度要求，但可能由于各种来源的误差在一个测站上反映不很明显，随着测站数的增多误差积累，有时也会超过规定的限差。因此，还必须对整条水准路线进行成果检核。针对不同的水准路线其检核的方法如下：

(1)附合水准路线

附合水准路线各测站高差的代数和理论上应等于两已知水准点间的高差，实测的高差可以和理论高差进行比较，以产生的高差闭合差来检核测量成果，计算公式为

$$f_h=\sum h_{测}-(H_{终}-H_{始}) \tag{2-13}$$

式中，$H_{终}$—附合路线终点高程；$H_{始}$—起点高程。

(2)闭合水准路线

闭合水准路线各段高差的代数和理论值为零，由于误差存在，实测高差总和不一定为零，从而产生闭合差 f_h，即

$$f_h=\sum h_{测} \tag{2-14}$$

(3)支水准路线

支水准路线必须对同一路线进行往、返测，往测高差总和与返测高差总和理论上应大小相等、符号相反，如不相等，即产生高差闭合差 f_h，即

$$f_h=\sum h_{往}+\sum h_{返} \tag{2-15}$$

支水准路线测站数 n 或路线长 L 以单程计。

计算出的闭合差如果 $f_h \leqslant f_{h容}$，在限差范围内，说明成果合格。闭合差的限差视水准测量的等级不同而异，等外(普通)水准测量闭合差的容许值 $f_{h容}$ 为

$f_{h容}=\pm 12\sqrt{n}$ mm(适用于山地，n 为测站数)(注：新规范已取消该项要求) (2-16)

$f_{h容}=\pm 30\sqrt{L}$ mm(适用于平地，L 为水准路线的长度，以 km 计) (2-17)

注：对于支水准路线测站数 n 或路线长 L 以单程计。

如果高差闭合差超过允许值，即 $f_h > f_{h容}$，则测量成果不能用，必须重测。

2.4.5 水准测量的注意事项

由于测量误差是不可避免的，我们无法完全消除其影响。但是可采取一定的措施减弱其影响，以提高测量成果的精度。因此，在进行水准测量时，应注意以下事项：

(1)观测前对所用仪器和工具必须认真进行检验和校正。

(2)仪器要安置稳妥。观测时手不要扶在架腿上,走动时要防止脚架被碰动。在烈日下测量时,要撑伞保护仪器,避免气泡因受热不均而影响其稳定性。

(3)水准仪及水准尺应尽量安置在坚实的地面上。三脚架和尺垫要踩实,以防仪器和尺子下沉。

(4)前、后视距离应尽量相等,以消除视准轴不平行水准管轴的误差及地球曲率与大气折光的影响。

(5)前、后视距离不宜太长,一般不要超过 100 m。视线高度应使上、中、下三丝都能在水准尺上读数以减少大气折光影响。

(6)水准尺必须竖直,零点朝下。使用过程中,要经常检查和清除尺底泥土。塔尺衔接处要卡住,防止第二、三节塔尺下滑。

(7)读数前一定要消除视差。读数前、后都要检查水准管气泡是否符合,读数时要防止读错。

(8)记录人员一定要回报读数,以便核对。记录要整洁、清楚端正。如果有错,不能用橡皮擦去,而应在改正处画一横,在旁边注上改正后的数字。

2.5　三、四等水准测量

2.5.1　三、四等水准测量的技术要求

三、四等水准测量一般在国家一、二等水准网(点)的基础上进行,直接提供地形测图和各种工程建设所必需的高程控制点。与普通(等外)水准测量相比,它的精度更高,有更高的技术要求,减小观测误差的措施更多,一般需采用黑红双面水准尺。三、四等水准路线尽可能沿铁路、公路以及其他坡度较小、施测方便的路线布设,尽可能避免穿越湖泊、沼泽和江河地段。水准点间的距离一般为 2～4 km,在城市建筑区为 1～2 km。水准点应选在土质坚实、地下水位低、易于观测的地方。凡易受淹没、潮湿、震动和沉陷的地方均不宜作水准点位置。水准点选定后,应埋设水准标石和水准标志,并绘制点之记,以便日后查找。

表 2-2　三、四等水准测量技术要求

等级	水准仪型号	视线高度	视线长度/m	前后视距差/m	前后视距累积差/m	黑红面读数差/mm	黑红面高差之差/mm	附合、环形闭合差	
								平原	山区
三	DS_3	三丝读数	≤75	≤2	≤5	≤2	≤3	$\pm 12\sqrt{L}$	$\pm 15\sqrt{L}$
四	DS_3	三丝读数	≤100	≤3	≤10	≤3	≤5	$\pm 20\sqrt{L}$	$\pm 25\sqrt{L}$

注:山区是指高程超过 1000 m 或路线中最大高差超过 400 m 的地区。

2.5.2 三、四等水准测量的施测方法

三、四等水准测量的观测应在通视良好、成像清晰稳定的情况下进行。用 DS_3 水准仪和一对双面水准尺（K 为 4.687 和 4.787）进行三、四等水准测量时，三等水准测量采用中丝读数法进行往返测，四等水准测量采用中丝读数法进行单程观测，支水准路线必须往返测。下面分别对三、四等水准测量的施测进行介绍。

1. 四等水准测量的观测方法

测站观测程序：

在测站上离前、后尺视距差不超过 3 m 的地方安置仪器，粗平。

(1)后视水准尺黑面，精平，读下、上、中丝读数，记入表 2-3 中(1)、(2)、(3)位置；

(2)后视水准尺红面，读中丝读数，记入表 2-3 中(4)位置；

(3)前视水准尺黑面，精平，读下、上、中丝读数，记入表 2-3 中(5)、(6)、(7)位置；

(4)前视水准尺红面，读中丝读数，记入表中(8)位置。

以上观测顺序简称为“后—后—前—前”或“黑—红—黑—红”。

2. 三等水准测量的观测方法

测站观测程序：

在测站上离前、后尺视距差不超过 2 m 的地方安置仪器，粗平。

(1)后视水准尺黑面，精平，读下、上、中丝读数，记入表中相应位置；

(2)前视水准尺黑面，精平，读下、上、中丝读数，记入表中；

(3)前视水准尺红面，精平，读中丝读数，记入表中；

(4)后视水准尺红面，精平，读中丝读数，记入表中。

以上观测顺序简称为“后—前—前—后”或“黑—黑—红—红”。

测得上述 8 个数据后，随即进行计算，如果符合表 2-2 技术要求，可以迁站继续施测；否则应重新观测，直至所测数据符合规定要求后，才能迁到下一站。迁站时前视尺不动，将后视尺迁到下一站的前视点上，注意一对水准尺的交替使用，以免混乱。

2.5.3 成果计算

1. 视距计算

后视距离(9)=(下丝读数(1)－上丝读数(2))×100

前视距离(10)=(下丝读数(5)－上丝读数(6))×100

前、后视距差(11)=后距(9)－前距(10)

前、后视距累积差(12)=上站视距累积差(12)＋本站视距差(11)

限差：前、后视距差三等水准测量≤±2 m，四等水准测量≤±3 m。前、后视距累积差三等水准测量≤±5 m，四等水准测量≤±10 m。

2. 同一水准尺黑红面读数差的计算与检核

表 2-3　四等水准测量记录表

测站编号	立尺点	后尺 下丝 / 上丝 / 后距/m / 视距差 d/m	前尺 下丝 / 上丝 / 前距/m / $\sum d$/m	方向及尺号	标尺读数 黑面	标尺读数 红面	K+黑减红/mm	高差中数/m	备注
		(1)	(5)	后	(3)	(4)	(13)		
		(2)	(6)	前	(7)	(8)	(14)		
		(9)	(10)	后−前	(15)	(16)	(17)	(18)	
		(11)	(12)						
1	BM_1	1.519	1.426	后①	1.409	6.095	+1		
	|	1.297	1.206	前②	1.316	6.104	−1		
	Z_1	22.2	22.0	后−前	0.093	−0.009	+2	0.0920	
		+0.2	+0.2						
2	Z_1	1.875	1.876	后②	1.744	6.530	+1		
	|	1.613	1.618	前①	1.747	6.434	0		
	Z_2	26.2	25.8	后−前	−0.003	0.096	+1	−0.0035	①号尺为
		+0.4	+0.6						4.687
3	Z_2	0.992	2.186	后①	0.841	5.528	0		②号尺为
	|	0.692	1.886	前②	2.035	6.821	+1		4.787
	Z_3	30.0	30.0	后−前	−1.194	−1.293	−1	−1.1935	
		0	+0.6						
4	Z_3	0.594	0.999	后②	0.401	5.189	−1		
	|	0.211	0.612	前①	0.806	5.492	+1		
	BM_2	38.3	38.7	后−前	−0.405	−0.303	−2	−0.4040	
		−0.4	+0.2						
检核	$\sum$后距 = 116.7 $\sum$前距 = 116.5 $\sum$后距 − $\sum$前距 = 0.2			$\sum$黑面高差 = −1.509 $\sum$红面高差 = −1.509 $\sum$高差中数 = −1.509 ($\sum$黑面高差 + $\sum$红面高差)/2 = −1.509					

后尺黑、红面读数差(13)＝黑面中丝读数(3)＋K_1－红面中丝读数(4)

前尺黑、红面读数差(14)＝黑面中丝读数(7)＋K_2－红面中丝读数(8)

K_1、K_2分别为前、后尺的红黑面常数差。一对水准尺的常数差 K 分别为 4.687 和 4.787。

限差：黑、红面读数差三等水准测量≤2 mm，四等水准测量≤3 mm。

3. 高差计算与检核

黑面高差(15)＝后视黑面中丝(3)－前视黑面中丝(7)

红面高差(16)＝后视红面中丝(4)－前视红面中丝(8)

黑、红面高差之差(17)＝黑面高差(15)－(红面高差(16)±0.1)

＝后尺黑、红面读数差(13)－前尺黑、红面读数差(14)

高差中数(18)＝(黑面高差(15)＋红面高差(16)±0.1)/2

高差计算以黑面高差为准，当红面高差大于黑面高差时，红面高差减 0.1；当红面高差小于黑面高差时，红面高差加 0.1。

限差：黑、红面高差之差三等水准测量≤±3 mm，四等水准测量≤±5 mm。

4. 总的计算检核

为了防止计算上的错误，在手簿每页末或每一测段完成后，应做下列检核：

(1)视距的计算检核

$$\sum \text{前后视距累积差}(12) = \sum \text{后距}(9) - \sum \text{前距}(10)$$

(2)高差的计算检核

$$\sum \text{黑面高差}(15) = \sum \text{后尺黑面中丝读数}(3) - \sum \text{前尺黑面中丝读数}(7)$$

$$\sum \text{红面高差}(16) = \sum \text{后尺红面中丝读数}(4) - \sum \text{前尺红面中丝读数}(8)$$

当测站数为偶数站时：

$$\sum \text{高差}(18) = \frac{1}{2}(\sum \text{黑面高差}(15) + \sum \text{红面高差}(16))$$

当测站数为奇数站时：

$$\sum \text{高差}(18) = \frac{1}{2}(\sum \text{黑面高差}(15) + \sum \text{红面高差}(16) \pm 0.1)$$

5. 水准路线测量成果的计算检核

三、四等水准测量在数据计算检核无误后，各项限差都满足规范要求时，可根据测站平均高差，利用已知点高程，推算各水准点高程，其计算和高差闭合差的调整与普通水准测量方法相同，详见 2.6 节。

2.6 水准测量的成果计算

2.6.1 内业成果的计算方法

1. 高差闭合差的计算

水准路线各测段所有测量高差之和与理论高差之和的差值，称为高差闭合差，用 f_h 表

示，即

$$f_h = \sum h_{测} - \sum h_{理} \tag{2-18}$$

不同水准路线高差闭合差计算见 2.4 节中的成果检核。

2. 高差闭合差的调整

(1)高差闭合差调整的原则

根据测量误差理论，高差闭合差产生的大小与路线的长度或测站数有关，路线愈长，测站数愈多，误差的累积就越大。因此，高差闭合差调整的原则是：取高差闭合差相反的符号按测段的测站数或测段的长度，成正比例地分配到各段测量的高差上，得到改正后各测段高差。改正后的各测段高差总和应等于理论高差总和。

(2)高差闭合差调整的公式

按测段的测站数计算高差改正数，公式为

$$v_i = \frac{-f_h}{\sum n} \times n_i \tag{2-19}$$

注：n_i为第 i 测段的测站数，n 为路线总测站数。

按测段的测段长计算高差改正数，公式为

$$v_i = \frac{-f_h}{\sum L} \times L_i \tag{2-20}$$

注：L_i为第 i 测段的测段长，L 为路线总测段长，以 km 计。

计算检核，各测段高差改正数总和应等于高差闭合差的相反数，即

$$\sum v_i = -f_h \tag{2-21}$$

(3)计算各测段改正后的高差

各测段改正后的高差用 $h_i{}'$表示，计算公式为

$$h_i{}' = h_i + v_i \tag{2-22}$$

计算检核，改正后的高差总和应等于理论高差的总和，即

$$\sum h_i{}' = \sum h_{理} \tag{2-23}$$

3. 待定点高程的计算

根据已知点高程加改正后两点间的高差，计算待定点高程，依次计算各点高程。

计算检核，整条路线用已知点和改正后的高差依次计算各点高程，计算出的已知点高程应该要和原已知的高程相等。

2.6.2　内业成果的算例

1. 闭合水准路线算例

图 2-22 为一普通闭合水准路线，已知 BM_1点的高程为 318.274 m，各测段测得高差和

测站数如图所注，计算待求点 1、2、3 的高程。

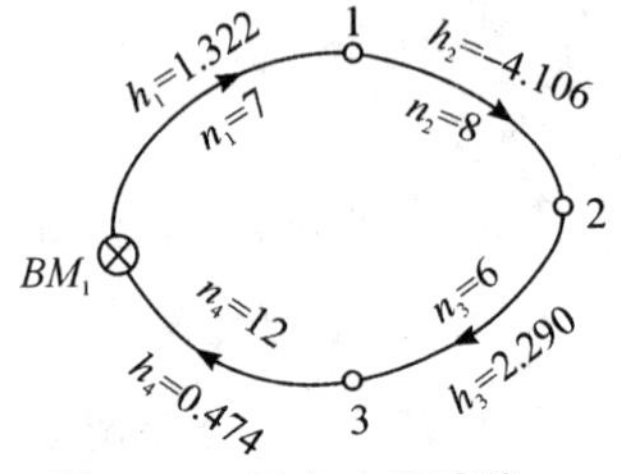

图 2-22　闭合水准路线

(1)计算高差闭合差和容许值

$$f_h=\sum h_{测}=1.322+(-4.106)+2.290+0.474$$
$$=-0.020\ \mathrm{m}$$
$$f_{h容}=\pm 12\sqrt{n}=\pm 12\sqrt{33}=\pm 0.069\ \mathrm{m}$$

$f_h<f_{h容}$，测量成果合格，可以进行闭合差的调整。

(2)计算各测段高差改正数

$$v_1=\frac{-f_h}{\sum n}\times n_1=\frac{-(-0.020)}{33}\times 7=0.004\ \mathrm{m}$$

$$v_2=\frac{-f_h}{\sum n}\times n_2=\frac{-(-0.020)}{33}\times 8=0.005\ \mathrm{m}$$

$$v_3=\frac{-f_h}{\sum n}\times n_3=\frac{-(-0.020)}{33}\times 6=0.004\ \mathrm{m}$$

$$v_4=\frac{-f_h}{\sum n}\times n_4=\frac{-(-0.020)}{33}\times 12=0.007\ \mathrm{m}$$

改正数计算校核：$\sum v_i=+0.020=-f_h$，符合要求。

(3)计算各测段改正后的高差

$$h_1'=h_1+v_1=1.322+0.004=1.326\ \mathrm{m}$$
$$h_2'=h_2+v_2=-4.106+0.005=-4.101\ \mathrm{m}$$
$$h_3'=h_3+v_3=2.290+0.004=2.294\ \mathrm{m}$$
$$h_4'=h_4+v_4=0.474+0.007=0.481\ \mathrm{m}$$

改正后高差计算校核：$\sum h_i'=\sum h_{理}=0$，符合要求。

(4)计算待求点高程

$$H_1=H_{BM_1}+h_1'=318.274+1.326=319.600\ \mathrm{m}$$
$$H_2=H_1+h_2'=319.600+(-4.101)=315.499\ \mathrm{m}$$
$$H_3=H_2+h_3'=315.499+2.294=317.793\ \mathrm{m}$$
$$H_{BM_1}=H_3+h_4'=317.793+0.481=318.274\ \mathrm{m}$$

高程计算校核：计算出的 BM_1 点高程与已知的 BM_1 点高程相等，符合要求。

表 2-4　闭合水准路线计算表

水准点号	测站数	高差			高程
		观测值	改正值	改正后高差	
BM_1					318.274
	7	1.322	0.004	1.326	
1					319.600
	8	−4.016	0.005	−4.101	
2					315.499
	6	2.290	0.004	2.294	
3					317.793
	12	0.474	0.007	0.481	
BM_1					318.274
$\sum$	33	−0.020	0.020	0	
计算校核	$f_h=\sum h_{测}=-0.020$ m $f_{h容}=\pm 12\sqrt{n}=\pm 12\sqrt{33}=\pm 0.069$ mm $f_h<f_{h容}$，测量成果合格			校核式：(1) $f_h=-\sum v_i$ (2)改正后的高差总和 $\sum h'=0$ (3) H_{BM1}（计算）$=H_{BM1}$（已知）	

2. 附合水准路线算例

为修建某水渠布设一条四等附合水准路线，BM_1、BM_2 为已知水准点，高程为 $H_{BM_1}=325.360$ m，$H_{BM_2}=326.933$ m，各测段高差和测段长如图 2-23 所注，计算待求点 1、2 的高程。

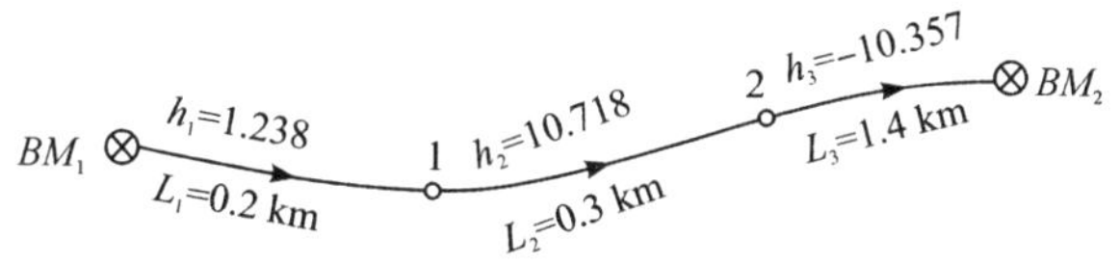

图 2-23　附合水准路线

(1)计算高差闭合差和容许值

$$f_h=\sum h_{测}-(H_{终}-H_{始})=0.026\ \text{m}$$

$$f_{h容}=\pm 20\sqrt{L}=\pm 20\sqrt{1.9}=\pm 0.028\ \text{m}$$

$f_h<f_{h容}$，测量成果合格，可以进行闭合差的调整。

(2)计算各测段高差改正数

$$v_1=\frac{-f_h}{\sum L}\times L_1=\frac{-0.026}{1.9}\times 0.2=-0.003\ \text{m}$$

$$v_2=\frac{-f_h}{\sum L}\times L_2=\frac{-0.026}{1.9}\times 0.3=-0.004\ \text{m}$$

$$v_3=\frac{-f_h}{\sum L}\times L_3=\frac{-0.026}{1.9}\times 1.4=-0.019\ \text{m}$$

改正数计算校核：$\sum v_i=-0.026=-f_h$，符合要求。

(3)计算各测段改正后的高差

$$h_1'=h_1+v_1=1.238+(-0.003)=1.235\ \text{m}$$

$$h_2'=h_2+v_2=10.718+(-0.004)=10.714\ \text{m}$$

$$h_3'=h_3+v_3=-10.357+(-0.019)=-10.376\ \text{m}$$

改正后高差计算校核：$\sum h_i'=1.573=\sum h_{理}$，符合要求。

(4)计算待求点高程

$$H_1=H_{BM_1}+h_1'=325.360+1.235=326.595\ \text{m}$$

$$H_2=H_1+h_2'=326.595+10.714=337.309\ \text{m}$$

$$H_{BM_2}=H_2+h_3'=337.309+(-10.376)=326.933\ \text{m}$$

高程计算校核：计算出的 BM_2 点高程与已知的 BM_2 点高程相等，符合要求。

表 2-5 附合水准路线计算表

水准点号	测段长	高差			高程
		观测值	改正值	改正后高差	
BM_1					325.360
	0.2	1.238	−0.003	1.235	
1					326.595
	0.3	10.718	−0.004	10.714	
2					337.309
	1.4	−10.357	−0.019	−10.376	
BM_2					326.933
$\sum$	1.9	1.599	−0.026	1.573	
计算校核	$f_h=\sum h_{测}-(H_{终}-H_{始})=0.026$ m $f_{h容}=\pm 20\sqrt{L}=\pm 20\sqrt{1.9}=\pm 0.028$ mm $f_h<f_{h容}$，测量成果合格			校核式：(1) $f_h=-\sum v_i$ (2)改正后的高差总和 $\sum h'=H_{终}-H_{始}$ (3) H_{BM2}(计算)$=H_{BM2}$(已知)	

3. 支水准路线算例

为进行某河道测量，布设一条支水准路线，各测段所测往、返高差如图 2-24 所注，已知 BM_1 的高程为 303.157 m，单程水准路线长为 2.8 km，计算待求点 1、2、3 的高程。

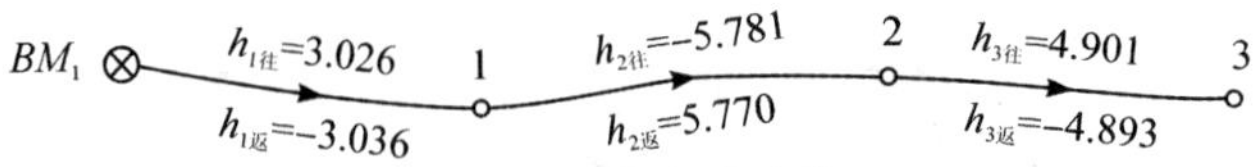

BM_1　$h_{1往}=3.026$　$h_{1返}=-3.036$　1　$h_{2往}=-5.781$　$h_{2返}=5.770$　2　$h_{3往}=4.901$　$h_{3返}=-4.893$　3

图 2-24 支水准路线

(1)计算高差闭合差和容许值

$$f_h=\sum h_{往}+\sum h_{返}=-0.013\ \text{m}$$

$$f_{h容}=\pm 30\sqrt{L}=\pm 30\sqrt{2.8}=\pm 0.050\ \text{m}$$

$f_h<f_{h容}$,测量成果合格,可以进行各测段平均高差的计算。

(2)计算各测段平均高差

$$h_{1平}=\frac{h_{1往}-h_{1返}}{2}=\frac{3.026-(-3.036)}{2}=3.031\ \text{m}$$

$$h_{2平}=\frac{h_{2往}-h_{2返}}{2}=\frac{-5.781-5.770}{2}=-5.776\ \text{m}$$

$$h_{3平}=\frac{h_{3往}-h_{3返}}{2}=\frac{4.901-(-4.893)}{2}=4.897\ \text{m}$$

(3)计算待求点高程

$$H_1=H_{BM_1}+h_{1平}=303.157+3.031=306.188\ \text{m}$$

$$H_2=H_1+h_{2平}=306.188+(-5.776)=300.412\ \text{m}$$

$$H_3=H_2+h_{3平}=300.412+4.897=305.309\ \text{m}$$

高程计算校核:$H_3-H_{BM_1}=\sum h_{平}=2.152\ \text{m}$,符合要求。

表 2-6　支水准路线计算表

水准点号	高差		平均高差	高程
	往测	返测		
BM_1				303.157
	3.026	−3.036	3.031	
1				306.188
	−5.781	5.770	−5.776	
2				300.412
	4.901	−4.893	4.897	
3				305.309
$\sum$	2.146	−2.159	2.152	
计算校核	$f_h=\sum h_{往}+\sum h_{返}=-0.013\ \text{m}$ $f_{h容}=\pm 30\sqrt{L}=\pm 30\sqrt{2.8}=\pm 0.050\ \text{m}$ $f_h<f_{h容}$,测量成果合格		校核式: $H_3-H_{BM_1}=\sum h_{平}=2.152\ \text{m}$	

2.7　水准仪的检验和校正

2.7.1　水准仪的各轴线及其应满足的几何条件

水准仪的主要轴线有:视准轴 CC、水准管轴 LL、圆水准器轴 $L'L'$ 和仪器竖轴 VV(如

图 2-25 所示）。根据仪器构造特点，圆水准气泡居中，竖轴基本铅直；水准管气泡居中，视准轴水平，提供水平视线。另外仪器整平后，用十字丝的横丝读数时，标尺在横丝的任意位置，读数都应该是正确的。为保证水准仪能提供一条水平视线及读数的精度，各轴线间应满足的几何条件是：

（1）圆水准器轴平行于仪器竖轴；

（2）水准管轴平行于视准轴；

（3）十字丝横丝垂直于仪器竖轴。

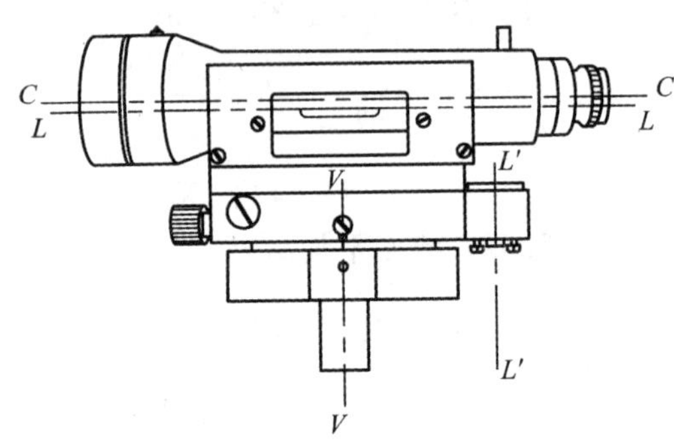

图 2-25　水准仪轴线

水准仪这些几何条件在仪器出厂时是满足的，由于长期使用以及受搬运中震动等影响，各轴线之间的几何关系会发生变化。为保证测量成果的质量，在每次使用前应对仪器进行检验和校正。

2.7.2　水准仪的检验和校正方法

1. 圆水准器轴的检验和校正

（1）检校目的

使圆水准器轴平行于仪器竖轴。

（2）检验方法

安置水准仪后，转动脚螺旋使圆水准气泡严格居中，如图 2-26(a)所示，然后将仪器绕竖轴旋转 180°，如果气泡仍居中，则表示圆水准器轴平行于仪器竖轴，不必校正。如果气泡偏离中心，如图 2-26(b)所示，则表示不满足几何条件，需要进行校正。

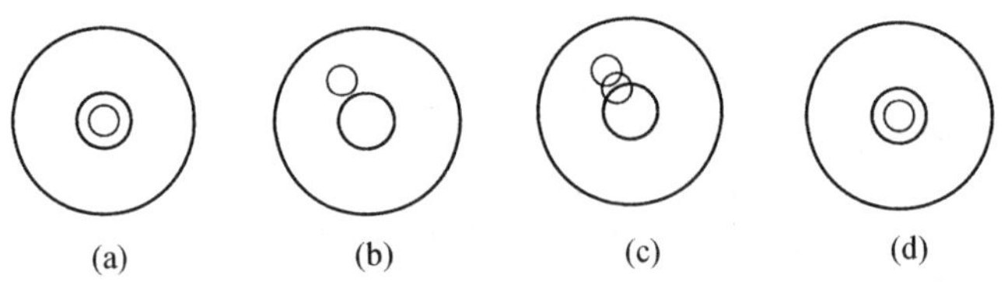

图 2-26　圆水准器的检验和校正

（3）校正方法

水准仪不动，先转动脚螺旋，使气泡中心向圆水准器中心方向移动偏离值的一半[如图 2-26(c)所示]，然后稍旋松圆水准器底部的固定螺丝钉，剩余一半偏离值用校正针拨动圆水准器的校正螺丝，使气泡居中[如图 2-26(d)所示]，最后旋紧固定螺丝钉。圆水准盒的底部有三个校正螺丝，如图 2-27 所示。

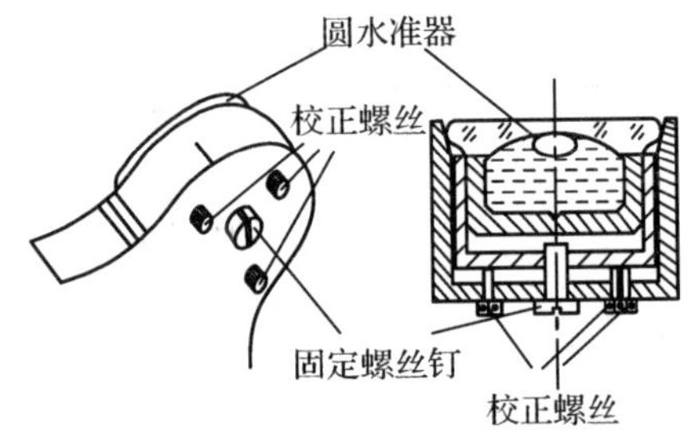

图 2-27　圆水准器校正螺丝

2. 十字丝横丝的检验和校正

(1)检校目的

使十字丝横丝垂直于仪器竖轴,即当仪器竖轴处于铅垂位置时,横丝应在水平位置。

(2)检验方法

安置水准仪整平后,用十字丝横丝的一端对准一清晰固定点,如图 2-28(a)所示。拧紧水平制动螺旋,转动水平微动螺旋,如果固定点始终在横丝上移动,说明横丝垂直于仪器竖轴;若偏离横丝,如图 2-28(b)所示,应进行校正。

(3)校正方法

卸下目镜处的护罩,松开十字丝分划板固定螺丝,拨正十字丝环,最后旋紧固定螺丝,此项检校也需反复进行,直到条件满足为止。如图 2-29 所示。

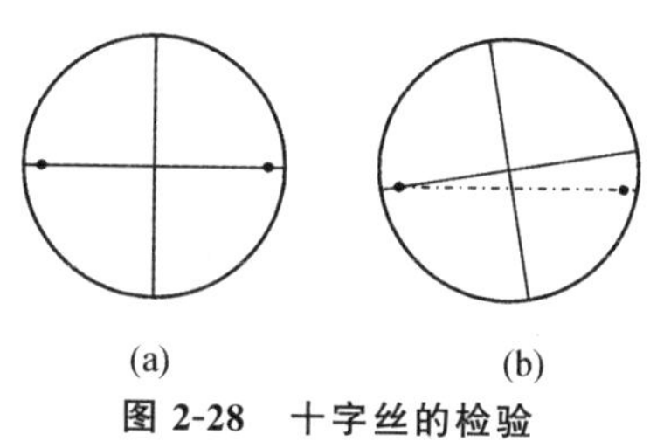

图 2-28　十字丝的检验

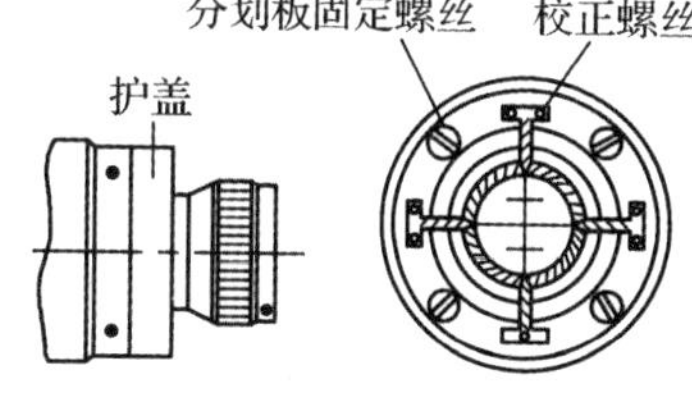

图 2-29　十字丝校正

3. 水准管轴的检验与校正

(1)检校目的

使水准管轴平行于视准轴。

(2)检验方法

在较平坦的地面上选择相距约 80 m 的 A、B 两点,如图 2-30(a)所示,打下木桩或放置尺垫,使水准尺固定在木桩或尺垫上。在 AB 的中间点处安置水准仪,用变动仪器高法连续两次测出 A、B 两点的高差,若两次测定的高差之差不超过 3 mm,则取两次高差的平均值 h_{AB} 作为最后结果。由于前后视距相等,视准轴与水准管轴不平行的 i 角对前后视读数产生的误差相等,$\Delta_1=\Delta_2$,因此可认为所得高差为正确高差。A、B 两点的高差为

$$h_1=(a_1-\Delta_1)-(b_1-\Delta_2)=a_1-b_1 \tag{2-24}$$

由此可见,前后视距相等,可以消除视准轴与水准管轴不平行产生的 i 角误差的影响。

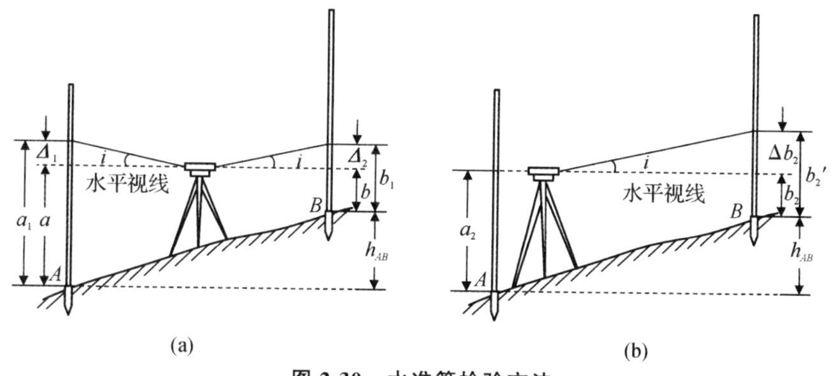

图 2-30　水准管检验方法

仪器搬到距 A 点 2～3 m 处，如图 2-30(b)所示。精平后读取 A、B 两点的尺读数 a_2、b_2'，计算在 A 点附近测得的高差

$$h_2=a_2-b_2' \tag{2-25}$$

若 $h_1=h_2$，表示两轴平行；若 $h_1\neq h_2$，说明存在 i 角误差，其角值为

$$i=\frac{|h_2-h_1|}{D_{AB}}\cdot\rho'' \tag{2-26}$$

式中，D_{AB}—A、B 两点间的水平距离，m；

i—视准轴与水准管轴的夹角，″；

ρ—弧度的秒值，$\rho=206265''$。

对于 DS_3 型水准仪，i 角值不得大于 20″，如果超限，则需要校正。

(2)校正方法

由于仪器距 A 点很近，两轴不平行引起的读数误差较小，所以 a_2 读数误差略去不计。仪器在 A 点上读取 A 尺读数 a_2 后，当两轴平行时，在 B 尺的正确读数应为

$$b_2=a_2-h_1 \tag{2-27}$$

水准管的校正如图 2-31 所示，根据上式的计算结果，转动微倾螺旋使十字丝横丝对准 B 尺上的读数 b_2 处，此时视准轴已水平，但水准管气泡不居中，松开水准管左右两个校正螺丝，拨动水准管上下校正螺丝使气泡居中，最后要将校正螺丝旋紧。此项校正工作需反复进行，直至达到要求为止。

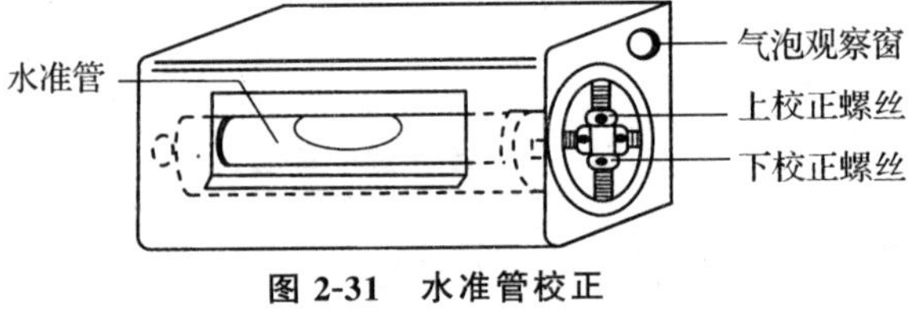

图 2-31　水准管校正

2.8　水准测量的误差分析

水准测量的误差来源主要有仪器误差、观测误差、外界条件影响的误差。

2.8.1　仪器误差

1. 仪器误差

仪器误差的主要来源是望远镜的视准轴与水准管轴不平行的 i 角误差。仪器虽然经过校正，但仪器检验与校正不甚完善以及其他方面的影响，使仪器尚存在一些残余误差。这个 i 角残余误差对高差的影响为 Δh，即

$$\Delta h=\Delta_2-\Delta_1=\frac{i}{\rho}D_B-\frac{i}{\rho}D_A=\frac{i}{\rho}(D_B-D_A) \tag{2-28}$$

式中，D_B-D_A 为前后视距之差。

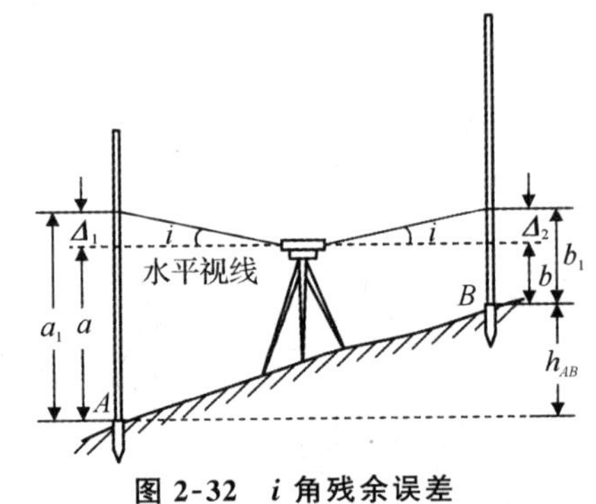

图 2-32　i 角残余误差

若一测站上仪器到前后视距相等(即 $D_B=D_A$)，即可消除 i 角残余误差对高差的影响。对一条水准路线而言，也应保持前视视距总和与后视视距总和相等，同样可消除 i 角误差对路线高差总和的影响。

2. 水准尺误差

水准尺刻画不准确、尺长变化、弯曲等都会影响水准测量的精度。因此，水准尺需经过检验才能使用。至于水准尺的零点误差，在成对使用水准尺时可在一水准测段中使测站为偶数予以消除，也可在前、后视中使用同一根水准尺来消除。

2.8.2　观测误差

1. 水准管气泡居中误差

水准测量时，视线的水平是根据水准管气泡居中来实现的。由于气泡居中存在误差，致使视线偏离水平位置，从而带来读数误差。减少此误差的办法是每次读数时使气泡严格居中。

2. 读数误差

在水准尺上估读毫米数的误差，与人眼的分辨力、望远镜的放大倍率以及视线长度有关，通常按下式计算

$$m_V=\frac{60''}{V}\cdot\frac{D}{\rho''} \tag{2-29}$$

式中，V—望远镜的放大倍率；$60''$—人眼的极限分辨能力。

3. 视差

当存在视差时，水准尺影像与十字丝平面不重合，若眼睛观察的位置不同，便读出不同的读数，因而也会产生读数误差。

4. 水准尺倾斜误差

水准尺倾斜，无论是前倾还是后倾，其读数都比竖直时要大。其读数误差为：

$$\Delta b=b'-b=b'(1-\cos\varepsilon) \tag{2-30}$$

随着视线抬高(即读数越大)或倾斜的角度越大，水准尺倾斜引起的读数误差也越大。例如尺子倾斜 3°，视线在尺上读数为 2.0 m 时，会产生约 3 mm 的读数误差。为减少水准尺的倾斜误差，可在水准尺上安置圆水准器，扶尺时注意使圆水准气泡居中。如果水准尺上没有安装圆水准器，可采用摇尺法，使水准尺缓缓地向前、后倾斜，当观测者读取到最小读数时，即为尺子竖直时的读数(图 2-33)。

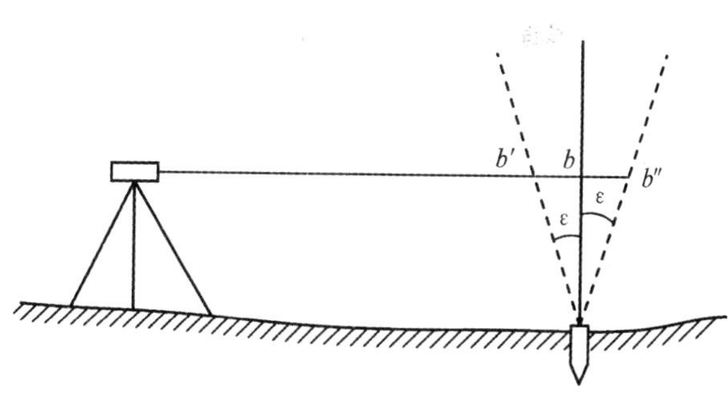

图 2-33　水准尺倾斜误差

2.8.3 外界条件影响的误差

1. 仪器下沉

仪器下沉，使视线降低，从而引起高差误差。采用"后、前、前、后"的观测程序，可减弱其影响。

2. 尺垫下沉

如果在转点发生尺垫下沉，将使下一站后视读数增大。采用往返观测取平均值的方法可以减弱其影响。

3. 地球曲率及大气折光的影响

(1)地球曲率的影响

大地水准面是一个曲面，用水平视线代替大地水准面在尺上读数产生的误差为 c，即地球曲率对读数的影响(详见 1.3 节)为：

$$c = D^2/2R \tag{2-31}$$

式中，D—仪器到水准尺的距离；R—地球的平均半径，为 6371 km。

因此，使前后视距离 D 相等，地球曲率对高差的影响在高差计算时将相互抵消。

(2)大气折光的影响

地面上空气密度不均匀，使光线发生折射，因而水准测量中，视线不是一水平视线，而是一曲线，使读数产生误差，称为大气折光差。折光的大小与大气层竖向温差大小有关，由于地面吸热作用，越接近地面，温差越大，折光也越大。在气象稳定的条件下，折光产生曲线的曲率半径约为地球半径的 7 倍，大气折光对水准尺读数产生的影响为 γ：

$$\gamma = \frac{1}{7}c = \frac{D^2}{14R} \tag{2-32}$$

在水准测量中，前、后视线离地高度一致时，前、后视线的折光弯曲相同，如果前、后视距相等，大气折光对前、后视读数的影响也相等，在计算高差时相互抵消。但在实际测量中，前、后视线离地高度往往不一致，大气折光对前、后视的影响不同，对所测高差产生折光差影响。为了尽量减少这种影响，应抬高视线，使视线高出地面一定距离进行水准测量。

4. 温度的影响

温度的变化不仅会引起大气折光变化，还引起仪器的部件胀缩，从而可能引起视准轴构件(物镜、十字丝和调焦镜)相对位置的变化，造成水准尺影像在望远镜的十字丝面内上下跳动，难以读数。当烈日照射水准管时，由于水准管本身和管内液体温度升高，气泡向着温度高的方向移动，影响水准管气泡居中，造成测量误差。因此水准测量时，应撑伞保护仪器，选择有利的观测时间。

2.9　其他水准仪简介

2.9.1　自动安平水准仪

自动安平水准仪和微倾式水准仪的区别在于没有水准管和微倾螺旋，而是在望远镜的光学系统中安装了补偿器，补偿器的作用是使视准轴在数秒钟内自动成水平状态，从而读出视线水平时的读数。自动安平水准仪这种能自动置平的特点，简化了操作，提高了观测速度，而且对于施工场地地面的微小震动、松软土地的仪器下沉以及大风吹刮时视线微小倾斜等不利状况，能迅速自动地安平，有效地减弱外界的影响，提高了观测精度。

1. 自动安平水准仪的补偿原理

当圆水准气泡居中后，视准轴仍存在一个微小倾角 α，此时视线不水平，读数存在偏差，为了使读数仍为视线水平时的读数，在望远镜的光路上安置一个补偿器，使通过物镜光心的水平光线经过补偿器的光学元件后偏转一个 β 角，使偏转角的大小正好能够补偿视线倾斜引起的偏差，这样水平光线仍能通过十字丝交点，读得视线水平时的读数。由于 α 和 β 都是很小的角度，当下式成立时，即

$$f \cdot \alpha = d \cdot \beta \tag{2-33}$$

就能达到自动补偿的目的。式中，f 为物镜到十字丝分划板的距离，d 为补偿装置到十字丝分划板的距离。

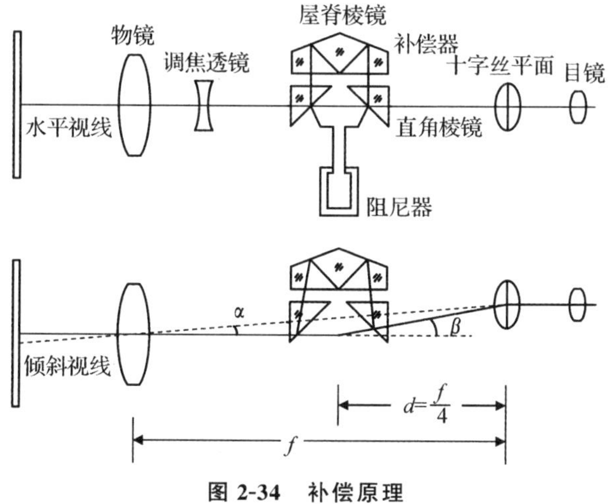

图 2-34　补偿原理

2. 自动安平补偿器

自动安平补偿器的种类很多，但一般都是采用吊挂光学元件的方法，借助重力的作用达到视线自动补偿的目的。国产的 DSZ_3 自动安平水准仪的补偿器就是采用这种方法进行自

动补偿的，它由屋脊棱镜、直角棱镜和阻尼器组成。补偿器安装在望远镜光路上距十字丝距离 $d=f/4$ 处，将屋脊棱镜固定在望远镜筒内，在屋脊棱镜的下方，用交叉的金属丝吊挂着两个直角棱镜，该直角棱镜在重力作用下，能相对望远镜做反向偏转。为了使吊挂的棱镜尽快地停止摆动，还设置了阻尼器。当望远镜倾斜了微小角度 α 时，吊挂的两个直角棱镜在重力作用下，相对于望远镜的倾斜方向反向偏转一个同样大小的角度，使棱镜的直角面仍保持和水平视线垂直的位置，当水平光线通过偏转后的直角棱镜的反射到达十字丝的中心时，仍能读得视线水平时的读数，从而达到了补偿的目的。

3. 自动安平水准仪的使用

(1)自动安平水准仪粗略整平

先用双手同时向内(或向外)旋转同一对脚螺旋，使圆水准气泡移动到中间，再转动另一只脚螺旋使气泡居中。若一次不能居中，可反复进行。旋转螺旋时应注意气泡移动的方向与左手大拇指或右手食指运动方向一致。

(2)瞄准

转动目镜调焦螺旋，使十字丝分划清晰；转动仪器，用准星和照门瞄准水准尺；转动微动螺旋，使水准尺位于视场中央；转动物镜调焦螺旋，使水准尺清晰，注意消除视差。

(3)观察十字丝分划板影像，用手轻按补偿器检验按钮，检验补偿器工作性能

如果十字丝刻划有晃动且能很快恢复原读数，则说明补偿器工作性能正常。或者用手轻轻按动下面的按钮机构，观测望远镜内目标影像是否移动，如果移动说明补偿器处于正常工作状态。

(4)读数

读数方法与 DS_3 型微倾式水准仪相同。

自动安平水准仪补偿器作用范围约为 $\pm 15'$，使用自动安平水准仪应认真进行粗略整平。另外，由于补偿器相当于一个重力摆，其重力摆静止稳定需 2～4 s，故瞄准水准尺约过几秒钟后再读数为好。目前多数自动安平水准仪配有一个补偿器检查按钮，每次读数前按一下该按钮，确认补偿器能正常作用再读数。

4. 自动安平水准仪的检验与校正

(1)圆水准器轴平行于仪器竖轴的检验

三脚架稳固踩入地面后，装上仪器，旋转三只脚螺旋，使圆水准气泡居中。然后将仪器绕竖轴旋转 180°，如果气泡中心偏离圆水准器的零点，则说明两轴不满足平行的要求，必须进行校正。校正时旋转脚螺旋使气泡位移一半，另一半用校针插入校正螺钉校正。螺钉拧紧时，气泡向拧紧的螺钉移动；螺钉放松时，气泡反向移动。校正时，先校的螺钉是最接近气泡中心与圆圈中心连线的那一颗，校到气泡进入圆圈中心或借助另外一颗螺钉，反复校正使气泡居中为止。当望远镜瞄准任何方向气泡始终居中时，说明圆气泡已校正好，补偿器处于它的工作范围内。

(2)十字丝中丝垂直于仪器竖轴的检验

整平仪器后，用十字丝中丝(横丝)的一端对准远处一明显标志点，旋转微动螺旋，如果

标志点始终在中丝上移动，说明几何条件满足要求。

(3)视线水平度的检校

在平坦地区选择长为 45～60 m 的路线，并将其分为三等分，长度为 d 的标尺安置在尺垫上或者分别放在分点 B、C 处的木桩上，仪器依次安放在 A、D 处。仪器在 A 点(气泡居中，按一下按钮检查补偿器后)读取标尺读数 a_1' 和 a_2'，仪器在 D 点读得 a_3'(C 处)和 a_4'(B 处)的读数，如果视线绝对水平，这些读数的正确值应为 a_1、a_2、a_3、a_4。有如下关系式：$a_4-a_1=a_3-a_2$，如果关系式不成立，则表明视线相对于水平面倾斜了一个小角度 δ，过 a_3' 作 $a_2'a_1'$ 的平行线，那么必交于 B 标尺的正确位置 a_4 处，由图 2-35 可以看出：

$$a_4-a_1'=a_3'-a_2'，即\ a_4=a_1'+a_3'-a_2'$$

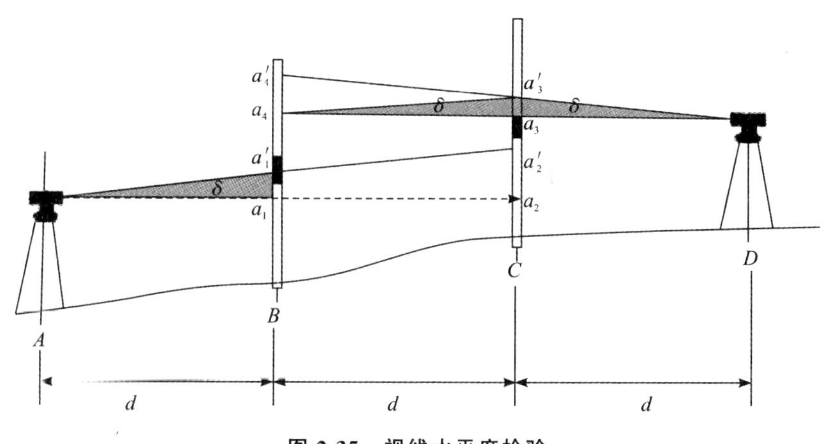

图 2-35　视线水平度检验

如果实测值 a_4' 与计算值 a_4 不符合，则要校正读数 a_4'。让仪器仍在 D 点，视线校正可通过分划板微量移动加以校正，旋开黑色校正孔盖，拿掉密封圈，用校正针调整十字丝螺丝，直到水平丝位于计算出的 B 标尺读数 a_4 为止，螺丝最后一圈应为顺时针旋转，装上密封圈，旋上护盖。按上述方法重新检查，要求两者之差应小于 2 mm/30 mm，整个过程是重复进行的。

2.9.2　电子水准仪

1. 电子水准仪的基本原理

电子水准仪又称数字水准仪，它是在自动安平水准仪的基础上发展起来的。它采用条码标尺，各厂家标尺编码的条码图案不相同，不能互换使用。目前照准标尺和调焦仍需目视进行。人工完成照准和调焦之后，标尺条码一方面在望远镜分划板上成像，供目视观测；另一方面通过望远镜的分光镜，标尺条码又在光电传感器(又称探测器)即线阵 CCD(charge-coupled device，电荷耦合元件)器件上成像，供电子读数。因此，如果使用传统水准标尺，电子水准仪又可以像普通自动安平水准仪一样使用，不过这时的测量精度低于电子测量精度。特别是精密电子水准仪，由于没有光学测微器，当成普通自动安平水准仪使用时，其精度更低。

当前电子水准仪采用了原理上相差较大的三种自动电子读数方法(图 2-36):

(1)相关法;

(2)几何法;

(3)相位法。

图 2-36 电子水准仪的读数原理

从这几种原理共性的角度看,都使用了光学水准仪的光路原理,也都使用了条形码标尺,条码明暗相间,通过改变明暗条码的宽度实现编码,且条码不存在重复的码段。但它们的编码规则也有非常明显的区别,从中可以看出它们解码原理的区别。另外,除上述编码环节存在共同性外,解码环节也还是有共性的。可以断定,所有的电子水准仪的解码过程都存在粗测、精测和精粗衔接这些步骤,且这些过程和普通的光学模拟水准仪仍然有相似之处。粗测确定光电传感器所截获条码片段在标尺上的位置,这一过程也就是图像识别过程;精测确定电子中丝在所截获的条码片段中的位置;精粗衔接则根据精测值和粗测值求得电子中丝在标尺上的位置(即测量结果)。

2. 电子水准仪的特点

电子水准仪是以自动安平水准仪为基础,在望远镜光路中增加了分光镜和探测器(CCD),并采用条码标尺和图像处理电子系统构成的光机电测一体化的高科技产品。采用普通标尺时,又可像一般自动安平水准仪一样使用。它与传统仪器相比有以下共同特点:

(1)读数客观。不存在误差、误记问题,没有人为读数误差。

(2)精度高。视线高和视距读数都是采用大量条码分划图像经处理后取平均得出来的,因此削弱了标尺分划误差的影响。多数仪器都有进行多次读数取平均的功能,可以削弱外界条件影响。不熟练的作业人员也能进行高精度测量。

(3)速度快。由于省去了报数、听记、现场计算的时间以及人为出错的重测,测量时间与传统仪器相比可以节省 1/3 左右。

(4)效率高。只需调焦和按键就可以自动读数,减小了劳动强度。视距还能自动记录、检核、处理并能输入电子计算机进行后处理,可实现内外业一体化。

3. DAL 数字水准仪简介

(1)仪器外形和用户操作界面(见图 2-37)

仪器的显示屏只显示两行参数,上行显示测量相关数据,下行显示测量的工作状态。

仪器的按键由四个功能键 F1、F2、F3、F4,一个电源开启键 ON 和仪器侧面量测键组成。F1、F2、F3、F4 的功能在仪器的显示屏上有相应的提示,仪器右侧的测量键是 F1 的联动键,用于快速启动测量操作和减少按键时仪器的振动。

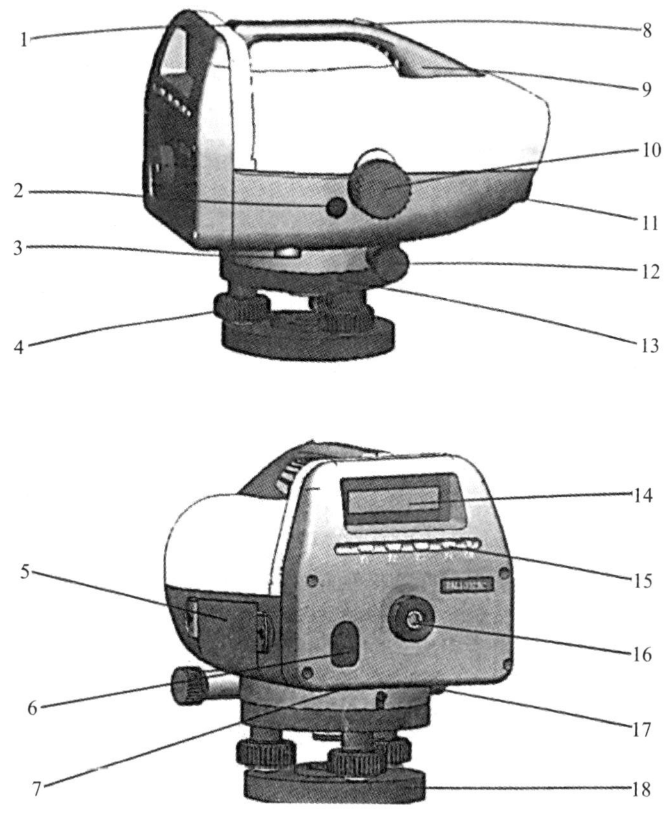

图 2-37　仪器外形和用户操作界面

1—粗瞄准器缺口；2—测量键；3—数据通信接口；4—脚螺旋；5—电池盒；6—圆水泡窗；7—圆水泡调整螺钉；8—粗瞄准器准星；9—提把；10—调焦手轮；11—物镜；12—微动手轮；13—度盘；14—显示屏；15—操作按键；16—目镜；17—*i* 角调整螺钉；18—安平底板

(2)测量基本操作

电子水准仪的架设、整平以及瞄准目标的操作方法与光学水准仪一样，在此不再详述。在仪器安置准备完成后，按下面板上的 ON 键，即可开始电子系统读数。每次照准标尺后，按下仪器右侧的测量键或 F1(测量)，标尺高度和距离的测量结果会自动显示在显示屏上。尺高显示界面如图 2-38。

H: 0.9876　D: 101.567
测量　H-Z　>>>

图 2-38　尺高显示界面

H—表示标尺高度；*D*—仪器中心到标尺的距离；*H-Z*—尺高/高程显示切换

(3)高程测量

高程测量直接测量被测量点的绝对高程或相对高程，其实是通过标尺在参考点的尺高读数值、参考点的(绝对/相对)高程值和被测点的尺高读数换算得到的。高程测量程序见表 2-7。按表 2-7 完成高程设定后，对准目标点启动测量即可显示目标点的高程值和视距值。

表 2-7　高程测量

操作过程	显示
仪器照准参考点标尺，启动测量，仪器出现右方尺高显示界面	尺高显示界面 H：0.9876　D：101.567 测量　H-Z　保存　>>>
按住 F2 键(H-Z)不动直至出现右方高程设置界面，再同时按下 F1(设 Z)，然后同时放开 F1、F2 后进入数字编辑界面	设 Z　H-Z
F1(0～3)、F2(4～7)、F3(89..)分别引导相应的数字符号编辑界面，如右图	1 0　1　2　3 1234 4　5　6　7 1234.567 8　9　.　±
输入完成后仪器显示高程显示界面	高程显示界面 1234.5678　101.567 测量　H-Z　保存　>>>

(4)平均测量次数的设定

为保证测量值的准确性，界面显示的测量值是几次测量的平均值，测量次数一般出厂设置为 5。当距离远、空气气流活跃、震动大时可适当提高测量次数以保证测量精度。测量次数的设定操作过程如表 2-8 所示。

表 2-8　平均测量次数的设定

操作过程	显示
在测量主界面下按 F4(＞＞＞)键进入功能操作状态 在功能操作状态下按 F1(▼)或 F2(▲)调整至“1. 测量次数”界面(右图示)，“05”表示当前测量次数为 5。按 F3(选定)引导出数字编辑界面，输入所需要的测量次数值 设定完成后按 F4(确认)退回。N 的设定范围为 1～10。此界面下按 F4(＜＜＜)返回测量主界面	功能界面 1. 测量次数　05 ▼　▲　选定　<<<

(5)水准测量

测量过程仪器提供了 3 种测量模式：扫平模式、AB 模式和 ABBA 模式。模式之间的切换是在功能操作状态下按 F1(▼)、F2(▲)调整至“3. 模式切换”界面(见图 2-39)，“扫平”表示当前测量模式为扫平模式。按 F3(选定)即可改变当前测量模式。

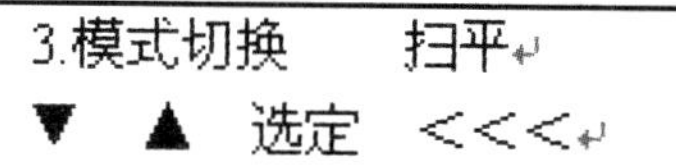

图 2-39 模式切换编辑界面

扫平模式为仪器架设高度不动，对区域内一批点进行高程测量的作业模式。

AB 模式是等级水准测量的“后前—后前……”逐站递推模式，仪器将高程 Z 和视距差自动逐站累计，每次测量完成时提示视距差累计至 2 s。可以根据视距差累计值调整前尺或仪器的架设位置，以实现前后视距的对称性。操作时按照显示屏的“前视”或“后视”提示照准相应的标尺，进行测量和存储，见图 2-40。

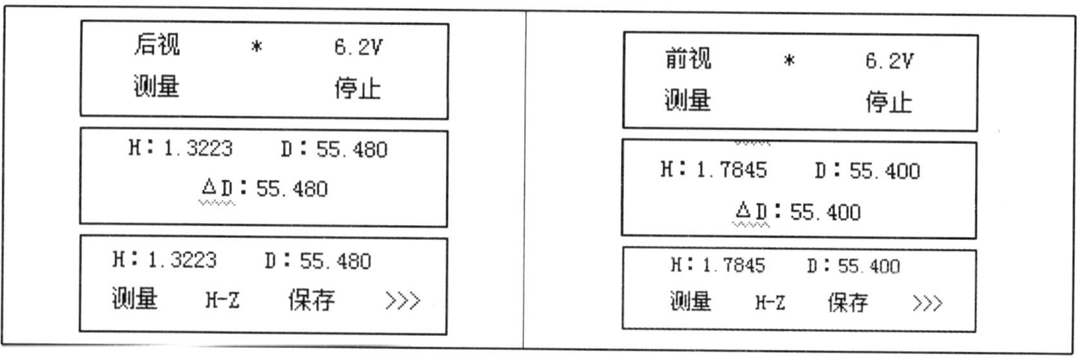

图 2-40 AB 模式下的测量界面

ABBA 模式是等级水准测量的“后前前后—前后后前……”逐站递推模式，仪器以开始的一组“前视”“后视”测量计算前、后视距差的累计值，用于检测视距的对称性。仪器位置确定以后，仪器将按四个步骤提示“前视”或“后视”测量操作，这时只需根据提示照准相应的标尺进行测量和存储。四个步骤完成后屏幕将提示当前的往返不符值，以此判断当前测量是否有效或重测。测量步骤见图 2-41。

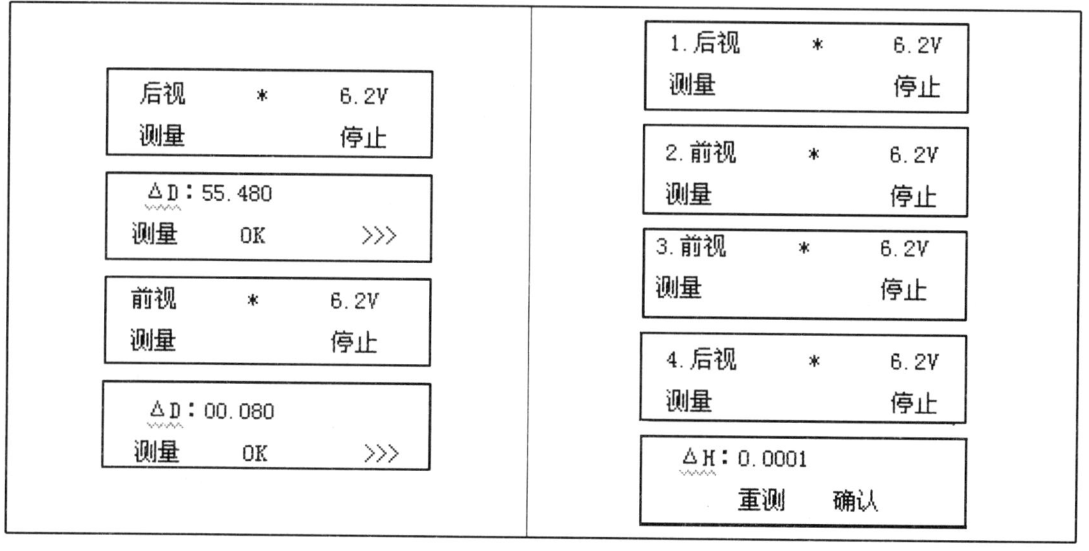

图 2-41 ABBA 模式下的测量界面

(6)当前作业设定

测量开始前应当对当前的作业任务设定编号,以便存储时测量数据逻辑结构清晰。AB模式和 ABBA 模式建议以路线的起止点作为编号。设定步骤见表 2-9。

表 2-9　当前作业设定

操作说明	界面
功能操作状态下按 F1(▼)或 F2(▲)调整至“4. 当前作业”界面(右图示)。按 F3(选定)进入作业号编辑界面 2F－－39——作业编号: 按 F2(＋1)则起点号加 1,配合 F1(×10)则起点加 10;按 F3(＋1)则止点号加 1,配合 F1(×10)则止点号加 10;按 F4(确认)则完成新的当前作业号编辑	作业编号编辑界面 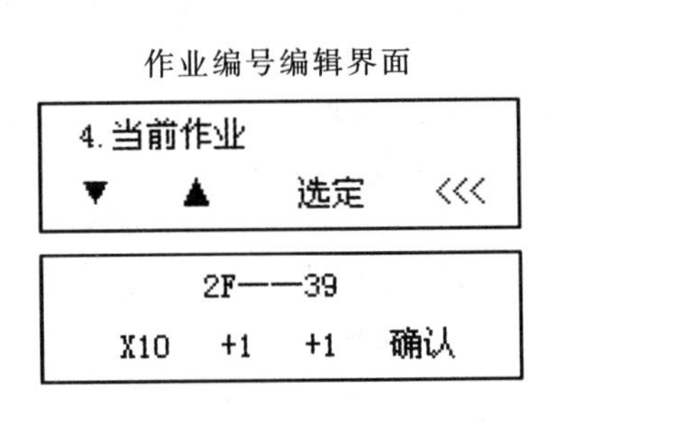

思考练习题

1. 试述水准测量原理。水准测量分哪些等级?
2. 计算待定点高程有哪两种方法?各在什么情况下应用?
3. 水准仪由哪些主要部分构成?各起什么作用?
4. 什么叫视准轴、水准管轴、圆水准器轴?
5. 试述水准仪的使用操作步骤。
6. 什么叫视差?它是怎样产生的?如何消除?
7. 什么是精平?为什么微倾水准仪必须精平后才能读数?
8. 试述水准测量路线的各种布设形式及其特点。
9. 简述水准测量中一个测站的观测程序。
10. 水准仪有哪些主要轴线?它们间应满足什么条件?其中什么是主要条件?
11. 影响水准测量成果的因素有哪些?用前、后视距相等的观测方法可消除哪些误差的影响?
12. 简述四等水准测量在一个测站上的观测程序及各项要求。
13. 什么叫作水准测量的测站检核?其目的是什么?经过测站检核后,为什么还要进行路线检核?
14. 何谓水准测量的高差闭合差?如何计算水准测量的容许高差闭合差?
15. 如下图所示在水准点 BM_1 和 BM_2 之间进行水准测量,在水准记录表中记录及计算,并作校核。BM_1＝138.952 m,BM_2＝142.110 m。

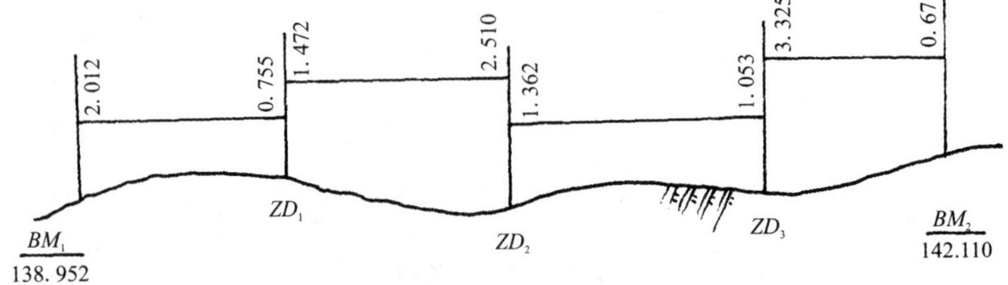

水准测量记录表

点　号	后视读数/m	前视读数/m	高　差/m		高程/m
			+	−	
计算校核					

16. 根据下表所列的一段四等水准测量观测数据，按记录格式填表计算并检核，说明观测成果是否符合现行水准测量规范的要求。

测站编号	后尺 下丝 / 上丝 后视距 视距差 d/m	前尺 下丝 / 上丝 前视距 $\sum d$/m	方向及尺号	水准尺读数/m		K＋黑减红/mm	高差中数/m	备注
				黑面	红面			
1	1.832	0.926	后 A	1.379	6.165			
	0.960	0.065	前 B	0.495	5.181			
			后－前					
2	1.742	1.631	后 B	1.469	6.156			
	1.194	1.118	前 A	1.374	6.161			
			后－前					$K_A=4.787$
								$K_B=4.687$
3	1.519	1.671	后 A	1.102	5.890			
	0.692	0.836	前 B	1.258	5.945			
			后－前					
4	1.919	1.968	后 B	1.570	6.256			
	1.220	1.242	前 A	1.603	6.391			
			后－前					
校核								

17. 如下图某水准路线，试计算 NO1 与 NO2 两个点的高程。

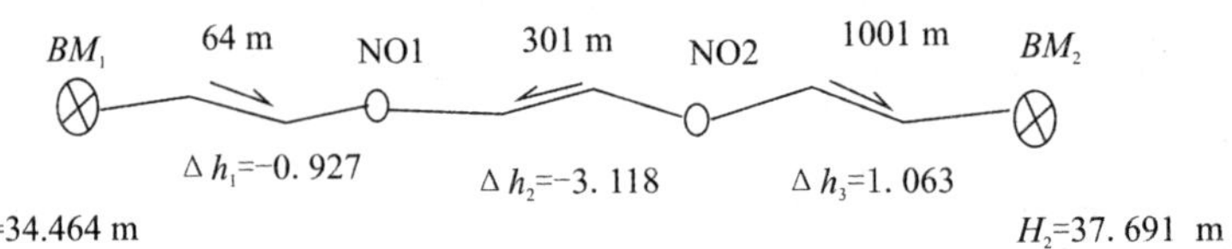

点号	距离/m	平均高程/m	改正数/mm	改正后高差/m	点之高程/m

18. 水准仪有哪几项检验和校正？如何进行各项检验和校正？

19. 进行水准测量时，设 A 为后视点，B 为前视点，后视水准尺读数 $a=1.124$ m，前视水准尺读数 $b=1.435$ m，问 A、B 两点的高差 h_{AB} 为多少？设已知 A 点的高程为 20.024 m，问 B 点的高程为多少？

20. 设 A、B 两点相距 100 m，水准仪安置在 AB 中点时测得高差 $h_{AB}=2.182$ m，将水准仪搬到 B 点附近测得高差 $h'_{AB}=2.170$ m，问视准轴与水准管轴是否平行？如不平行，请求出 i 角值，并说明如何校正。

第3章　角度测量

【教学要求】

知识准备	能力要求	相关知识点
角度测量原理	(1)掌握水平角测量原理 (2)掌握竖直角定义及其取值区间	(1)水平角 (2)竖直角 (3)角度的取值范围
角度测量仪器与工具的使用	(1)认识角度测量各种仪器与工具 (2)掌握光学经纬仪的组成和构造 (3)掌握光学经纬仪的使用	(1)DJ_6 光学经纬仪 (2)DJ_2 光学经纬仪 (3)测钎、标杆、觇板 (4)经纬仪的安置、照准、读数 (5)水准测量的校核 (6)水准测量的闭合差计算
角度测量	(1)能够进行水平、竖直角度测量的施测 (2)能够完成水平、竖直角度测量数据的记录计算 (3)能够对水平、竖直角度测量的外业测量数据进行内业计算	(1)测回法 (2)方向观测法 (3)竖直度盘的构造 (4)竖盘指标差 (5)竖直角的计算公式 (6)竖盘指标自动归零补偿器
经纬仪的检验与校正	(1)认识经纬仪各轴线应满足的几何条件 (2)掌握照准部水准管轴、十字丝竖丝、视准轴、横轴、指标差的检验与校正	(1)经纬仪的各个轴系 (2)照准部水准管轴的检校 (3)十字丝竖丝的检校 (4)视准轴的检校 (5)横轴的检验与校正 (6)指标差的检校 (7)圆水准器的检校
角度测量的误差及注意事项	(1)了解角度测量误差的主要来源 (2)掌握减小或消除误差的基本措施	(1)仪器误差 (2)观测误差 (3)外界环境误差
电子经纬仪	(1)掌握电子经纬仪与光学经纬仪的区别 (2)能使用电子经纬仪进行测角等工作	(1)电子经纬仪测角原理 (2)电子经纬仪的使用 (3)键盘功能 (4)信息显示

3.1 角度测量原理

在常规测量工作中，地面点点位通常使用投影三维定位方法来确定，即将地面点的空间位置分解为水平位置和高程位置来确定。为了确定地面点的水平位置，通常需要观测水平角；为了观测高程位置，除了采用水准测量方法外，还经常通过观测竖直角按三角原理来确定。

角度测量包括水平角测量和竖直角测量。

3.1.1 水平角测量原理

水平角是从一点出发的两条方向线所构成的空间角在水平面上的投影，或是指地面上一点到两个目标点的方向线垂直投影到水平面上的夹角，或者是过两条方向线的竖直面所夹的两面角。

如图 3-1 所示，A、B、C 为地面上三点，过 AB、AC 直线的竖直面在水平面 P 上的交线 ab、ac 所夹的角 β 就是 AB 和 AC 之间的水平角。

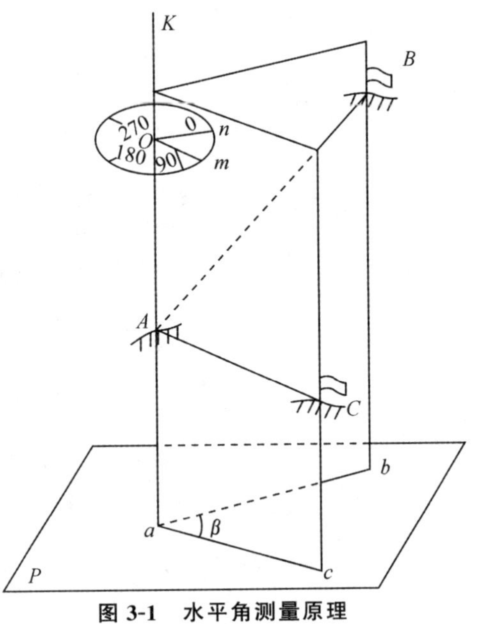

图 3-1 水平角测量原理

根据水平角的概念，若在过 A 点的铅垂线上水平地安置一个有刻度的圆盘（称为水平度盘），度盘中心在 O 点，过 AB、AC 竖直面与水平度盘交线为 On、Om，在水平度盘上读数为 n、m，则$\angle nOm$ 为所测得的水平角。一般水平度盘是顺时针刻画的，则：

$$\angle nOm = m - n = \beta \tag{3-1}$$

水平角度值为 0°～360°。

3.1.2 竖直角定义

在同一竖直面内，目标视线与水平线的夹角，称为竖直角。其范围在 0°～±90°之间。如图 3-2，当视线位于水平线之上时，竖直角为正，称为仰角；反之，当视线位于水平线之下时，竖直角为负，称为俯角。

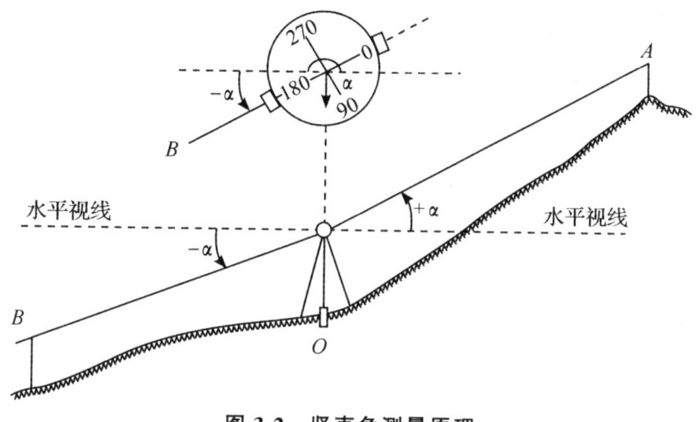

图 3-2　竖直角测量原理

3.2　角度测量仪器与工具

3.2.1　DJ_6光学经纬仪

目前，我国把经纬仪按精度不同分为 DJ_1、DJ_2和 DJ_6等几种类型。D 和 J 分别是“大地测量”和“经纬仪”汉语拼音的第一个字母，数字 1、2、6 等表示该类仪器的精度。

DJ_6光学经纬仪是工程测量中最常用的一种测角仪器，由于生产厂家不同，仪器结构和部件也不尽相同，但基本结构是一致的。本节主要阐述 6″级 DJ_6光学经纬仪的构造和使用方法。

它由照准部、水平度盘和基座三个主要部分组成，如图 3-3 所示。

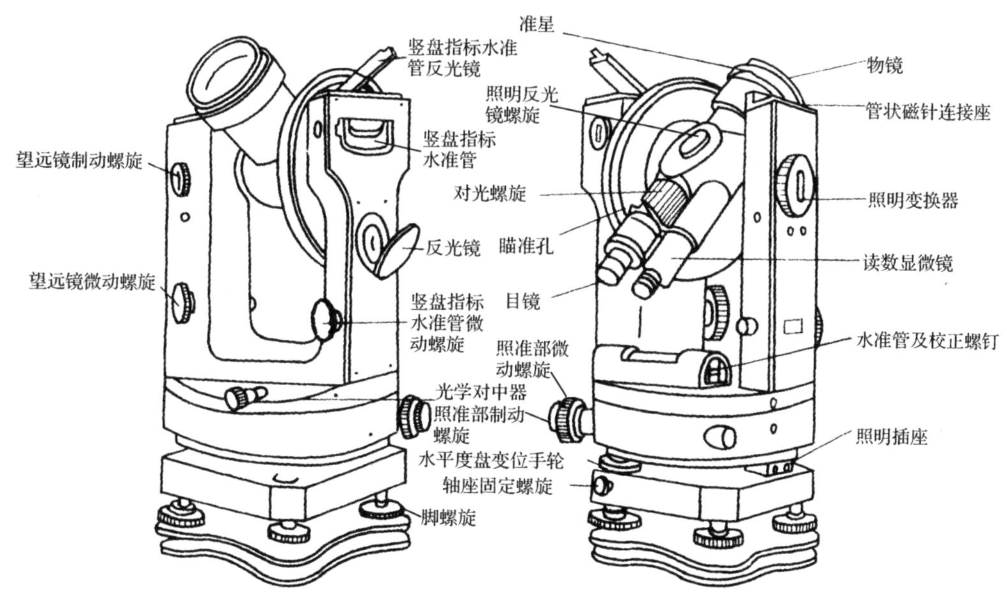

图 3-3　DJ_6光学经纬仪

1. 基本构造

(1)照准部

照准部是光学经纬仪的重要组成部分，主要由望远镜、照准部水准管、竖直度盘(或简称竖盘)、光学对中器、读数显微镜及竖轴等组成。照准部可绕竖轴在水平面内转动，由水平制动螺旋和水平微动螺旋控制。

①望远镜：它固定在仪器横轴(又称水平轴)上，可绕横轴俯仰转动而照准高低不同的目标，并由望远镜制动螺旋和微动螺旋控制。

②照准部水准管：用来精确整平仪器。

③竖直度盘：用光学玻璃制成，可随望远镜一起转动，用来测量竖直角。

④光学对中器：用来进行仪器对中，即使仪器中心位于过测站点的铅垂线上。

⑤竖盘指标水准管：在竖直角测量中，利用竖盘指标水准管微动螺旋使气泡居中，保证竖盘读数指标线位于正确位置。

⑥读数显微镜：用来精确读取水平度盘和竖直度盘读数。

(2)水平度盘

水平度盘是由光学玻璃制成的带有刻画和注记的圆盘，顺时针方向在0°～360°间每隔1°刻画并注记度数。测角过程中，水平度盘和照准部是分离的，不随照准部一起转动，当转动照准部照准不同方向的目标时，移动的读数指标线便可在固定不动的度盘上读得不同的度盘读数，即方向值。如需要变换度盘位置时，可利用仪器上的度盘变换手轮把度盘变换到需要的读数上。

(3)基座

基座是支承仪器的底座，由轴座、脚螺旋和连接板等组成。轴座是将仪器竖轴与基座连接固定的部件，轴座上有一个固定螺旋，放松这个螺旋，可以将经纬仪水平度盘连同照准部从基座中取出来，所以平时此螺旋必须拧紧，以防仪器分离坠落。三个脚螺旋用于仪器整平。连接板借助中心连接螺旋将经纬仪稳固地连接在三脚架上。

2. 光路系统和读数方法

(1)光路系统

光线经度盘照明反光镜进入仪器内部后分为两路：一路是水平度盘光路，另一路是竖直度盘光路。

水平度盘光路：进入仪器内部的光线经棱镜转向90°，经聚光透镜照射在水平度盘无刻画部分，透过度盘经底棱镜将光线转向180°后折返向上，第二次照射在度盘上有刻画注记部分，向上透过度盘，带着度盘上不透光的刻画和注记影像，经光具组对影像进行第一次放大，再经棱镜转向90°成像在读数窗场镜的测微尺上。

竖直度盘光路：进入仪器内部的光线经竖直度盘底棱镜转向180°后透过度盘，带着竖直刻画注记影像经棱镜折转90°向上，通过光具组对影像进行一次放大，再经棱镜转向90°也成像在读数窗场镜的另一块测微尺上。

水平和竖直两路光线透过读数窗场镜后，分别带着水平度盘、竖直度盘及两块测微尺的影像，经棱镜转向90°进入读数显微镜，通过透镜组对影像进行第二次放大，观测时，调节读数显微镜目镜即可同时清晰地看到水平度盘、竖直度盘及两块测微尺的影像。

(2)测微装置

测微装置即测微尺,用来量测度盘上不足一个分划间隔的微小角值。

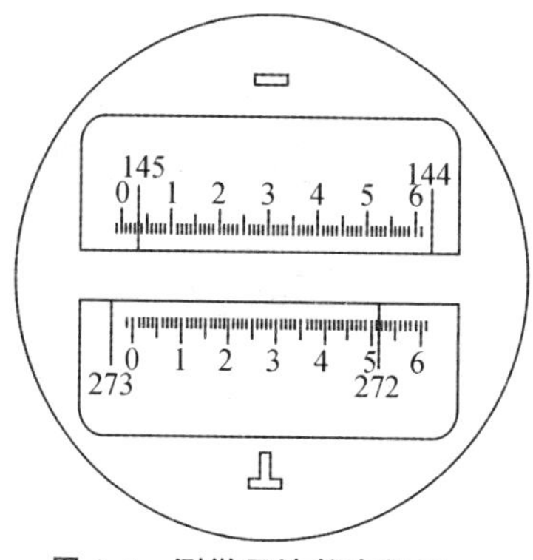

图 3-4 测微尺读数窗视场

测微尺影像宽度恰好等于度盘上相差1°的两条分划线经光路第一次放大后的宽度,即总宽度为1°,共分60小格,则每格为1′。在测微尺上可直接读到1′,估读到0.1格即6″。每10格加一注记,注记数值为0~6,显然,测微尺上数值注记为整10分数值。

(3)读数方法

读数时,先读出落在测微尺0~6之间的度盘分划线的度数,再读出该分划线所在处测微尺的分、秒值,两数之和即为度盘读数。图3-4的水平度盘读数为145°03.5′,即145°03′30″;竖盘读数为272°51.6′,即272°51′36″。

3.2.2 DJ_2光学经纬仪

DJ_2光学经纬仪(图3-5)的瞄准方法与DJ_6光学经纬仪相同,瞄准前的重要一步是消除视差。目镜调焦使十字丝调至最清晰,可将望远镜对向天空或白色的墙壁,使背景明亮,增加与十字丝的反差,以便于判断清晰的程度。对于物镜调焦,也应选择一个最清晰的目标来进行。瞄准目标时,应仔细判断目标相对于纵丝的对称性。

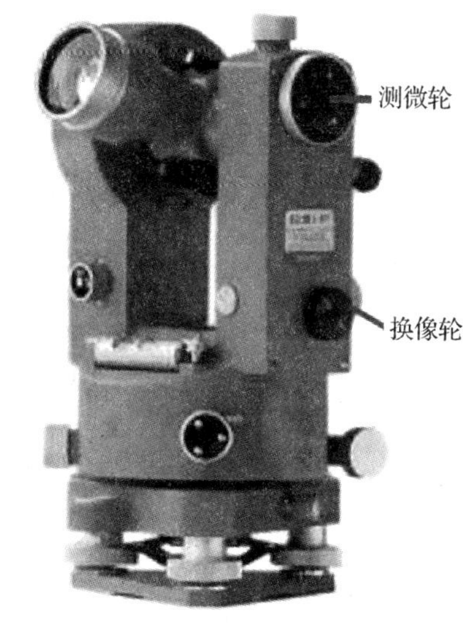

图 3-5 DJ_2 光学经纬仪

DJ_2经纬仪读数与DJ_6经纬仪读数相比有两点区别:首先,DJ_2经纬仪水平度盘和垂直度盘利用换像手轮切换,分别在视场中出现,没有像DJ_6经纬仪一样同时出现;其次,旋转测微器使上、下分划对齐时方可读取度盘读数。具体的度盘读数方法如下:

(1)转动换像手轮,使轮上线条水平,则读数视窗中出现水平度盘像(轮上线条竖直则为垂直度盘像);

(2)调节读数目镜调焦环,使度盘和测微器的分划像清晰;

(3)转动测微手轮,使度盘对径(视场中为上、下)分划像严格对齐成一直线;

(4)读数盘读数和测微器读数相加得完整的读数。

图3-6所示为DJ_2经纬仪不同读数方式读数镜中窗口,每个窗口的对径分划已对齐,每个窗口分为3个小窗口。图3-6(a)中上窗口为度盘对径分划线影像符合窗;中窗口为度盘读数窗,读的是度与分的十位数,读数为28°10′;下窗口为测微器窗口,读的是分的个位数与秒,为4′24.3″。完整的读数为28°14′24.3″。

图3-6(b)的读数为:123°40′+8′12.4″= 123°48′12.4″。

图 3-6(c)的读数为:89°10′+4′45.44″= 89°14′45.4″。

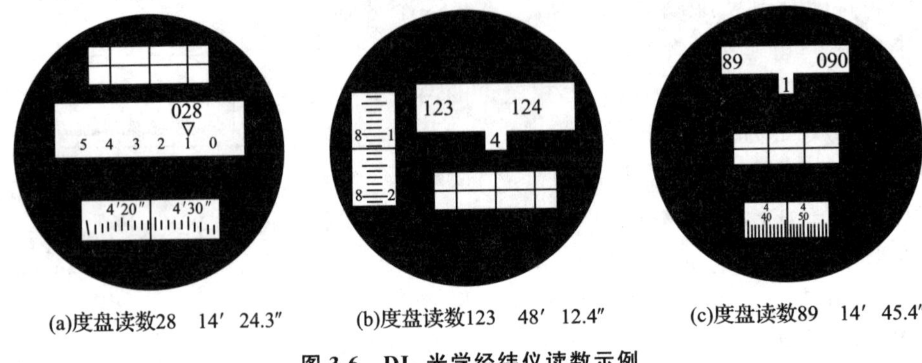

(a)度盘读数28 14′ 24.3″　(b)度盘读数123 48′ 12.4″　(c)度盘读数89 14′ 45.4″

图 3-6　DJ_2 光学经纬仪读数示例

3.2.3　测钎、标杆、觇板

测角瞄准用的标志一般用测钎、标杆、觇板,如图 3-7 所示。

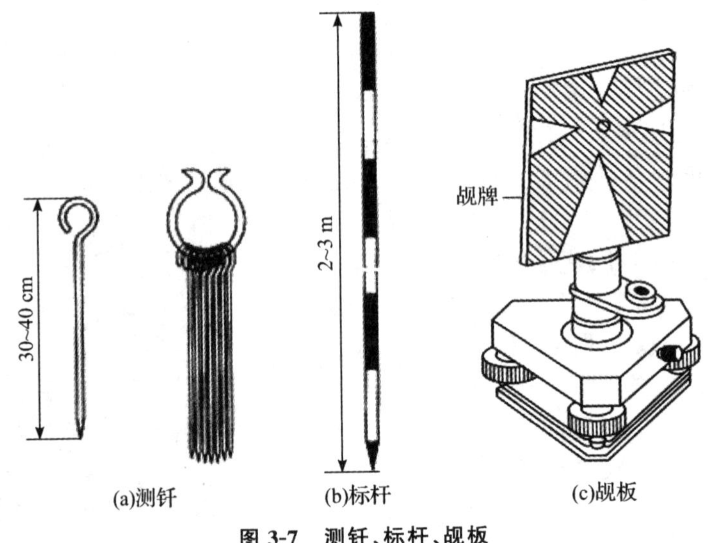

(a)测钎　(b)标杆　(c)觇板

图 3-7　测钎、标杆、觇板

3.3　经纬仪的使用

经纬仪的使用主要包括安置经纬仪、照准目标、读数三项内容。

3.3.1　安置经纬仪

进行角度测量时,首先要在测站上安置经纬仪,即进行对中和整平。对中的目的是使仪器中心(或水平度盘中心)与测站点的标志中心位于同一铅垂线上;而整平则是为了使水平度盘处于水平位置。

目前生产的经纬仪大多数都装有光学对中器，图 3-8为光学对中器的光路图。测站点地面标志的影像经棱镜 4 转向 90°，通过透镜组 3 放大后成像在分划板 2 上，如果从目镜 1 处观察到测站点标志中心位于分划板 2 的圆圈中心，则说明水平度盘中心已位于过测站点的铅垂线上。

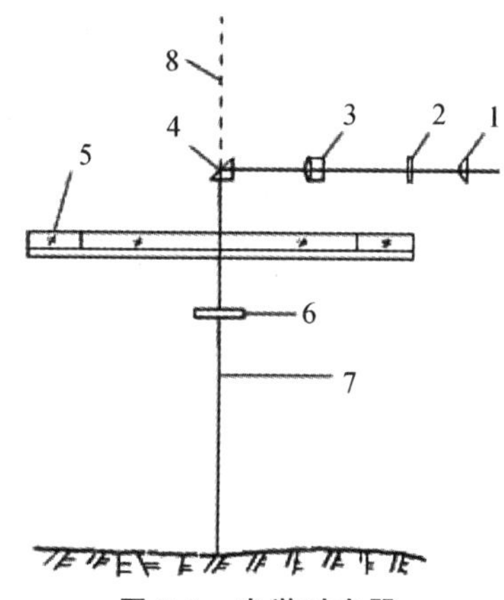

图 3-8　光学对中器

1—目镜；2—分划板；3—物镜；4—棱镜；5—水平度盘；6—保护玻璃；7—光学垂线；8—竖轴中心

使用光学对中器对中，不但精度高，而且受外界条件影响小，工作中广泛采用。该项操作需使对中和整平反复交替进行，其操作步骤如下：

(1)将仪器三脚架安置在测站点上，目估使架头水平，并使架头中心大致对准测站点标志中心。

(2)装上仪器，先将经纬仪的三个脚螺旋转到大致等高的位置上，再调节(旋转或抽动)光学对中器的目镜，使对中器内分划板上的圆圈(简称照准圈)和地面测站点标志同时清晰，然后，固定一条架腿，移动其余两架腿，使其稳固地插入土中。

(3)旋转脚螺旋，使照准圈精确对准测站点标志。此步骤简称对中。

(4)根据气泡偏离情况，分别伸长或缩短三脚架腿，使圆水准气泡居中。此步骤简称粗平。

(5)用三个脚螺旋整平，使照准部管水准气泡精确居中。此步骤简称精平。操作示意见图 3-9。

(6)检查仪器对中情况，若测站点标志不在照准圈中心且偏移量较小，可松开仪器中心连接螺旋，在架头上平移仪器使仪器精确对中，再重复步骤(5)进行整平；如偏移量过大，则重复操作(3)、(4)、(5)三步，直至对中和整平均达到要求为止。

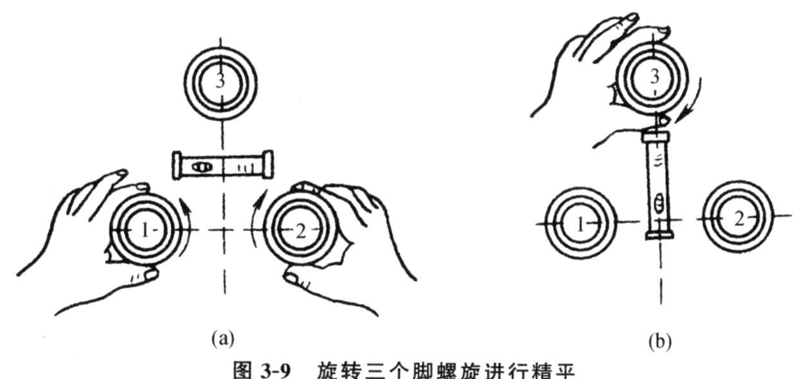

图 3-9　旋转三个脚螺旋进行精平

3.3.2　照准目标

松开水平和望远镜制动螺旋，调节望远镜目镜使十字丝清晰；利用望远镜上的准星或粗瞄器粗略照准目标并拧紧制动螺旋；调节物镜调焦螺旋使目标清晰并消除视差；利用水平和望远镜微动螺旋精确照准目标。

照准时应注意：水平角观测时要用十字丝中心尽量照准目标底部。目标离仪器较近时，成像较大，可用单丝平分目标；目标离仪器较远时，可用双丝夹住目标或用单丝和目标重合。竖直角观测时应用横丝中丝照准目标顶部或某一预定部位。

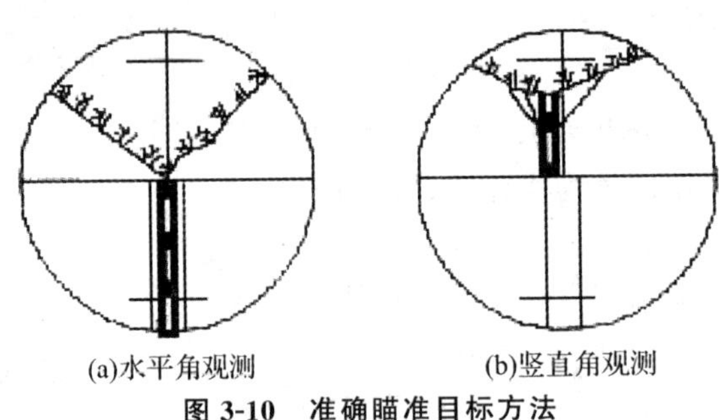

(a)水平角观测　　(b)竖直角观测

图 3-10　准确瞄准目标方法

3.3.3　读数

1. 读数

读数方法已经介绍过。读数时要注意以下两点：一是应打开度盘照明反光镜，并调节反光镜方向使读数窗内亮度最好；二是应调节读数显微镜目镜使度盘影像清晰。

2. 配置度盘

在水平角观测或工程施工放样中，常常需要使某一方向的读数为零或某一预定值。照准某一方向时，使度盘读数为某一预定值的工作称为配置度盘。测微尺读数装置的经纬仪多采用度盘变换器结构，其配置方法可归纳为“先照准后配置度盘”，即先精确照准目标，并固紧水平及望远镜制动螺旋，再打开度盘变换手轮保险装置，转动度盘变换手轮，使度盘读数等于预定数值，然后关上变换手轮保险装置。

3.4　水平角测量

水平角的测量方法常用的有测回法、方向观测法。

3.4.1　测回法

1. 观测程序

需测 OA、OB 两方向之间的水平角，先将经纬仪安置在测站 O 上，并在 A、B 两点上分别设置照准标志(竖立花杆或测钎)，如图 3-11 所示。其观测方法和步骤如下：

(1)使仪器竖盘处于望远镜左边(称盘左或正镜)，照准目标 A，按置数方法配置起始读数，读取水平度盘读数为 $a_{左}$，记入观测手簿。

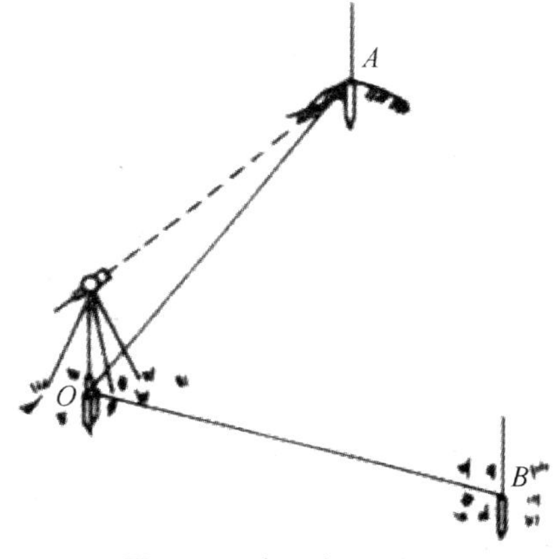

图 3-11　水平角观测

(2)松开水平制动螺旋，顺时针方向转动照准部照准目标 B，读取水平度盘读数为 $b_{左}$，记入观测手簿。

以上两步骤称为上半测回(或盘左半测回)，测得角值为

$$\beta_{左}=b_{左}-a_{左} \tag{3-2}$$

(3)纵转望远镜，使竖盘处于望远镜右边(称盘右或倒镜)，照准目标 B，读取水平度盘读数为 $b_{右}$，记入手簿。

(4)逆时针转动照准部，照准目标 A，读取水平度盘读数为 $a_{右}$，记入手簿。

以上(3)、(4)两步骤称为下半测回(或盘右半测回)，测得角值为

$$\beta_{右}=b_{右}-a_{右} \tag{3-3}$$

上、下两个半测回合称为一测回，当两个半测回角值之差不超过限差(DJ_6经纬仪一般取36″)要求时，取其平均值作为一测回观测成果，即：

$$\beta=(\beta_{左}+\beta_{右})/2 \tag{3-4}$$

为了提高观测精度，常观测多个测回；为了减弱度盘分划误差的影响，各测回应均匀分配在度盘不同位置进行观测。若要观测 n 个测回，则各测回起始方向读数应递增 $180°/n$。例如，当观测 3 个测回时，各测回应递增 $180°/3=60°$，即各测回起始方向读数应依次配置在 00°00′、60°00′、120°00′或稍大的读数处。

测角限差：上、下两个半测回所得的测角较差和各测回限差应满足有关测量规范规定。对于 DJ_6 经纬仪，上、下半测回测角较差一般为±36″或±40″，测回限差为±24″；对于 DJ_2 经纬仪，上、下半测回测角较差一般为±12″，测回限差为±9″。如果超限，必须重测。如果重测的两个半测回角值之差仍然超限，但两次的平均角值十分接近，则说明这是由于仪器误差造成的。

表 3-1 为测回法一个测回的记录、计算格式。

表 3-1　测回记录表

测站	盘位	目标	水平度盘读数 ° ′ ″	半测回角值 ° ′ ″	一测回角值 ° ′ ″	备注
O	左	A	00　01　12	70　12　36	70　12　33	
		B	70　13　48			
	右	A	180　01　24	70　12　30		
		B	250　13　54			

测回法测水平角方法可小结如下：

$$\text{盘左左边}\ A \xrightarrow{\text{顺时针}} \text{右边}\ B \xrightarrow{\text{倒镜}} \text{盘右右边}\ B \xrightarrow{\text{逆时针}} \text{左边}\ A$$

3.4.2 方向观测法

当一个测站上有两个以上方向，需要观测多个角度时，通常采用方向观测法。方向观测法是以任一目标为起始方向(又称零方向)，依次观测出其余各个方向相对于起始方向的方向值，则任意两个方向的方向值之差即为该两方向线之间的水平角，如图 3-12 所示。当方向数超过三个时，需在每个半测回末尾再观测一次零方向(称归零)，两次观测零方向的读数应相等或差值不超过规定要求，其差值称“归零差”。由于重新照准零方向时，照准部已旋转了 360°，故又称这种方向观测法为全圆方向观测法或全圆测回法。

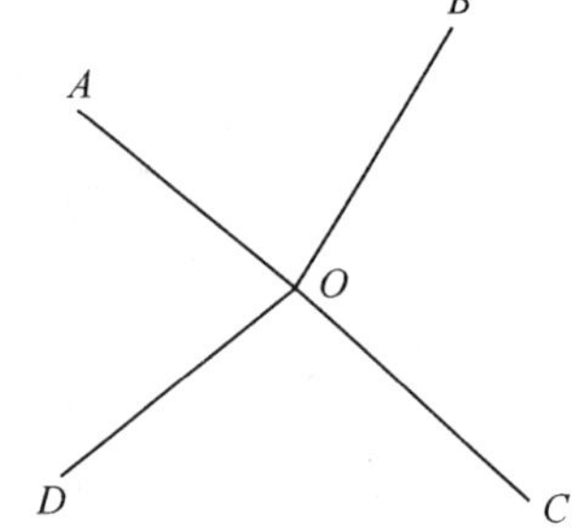

图 3-12 方向观测法

1. 观测程序

(1)在测站 O 上安置经纬仪，首先瞄准起始方向，A 作为零方向，盘左照准 A 点标志，按置数方法使水平度盘读数略大于 0，读数并记入手簿表中。

(2)顺时针转动照准部，依次照准 B、C、D 和 A，读取水平度盘读数并记入手簿(从上往下记)。以上为上半测回。

(3)纵转望远镜，盘右逆时针方向依次照准 A、D、C、B 和 A，读取水平度盘读数并记入手簿第 5 列(从下往上记)，称为下半测回。以上操作过程称为一测回，表 3-2 为全圆方向观测法两个测回记录、计算格式。

表 3-2 水平角观测手簿(方向观测法)

日期＿＿＿＿＿＿ 仪器＿＿＿＿＿＿ 观测＿＿＿＿＿＿

天气＿＿＿＿＿＿ 地点＿＿＿＿＿＿ 记录＿＿＿＿＿＿

测回数	测站	照准点	盘左读数 ° ′ ″	盘右读数 ° ′ ″	2C ″	平均读数 $\frac{L+R\pm180}{2}$ ° ′ ″	一测回归零方向值 ° ′ ″	各测回归零方向平均值 ° ′ ″	角值 ° ′ ″
1	2	3	4	5	6	7	8	9	10
1	O	A	0 02 12	180 02 00	+12	(0 02 09) 0 02 06	0 00 00	0 00 00	37 42 10
		B	37 44 24	217 44 06	+18	37 44 15	37 42 06	37 42 10	72 44 43
		C	110 29 06	290 29 00	+06	110 29 03	110 26 54	110 26 53	119 45 31
		D	230 14 42	50 14 36	+06	230 14 39	230 12 30	230 12 24	
		A	0 02 18	180 02 06	+12	0 02 12			
2	O	A	90 03 30	270 03 24	+06	(90 03 26) 90 03 27	0 00 00		
		B	127 45 42	307 45 36	+06	127 45 39	37 42 13		
		C	200 30 24	20 30 12	+12	200 30 18	110 26 52		
		D	320 15 42	140 15 48	−06	320 15 45	230 12 19		
		A	90 03 24	270 03 24	0	90 03 24			

同理，各测回间按 180°/n 的差值来配置水平度盘。

2. 外业手簿计算

(1)半测回归零差的计算

每半测回零方向有两个读数，它们的差值称归零差。如表 3-2 中第一测回上、下半测回归零差分别为 $\Delta_{左}=18''-12''=+06''$，$\Delta_{右}=06''-00''=+06''$，对照表 3-3 中限差值不超限。

(2)2C 的计算

同一方向上盘左、盘右读数之差，名为 2C，意思是两倍的照准差。它是由于视线不垂直于横轴的误差引起的。因为盘左、盘右照准同一目标时的读数相差 180°，故

$$2C=L-(R\pm180°)$$

(3)平均读数的计算

平均读数为盘左、盘右的平均值，在取平均值时，也是盘右读数加减 180°后再与盘左读数平均。即

$$平均读数=\frac{L+(R\pm180°)}{2}$$

起始方向经过了两次照准，要取两次结果平均值的中数记入表 3-2 第 7 列上方，并加括号。如第一测回括号内值为：

$$0°02'09''=(0°02'06''+0°02'12'')/2$$

(4)归零方向值的计算

表 3-2 第 8 列中各值的计算，是用第 7 列中各方向值减去零方向(括号内)之值。例如，第一测回方向 B 的归零方向值为 $37°44'15''-0°02'09''=37°42'06''$。一测站按规定测回数测完后，应比较同一方向各测回归零后方向值，检查其较差是否超限，如表 3-2 中 D 方向两个测回较差为 11″。如不超限，则取各测回同一方向值的中数记入表 3-2 中第 9 列。第 9 列中相邻两方向值之差即为该方向线之间的水平角，记入表 3-2 中第 10 列。

一测回观测完成后，应及时进行计算，并对照检查各项限差，如有超限，应进行重测。最新《工程测量规范》(GB 50026-2007)中，水平角观测各项限差要求如表 3-3 所示。

表 3-3　水平角观测限差表

项　目	DJ_2 型	DJ_6 型
半测回归零差	12″	18″
各测回同一方向 2C 值互差	18″	
各测回同一方向值互差	12″	24″

3.5　竖直角观测

3.5.1　竖直度盘的构造

为测竖直角而设置的竖直度盘(简称竖盘)固定安置于望远镜旋转轴(横轴)的一端，其

刻画中心与横轴的旋转中心重合。所以，在望远镜做竖直方向旋转时，度盘也随之转动。另外有一个固定的竖盘指标，以指示竖盘转动在不同位置时的读数，这与水平度盘是不同的。

竖直度盘的刻画也是在全圆周上刻为 360°，但注字的方式有顺时针及逆时针两种。通常在望远镜方向上注以 0°及 180°，如图 3-13 所示。在视线水平时，指标所指的读数为 90°或 270°。竖盘读数也是通过一系列光学组件传至读数显微镜内读取的。

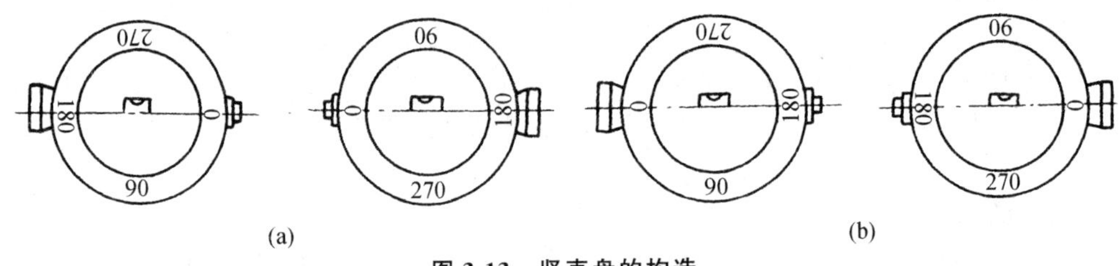

图 3-13　竖直盘的构造

对竖盘指标的要求，是始终能够读出与竖盘刻画中心在同一铅垂线上的竖盘读数。为了满足这个要求，它有两种构造形式：一种是借助于与指标固连的水准器的指示，使其处于正确位置，早期的仪器都属此类；另一种是借助于自动补偿器，使其在仪器整平后，自动处于正确位置。

3.5.2　竖直角的观测方法

由竖直角的定义已知，它是倾斜视线与在同一铅垂面内的水平视线所夹的角度。由于水平视线的读数是固定的，所以只要读出倾斜视线的竖盘读数，即可求算出竖直角值。但为了消除仪器误差的影响，同样需要用盘左、盘右观测。其具体观测步骤为：

(1)在测站上安置仪器，对中，整平。

(2)以盘左照准目标，如果是指标带水准器的仪器，必须用指标微动螺旋使水准器气泡居中，然后读取竖盘读数 L，称为上半测回。

(3)将望远镜倒转，以盘右用同样方法照准同一目标，使指标水准器气泡居中后，读取竖盘读数 R，称为下半测回。

如果用指标带补偿器的仪器，在照准目标后即可直接读取竖盘读数。根据需要可测多个测回。

3.5.3　竖直角的计算

竖直角的计算方法因竖盘刻画的方式不同而异。竖盘刻画采用全圆分度，有顺时针加注字的，如图 3-13(a)所示；也有逆时针注记的，如图 3-13(b)所示。一个校正好的竖盘，当望远镜视准轴水平、指标水准管气泡居中时，读数窗上指标所指的读数应是 90°或 270°。多数 DJ_6 经纬仪采用的是顺时针注记的竖盘。现以顺时针刻画方式的竖盘为例说明竖直角的计算方法，如图 3-14 所示。如遇其他方式的刻画，可以根据同样的方法推导其计算公式。

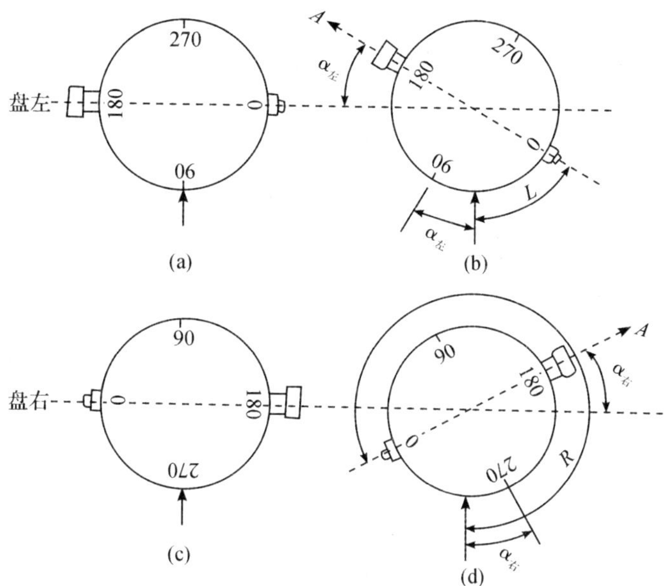

图 3-14　竖直角顺时针注记

1. 顺时针注记形式

如图 3-14 所示，当在盘左位置且视线水平时，竖盘的读数为 90°[图 3-14(a)]，如照准高处一点 A[图 3-14(b)]，则视线向上倾斜，得读数 L。按前述的规定，竖直角应为"+"值，所以盘左时的竖直角应为：

$$\alpha_{左}=90^{\circ}-L \tag{3-5}$$

当在盘右位置且视线水平时，竖盘读数为 270°[图 3-14(c)]，在照准高处的同一点 A 时[图 3-14(d)]，得读数 R，则竖直角应为：

$$\alpha_{右}=R-270^{\circ} \tag{3-6}$$

取盘左、盘右的平均值，即为一个测回的竖直角值，即

$$\alpha=\frac{\alpha_{左}+\alpha_{右}}{2}=\frac{R-L-180^{\circ}}{2} \tag{3-7}$$

如果测多个测回，则取各个测回的平均值作为最后成果。

2. 逆时针注记形式

$$\alpha_{左}=L-90^{\circ},\alpha_{右}=270^{\circ}-R$$

一测回的竖直角为：

$$\alpha=\frac{\alpha_{左}+\alpha_{右}}{2}=\frac{L-R+180^{\circ}}{2} \tag{3-8}$$

3.5.4　竖盘指标差

如果指标线不位于过竖盘刻画中心的铅垂线上，则如图 3-15 所示，视线水平时的读数不是 90°或 270°，而相差 x，这样用一个盘位测得的竖直角值即含有误差 x，这个误差称为竖盘指标差。为求得正确角值 α，需加入指标差改正。即：

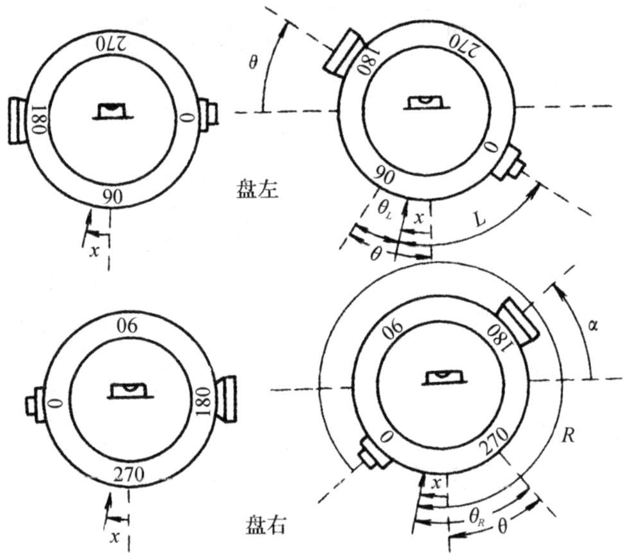

图 3-15 指标差示意图

$$\alpha = \alpha_{左} + x \tag{3-9}$$

$$\alpha = \alpha_{右} - x \tag{3-10}$$

解上两式可得：

$$\alpha = \frac{\alpha_{右} + \alpha_{左}}{2} \tag{3-11}$$

$$x = \frac{\alpha_{右} - \alpha_{左}}{2} \tag{3-12}$$

从(3-10)式可以看出，取盘左、盘右结果的平均值时，指标差 x 的影响已自然消除。将(3-5)式、(3-6)式代人(3-12)式，可得：

$$x = \frac{R + L - 360°}{2} \tag{3-13}$$

即利用盘左、盘右照准同一目标的读数，可按上式直接求算指标差 x。如果 x 为正值，说明视线水平时的读数大于 90°或 270°；如果为负值，则情况相反。以上各公式是按顺时针方向注字的竖盘推导的，同理也可推导出按逆时针方向注字竖盘的计算公式。

在竖直角测量中，常常用指标差来检验观测的质量，即在观测的不同测回中或不同的目标时，指标差的较差应不超过规定的限值。例如用 DJ_6 经纬仪做一般工作时，指标差的较差要求不超过 25″，DJ_2 经纬仪不超过 15″。

3.5.5 竖直角的观测及记录

设 O 为测站点，M、N 分别为俯、仰角目标，仪器的竖盘为顺时针注记，观测步骤如下：

(1)将仪器安置在 O 点，整平对中后，先判断竖直角的计算公式。

(2)盘左位置瞄准 M 点，转动竖盘指标水准管微动螺旋，使指标水准管气泡居中，读取盘左读数；盘右位置瞄准 M 点目标，使指标水准管气泡居中，读数。

(3)观测 N 点方法同上。

观测结果应及时记入表 3-4。

表 3-4　竖直角观测计算表

日期__________　　仪器型号__________　　观测__________

天气__________　　仪器编号__________　　记录__________

测站	目标	盘位	竖盘读数 ° ′ ″	半测回竖直角 ° ′ ″	指标差/(″)	一个测回竖直角 ° ′ ″	备注
O	M	左	95　16　00	−5　16　00	−6	−5　16　06	顺时针注记
		右	264　43　48	−5　16　12			
	N	左	80　05　54	+9　54　06	+9	+9　54　15	
		右	279　54　24	+9　54　24			

3.5.6　竖盘指标自动归零补偿器

在竖直角观测中,每次读数之前都必须转动竖盘指标水准管微动螺旋使气泡居中才能读取竖盘读数,否则,读数值就不正确。这样操作不仅影响观测速度,而且有时甚至因遗忘这一步骤而造成错误。为了克服这一缺点,近年来生产的经纬仪大多采用竖盘指标自动归零装置来代替竖盘指标水准管。当仪器在一定范围内稍有倾斜时,自动补偿器的作用可使读数指标线自动居于正确位置。在进行竖直角观测时,瞄准目标即可读取竖盘读数,从而提高了竖直角观测的速度和精度。经纬仪竖盘指标自动归零装置常见结构有吊丝式和簧片式两种。

3.6　光学经纬仪的检验与校正

为了保证角度测量的精度,经纬仪各部件及主要各轴应满足下述几何关系。但在使用过程中,仪器状态会发生变化,因而仪器的使用者应经常利用室外方法进行检验和校正,以使仪器经常处于理想状态。

如图 3-16 所示,经纬仪的主要轴线如下:

(1)竖轴 VV(vertical axis);

(2)水准管轴 LL(bubble tube axis);

(3)横轴 HH(horizontal axis);

(4)视准轴 CC(collimation axis);

(5)圆水准器轴 $L'L'$(circle bubble axis)。

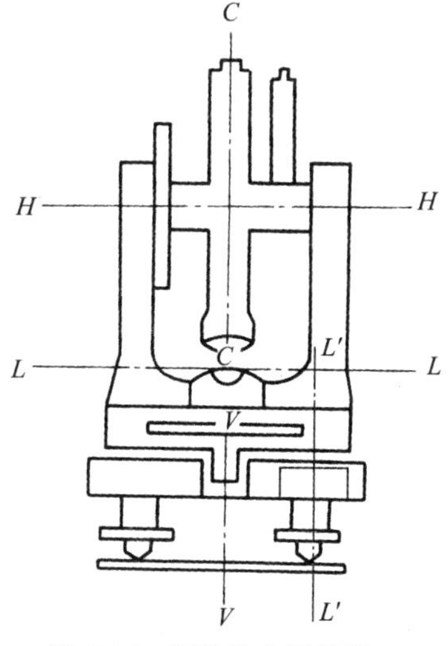

图 3-16　经纬仪主要轴线

3.6.1 经纬仪轴线应满足的条件

(1)$VV \perp LL$——照准部水准管轴的检校。

(2)$HH \perp$十字丝竖丝——十字丝竖丝的检校。

(3)$HH \perp CC$——视准轴的检校。

(4)$HH \perp VV$——横轴的检校。

(5)竖盘指标差应为零——指标差的检校。

(6)光学垂线与VV重合——光学对中器的检校。

(7)圆水准轴$L'L' /\!/ VV$——圆水准器的检验与校正(次要)。

3.6.2 经纬仪的检验与校正

1. 照准部水准管轴的检校

(1)检验:用任意两脚螺旋使水准管气泡居中,然后将照准部旋转180°,若气泡偏离1格,则需校正。

(2)校正:用脚螺旋使气泡向中央移动一半后,再拨动水准管校正螺丝,使气泡居中。此时若圆水准气泡不居中,则拨动圆水准器校正螺丝。

2. 十字丝竖丝的检校

(1)检验:用十字丝交点对准一目标点,再转动望远镜微动螺旋,看目标点是否始终在竖丝上移动。

(2)校正:微松十字丝的四个压环螺丝,转动十字丝环,使目标点始终在竖丝上移动。

3. 视准轴的检校

(1)检验:如图3-17,在平坦地面上选择一直线AB,约60~100 m,在AB中点O架仪,并在B点垂直横置一小尺。盘左瞄准A,倒镜在B点小尺上读取B_1;再用盘右瞄准A,倒镜在B点小尺上读取B_2。

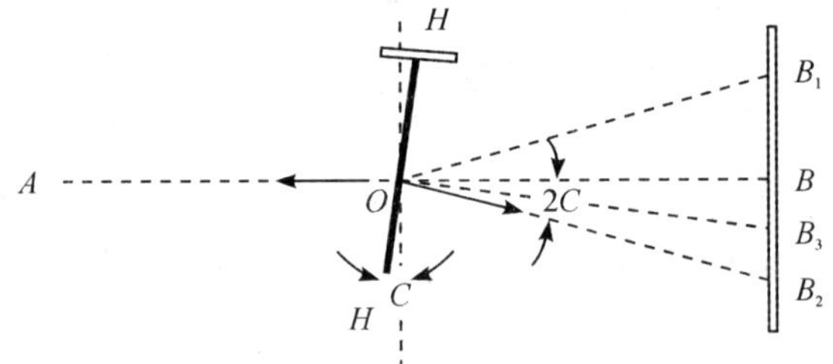

图3-17 经纬仪视准轴检校

$$C''=\frac{B_1B_2\rho}{2D\times OB} \tag{3-14}$$

DJ_6经纬仪$2C>60''$,DJ_2经纬仪$2C>30''$时,则需校正。

(2)校正:拨动十字丝左右两个校正螺丝,使十字丝交点由B_2点移至BB_2中点B_3。

4. 横轴的检验与校正

(1)检验:如图3-18,在20~30 m处的墙上选一仰角大于30°的目标点P,先用盘左瞄

准 P 点，放平望远镜，在墙上定出 P_1 点；再用盘右瞄准 P 点，放平望远镜，在墙上定出 P_2 点。

$$i''=\frac{P_1P_2\rho}{2D\tan\alpha} \tag{3-15}$$

DJ_6 经纬仪，$i>20''$时，则需校正。

(2)校正：用十字丝交点瞄准 P_1P_2 的中点 M，抬高望远镜，并打开横轴一端的护盖，调整支承横轴的偏心轴环，抬高或降低横轴一端，直至交点瞄准 P 点。此项校正一般由仪器检修人员进行。

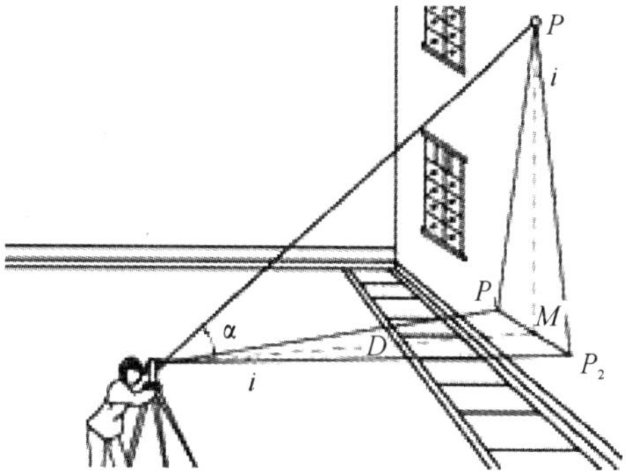

图 3-18　经纬仪横轴检校

5. 指标差的检校

(1)检验：用盘左、盘右先后瞄准同一目标，计算指标差 $x=(L+R-360°)/2$。

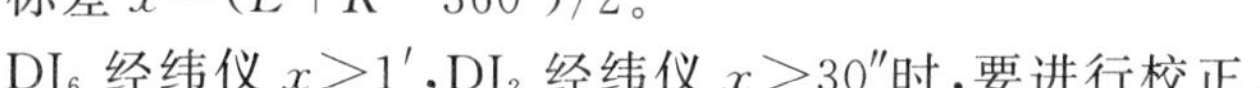

DJ_6 经纬仪 $x>1'$，DJ_2 经纬仪 $x>30''$时，要进行校正。

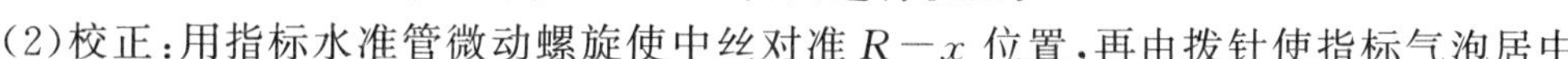

(2)校正：用指标水准管微动螺旋使中丝对准 $R-x$ 位置，再由拨针使指标气泡居中。

6. 光学对中器的检校

(1)检验：精密安置仪器后，将刻画中心在地面上投下一点，再旋转照准部，每隔 120°投下一点，若三点不重合，则需校正。

(2)校正：用拨针使刻画中心向三点的外接圆心移动一半。

7. 圆水准器的检校(次要)

(1)检验：精平(水准管气泡居中)后，若圆水准气泡不居中，则需校正。

(2)校正：用圆水准气泡校正螺丝使其居中。

3.7　角度测量的误差分析

角度测量的精度受各方面的影响，误差主要来源于三个方面：仪器误差、观测误差及外界环境影响产生的误差。

3.7.1　仪器误差

由仪器本身制造不精密，结构不完善及检校后的残余误差所致，如照准部的旋转中心与水平度盘中心不重合而产生的误差，视准轴不垂直于横轴的误差，横轴不垂直于竖轴的误差。此三项误差都可以采用盘左、盘右两个位置取平均数来减小。度盘刻画不均匀的误差可以采用变换度盘位置的方法来进行消除。竖轴倾斜误差对水平角观测的影响不能采用盘左、盘右取平均数来减小，观测目标越高，影响越大，因此在山地测量时更应严格整平仪器。

3.7.2　观测误差

1. 对中误差

安置经纬仪没有严格对中，使仪器中心与测站中心不在同一铅垂线上引起的角度误差，称为对中误差。如图 3-19 所示，仪器中心 O' 在安置仪器时偏离测站点中心 O 的距离为 e，则实测水平角 β' 与正确的水平角 β 之间的关系为：

$$\Delta\beta=\beta-\beta'=\delta_1+\delta_2 \tag{3-16}$$

从图中可以看出，对中误差与距离、角度大小有关，当观测方向与偏心方向越接近 90°，距离越短，偏心距 e 越大，对测角的影响越大。所以在测角精度要求一定时，边越短则对中精度要求越高。

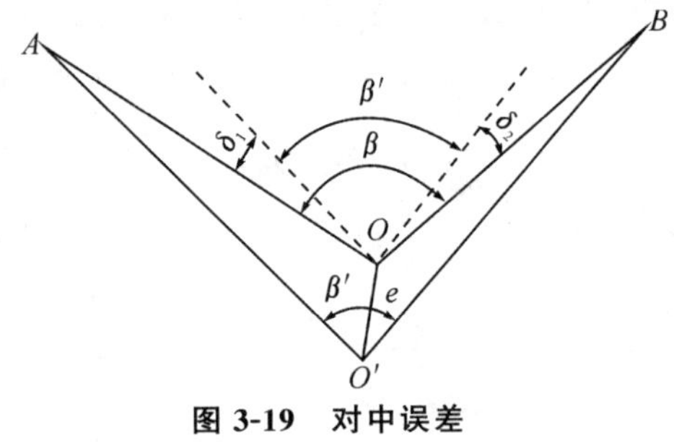

图 3-19　对中误差

2. 目标偏心误差

在测量时，照准目标时往往不是直接瞄准地面点上标志点的本身，而是瞄准标志点上的目标，要求照准点的目标严格位于点的铅垂线上，若安置目标偏离地面点中心或目标倾斜，照准目标的部位偏离照准点中心的大小称为目标偏心误差。目标偏心误差对观测方向的影响与偏心距和边长有关，偏心距越大，边长越短，影响也就越大。因此，照准花杆目标时，应尽可能照准花杆底部，当测角边长较短时，应当用线砣对点。

3. 照准误差和读数误差

照准误差与望远镜放大率、人眼分辨率、目标形状、光亮程度、对光时是否消除视差等因素有关。测量时选择观测目标要清晰，仔细操作消除视差。读数误差与读数设备、照明及观测者判断准确性有关。读数时，要仔细调节读数显微镜，调节读数窗的光亮适中；掌握估读小数的方法。

3.7.3　外界环境的影响

外界环境影响因素很多，也很复杂，如温度、风力、大气折光等因素均会对角度观测产生影响，为了减小误差，应选择有利的观测时间，避开不利因素。如在晴天观测时应撑伞遮阳，防止仪器暴晒，中午最好不要观测。

3.7.4　角度测量的注意事项

(1)观测前应检校仪器。

(2)安置仪器要稳定，应仔细对中和整平。一测回内不得再对中整平。

(3)目标应竖直，尽可能瞄准目标底部。

(4)严格遵守各项操作规定和限差要求。

(5)当对一水平角进行 m 个测回观测，各测回应配度盘，每测回观测度盘起始读数变动值为 $180/m$。

(6)观测时尽量用十字丝中间部分。水平角用竖丝，竖直角用横丝。

(7)读数应果断、准确，特别应注意估读数。当场计算，如有错误或超限，应立即重测。

(8)选择有利的观测时间，避开不利的外界条件。

3.8 电子经纬仪

3.8.1 电子经纬仪

电子经纬仪与光学经纬仪的根本区别在于它用微机控制的电子测角系统代替光学读数系统。其主要特点是：

(1)使用电子测角系统，能将测量结果自动显示出来，实现了读数的自动化和数字化。

(2)采用积木式结构，可与光电测距仪组合成全站型电子速测仪，配合适当的接口，可将电子手簿记录的数据输入计算机，实现数据处理和绘图自动化。

1. 电子测角原理简介

电子测角仍然是采用度盘来进行的。与光学测角不同的是，电子测角是从特殊格式的度盘上取得电信号，根据电信号再转换成角度，并且自动地以数字形式输出，显示在电子显示屏上，并记录在存储器中。电子测角度盘根据取得电信号的方式不同，可分为光栅度盘测角、编码度盘测角和电栅度盘测角等。

2. 电子经纬仪的性能简介

电子经纬仪采用光栅度盘测角，水平、竖直角度显示读数分辨率为1″，测角精度达2″。

装有倾斜传感器，当仪器竖轴倾斜时，仪器会自动测出并显示其数值，同时显示对水平角和竖直角的自动校正。仪器的自动补偿范围为±3′。

3. 电子经纬仪的使用

电子经纬仪使用时，首先要在测站点上安置仪器，在目标点上安置反射棱镜，然后瞄准目标，最后在操作键盘上按测角键，显示屏上即显示角度值。对中、整平以及瞄准目标的操作方法与光学经纬仪一样，键盘操作方法见使用说明书即可，在此不再详述。

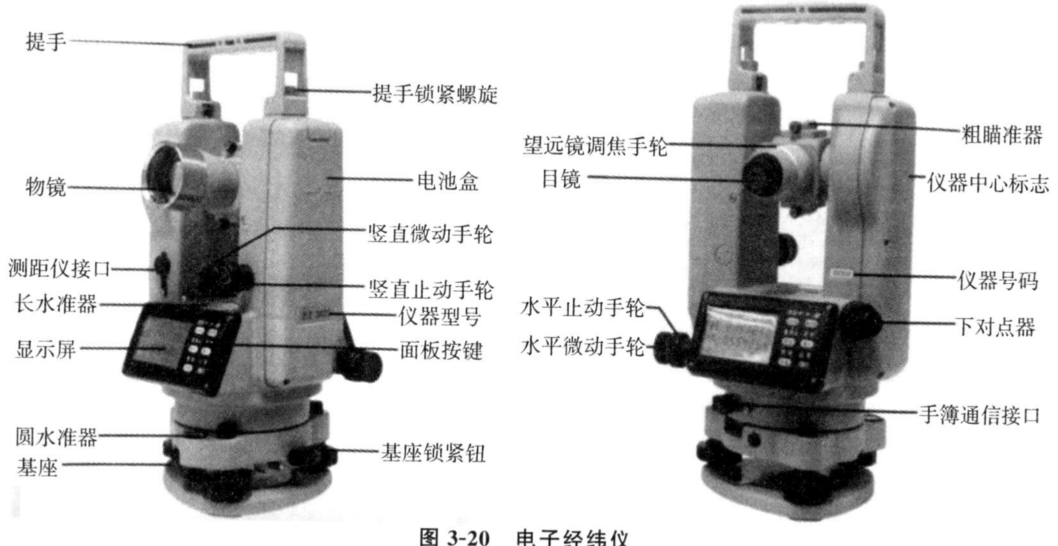

图3-20 电子经纬仪

3.8.2 苏光 DT200 电子经纬仪的使用

电子经纬仪使用时，首先要在测站点上安置仪器，在目标点上安置反射棱镜，然后瞄准目标，最后在操作键盘上按测角键，显示屏上即显示角度值。电子经纬仪除对中时可采用光学对中或激光对中两种方式外，整平以及瞄准目标的操作方法与光学经纬仪一样，在此不再详述。

1. 键盘功能和信息显示

电子经纬仪键盘符号显示如图 3-21。仪器键盘具有一键双重功能，一般情况下仪器执行键上所标示的第一（测角）功能，当按下 切换 键后再按其余各键则执行按键上方所标示的第二（测距）功能。键盘符号功能见表 3-5。

图 3-21 电子经纬仪键盘符号

液晶显示屏采用线条式液晶，常用符号全部显示时其位置如图 3-21 所示。中间两行各 8 个数位显示角度或距离观测结果数据或提示字符串。左侧所示的符号或字母表示数据的内容或采用的单位名称，下部显示仪器目前状态。

表 3-5 键盘符号功能表

代号	名称	无切换时	在切换状态时
1	左⇔右	左、右角增量方式	启动测距
2	角度/斜度	角度斜度显示方式	平距、斜距、高差切换
3	锁定	角度锁定	复测
4	置 0	置零	
5	切换	键功能切换	夜照明
6	⊙	开关、记录、确认	

2. 仪器操作

(1)开、关机(⊙)

按住⊙键，所有字段点亮，释放⊙键后，仪器电源打开，进入初始化界面；上下转动望远镜，然后使仪器水平盘转动一周，仪器初始化，并自动显示水平度盘角度、竖直度盘角度以及电池容量信息。

按住⊙键，蜂鸣器响约1 s后，仪器液晶显示屏上显示“OFF”，释放⊙键，仪器关闭。

(2)角度值增加方向转换(左⇔右)

仪器每次开机并初始化后，显示屏水平角度值显示为“水平$_{右}$：xxx°xx′xx″”，表示水平角度值以顺时针转动仪器方向为角度值增加方向。

按住左⇔右键并释放，蜂鸣器响，则显示屏水平角度值显示为“水平$_{左}$：xxx°xx′xx″”，表示水平角度值以逆时针转动仪器方向为角度值增加方向。

(3)水平角度值置零(置0)

按下置0键并释放，蜂鸣器响，仪器显示屏的水平角度值显示变化为0°00′00″。

(4)竖直角度模式转换(角度/斜度)

仪器开机并初始化后，竖直角测量模式自动为天顶距模式(天顶为0°)。在天顶距模式下，按角度/斜度键并释放，仪器蜂鸣器响，竖直角测量模式转换为坡度模式，显示为：垂直xxx%。再按角度/斜度，则恢复到天顶距模式状态。

(5)水平角值锁定及任意角度设置(锁定)

水平角度值锁定：按住锁定键并释放，蜂鸣器响，显示屏显示“锁定”；此时转动仪器，水平角度保持不变；再按住锁定键并释放，则恢复原状态，水平角度值随仪器转动而变化。

水平角度值任意设置：转动水平微动手轮，直至仪器显示屏显示所需要的水平角度值，按住锁定并释放，则该角度值被锁定并显示锁定信息“锁定”；转动仪器并用望远镜瞄准目标，再按锁定并释放，则角度值不再锁定，可进行下一步测量工作。

(6)进入切换状态(切换)

开机仪器显示第一功能，按切换键并释放，蜂鸣器响，显示屏显示“切换”，即仪器切换进入第二功能状态。

(7)照明打开/关闭

进入切换状态，按住切换键，并马上释放，蜂鸣器响，仪器进入正常状态，液晶显示屏照明打开，望远镜分划板照明同时打开；再按并马上释放，则仪器回到切换状态，照明仍旧打开，再按并马上释放，液晶显示屏照明及望远镜分划板照明关闭，仪器回到正常状态。

3. 角度测量

(1)水平角度测量(顺时针)

将仪器对中整平后开机，通过水平盘和垂直盘的制微动螺旋使仪器精确地瞄准第一个目标A，按置0键设定水平角度值为0°00′00″。仪器精确地瞄准第二个目标B，读出仪器显示的角度即为水平角度值。

(2)水平角度测量(逆时针)

将仪器对中整平后开机,按 左⇔右 键使水平角度标示切换为"水平$_{左}$",通过水平盘和垂直盘的制微动螺旋使仪器精确瞄准第一个目标 B,按 置0 键设定水平角度值为 0°00′00″。仪器精确瞄准第二个目标 A,读出仪器显示的角度即为水平角度值。

(3)竖直角度测量

通过水平盘和垂直盘的制微动螺旋使仪器精确瞄准目标 A,读出仪器显示的竖直角度,即为该点的竖直角,按 角度/斜度 可以查看坡度。

(4)重复测量

仪器对中整平后开机,在按键功能处于切换状态下,按 切换 键并马上释放,进入重复测量模式,瞄准第一个目标 A,按 置0 键并马上释放,开始第一次重复测量;瞄准第二个目标 B,按 锁定 键并马上释放,仪器显示第一次测量结果。重新瞄准目标 A,按 置0 键并马上释放,开始第二次重复测量;再次瞄准目标 B,按 锁定 键并马上释放,仪器第二行显示两次测量的和,第三行显示两次测量的平均值,角度以右角模式显示。重复上述步骤到需要的复测次数。步骤详见图 3-22。如果几次测量的平均值变化超过 30 s,则仪器显示屏第三行显示"E°00′″"的提示。

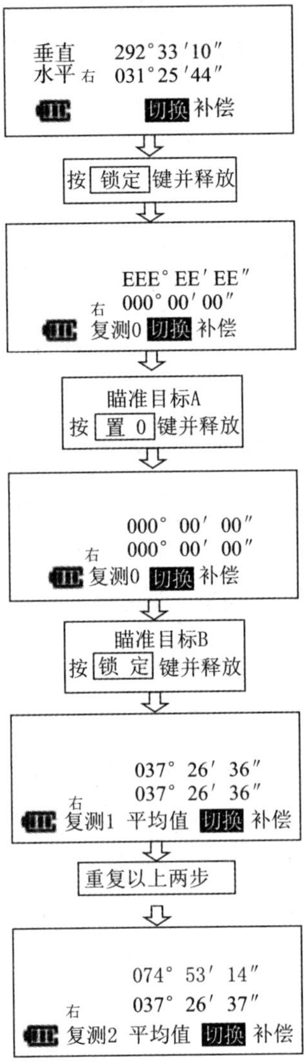

垂直 292°33′10″ 水平$_{右}$ 031°25′44″ 切换 补偿
⇩
按 锁定 键并释放
⇩
EEE° EE′ EE″ 右 000° 00′ 00″ 复测0 切换 补偿
⇩
瞄准目标A 按 置 0 键并释放
⇩
000° 00′ 00″ 右 000° 00′ 00″ 复测0 切换 补偿
⇩
瞄准目标B 按 锁 定 键并释放
⇩
037° 26′ 36″ 右 037° 26′ 36″ 复测1 平均值 切换 补偿
⇩
重复以上两步
⇩
074° 53′ 14″ 右 037° 26′ 37″ 复测2 平均值 切换 补偿

图 3-22 重复测量流程

3.8.3 激光经纬仪

激光经纬仪为带有激光指向装置的经纬仪。将激光器发射的激光束导入经纬仪的望远镜筒内,使其沿视准轴方向射出,以此为准进行定线、定位和测设角度、坡度,以及大型构件装配和画线、放样等。

思考练习题

1. 何谓水平角?何谓竖直角?
2. 测设水平角的一般方法是什么?
3. 经纬仪安置包括哪些内容?怎样进行?目的是什么?
4. 测回法适用于几个方向的角度测量?而方向观测法则适用于几个方向的角度观测?前者与后者有何不同?

5. 经纬仪有哪几条几何轴？其意义如何？它们之间的正确关系是什么？

6. 测量水平角为什么要用盘左和盘右两个位置观测？减小什么误差？为什么？

7. 将下面水平角观测值填入水平角观测手簿，并进行计算。已知：$a_1=0°00'24''$，$b_1=44°24'18''$，$a_2=180°00'18''$，$b_2=224°23'48''$。

测站	目标	竖盘位置	水平度盘读数 ° ′ ″	半测回角值 ° ′ ″	一测回角值 ° ′ ″	备注
O	A	盘左				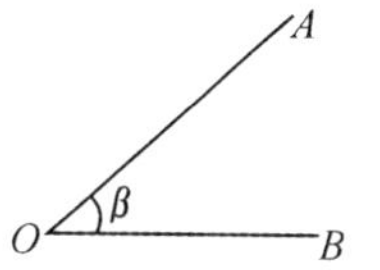
	B					
	A	盘右				
	B					

8. 试述用方向法测水平角的步骤，并根据表中的记录计算各个方向的方向值。

测回数	测站	照准点	盘左读数 ° ′ ″	盘右读数 ° ′ ″	2C ″	$\frac{L+R\pm180}{2}$ ° ′ ″	一测回归零方向值 ° ′ ″	各测回归零方向平均值 ° ′ ″	角值 ° ′ ″
1	2	3	4	5	6	7	8	9	10
1	O	A	0　00　54	180　00　24					
		B	79　27　48	259　27　30					
		C	142　31　18	322　31　00					
		D	288　46　30	108　46　06					
		A	0　00　42	180　00　18					
2	O	A	90　01　06	270　00　48					
		B	169　27　54	349　27　36					
		C	232　31　30	52　31　12					
		D	18　46　48	198　46　36					
		A	90　01　00	270　00　36					

9. 完成下表计算。

测站	目标	竖盘位置	竖盘读数 ° ′ ″	竖直角 ° ′ ″	指标差 ″	平均竖直角 ° ′ ″
O	A	左	46　36　18			
		右	313　23　54			

注：此经纬仪盘左时，视线水平，指标水准管气泡居中，竖盘读数为 90°，上仰望远镜则读数减小。

第4章 距离测量与直线定向

【教学要求】

知识要点	能力要求	相关知识
钢尺量距	(1)能够根据实际情况选用钢尺量距方法 (2)能够利用钢尺等工具进行距离测量	(1)水平距离的概念 (2)目测定线和经纬仪定线方法 (3)钢尺量距的一般方法 (4)钢尺量距的精密方法 (5)钢尺量距的误差及注意事项
视距测量	(1)能够根据实际情况选用视距测量方法 (2)能够利用经纬仪等测量工具进行距离测量	(1)视距测量的基本原理 (2)视距测量的观测与计算 (3)视距测量的注意事项
光电测距	(1)能够根据实际情况选用光电测距方法 (2)能够利用光电测距仪或全站仪进行距离测量	(1)光电测距的基本原理 (2)红外测距仪简介与测距 (3)全站仪简介与测距
直线定向	(1)能够根据实际情况选择合适的表示直线方向的方法 (2)理解三种方位角的定义、关系及换算 (3)能够进行正反坐标方位角换算、坐标方位角推算,及与象限角关系的换算 (4)能够用罗盘仪测定直线的磁方位角	(1)标准方向 (2)真方位角、磁方位角、坐标方位角以及象限角的概念、关系 (3)正反坐标方位角概念、坐标方位角推算 (4)罗盘仪的构造及使用
坐标计算	(1)能够进行坐标正算 (2)能够进行坐标反算	(1)坐标正算计算公式 (2)坐标反算计算公式 (3)根据坐标增量符号进行方位角象限的判断

地面点位的确定是测量的基本问题。为了确定地面点的平面位置,必须先求得两地面点间距离和连线的方向,因而距离测量也是测量工作的基本内容之一。

测量上要求的距离是指两点间的水平距离或地面上两点垂直投影到水平面上的直线距

离(简称平距),实际工作中,若测得的是倾斜距离(简称斜距),还需将其改算为平距。

水平距离测量的方法很多,按所用测距仪器、工具的不同,测量距离的方法一般有钢尺量距、视距测量、光电测距、全站仪测距等。钢尺量距是指利用钢尺工具进行距离测量的方法,丈量工具简单,但易受地形条件限制,一般适用于平坦地区的测距。视距量距是指利用经纬仪等仪器进行距离测量的方法,能克服地形条件限制,且操作方便快捷,但其测距精度低于直接丈量,一般适合于低精度的近距离测量。光电测距是指利用光电测距仪或电子全站仪等工具进行距离测量的方法。与前两种测距方法比较,操作更轻便,测距精度高,测程远,但仪器较昂贵,一般用于高精度的距离测量。各种测距方法可应用于不同的测距等级要求。

4.1　直线定线

由于所丈量的边长大于整尺长而在欲量直线的方向上作一些标记以表明直线的走向称为直线定线。定线时,可采用拉线法定线、目测法定线、经纬仪定线三种。

4.1.1　拉线法定线

定线时,先在直线两点间拉一细绳,然后沿着细绳按照定线点间的间距要小于一整尺子长的要求定出各中间点,并作上相应标记。

4.1.2　目测法定线

目测法定线精度较低,但能满足一般量距的精度要求。

如图 4-1 所示,欲在通视良好的 A、B 两点间定出 1、2 两点。可由两人进行,先在 A、B 两点竖立标杆,甲立于 A 点标杆后,乙持另一标杆沿 BA 方向走到离 B 点约一尺段长的 1 点附近,甲用手势指挥乙沿与 AB 垂直的方向移动标杆,直到标杆到位于 AB 直线上为止,然后在 1 点处插上标杆或测钎,定出 1 点。乙再带着标杆走到 2 点附近,同法定出 2 点,插上标杆或测钎。如果需将 AB 直线延长,也可按上述方法将 1、2 等点定在 AB 的延长线上。

图 4-1　目测定线

4.1.3 经纬仪定线

当量距精度要求较高或测角量边同时进行时,应采用经纬仪定线法。如图 4-2 所示,欲在 A、B 两点间精确定出 1、2、3 等点的位置,可将经纬仪安置于 A 点,用望远镜瞄准 B 点,固定照准部制动螺旋,然后将望远镜向下俯视,将十字丝交点投到木桩上,并钉小钉以确定出 1 点的位置。同法可定出其余各点的位置。

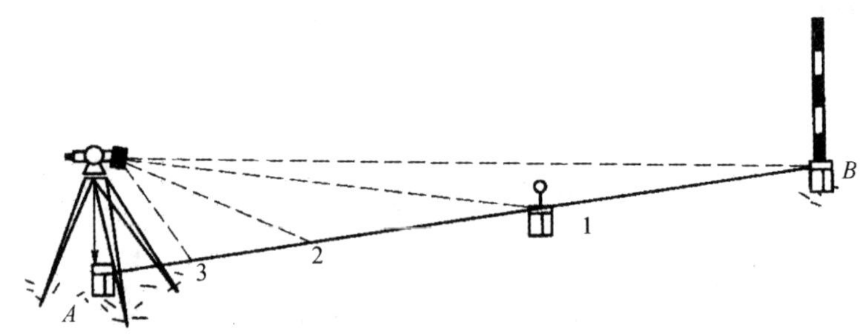

图 4-2 经纬仪定线

4.2 钢尺量距

钢尺量距是利用经检定合格的钢尺直接量测地面两点之间的距离,又称为距离丈量。它使用的工具简单,又能满足工程建设要求的精度,是工程测量中最常用的距离测量方法。钢尺量距按精度要求不同,又分为一般量距和精密量距。其基本步骤有定线、尺段丈量和成果计算。

4.2.1 丈量工具

钢尺量距常用的测量工具和设备有钢尺、标杆、测钎和垂球等。

1. 钢尺

钢尺是由优质钢制成的带状尺,可卷放在圆形盒内或金属架上,故又称钢卷尺。钢尺长度有 20 m、30 m 及 50 m 几种。钢尺的基本分划有厘米和毫米两种,厘米分划的钢尺在每米及每分米处有数字标注,一般在起点处 10 cm 内刻有毫米分划;毫米分划的钢尺在整个尺长内都刻有毫米分划。

由于尺的零点位置不同,钢尺有端点尺和刻线尺之分。端点尺是以尺的最外端作为尺的零点[图 4-3(a)],当从建筑物的墙边开始丈量时比较方便。刻线尺以尺前端的一刻线作为尺的零点[图 4-3(b)]。

由于钢尺抗拉强度高,受拉力的影响较小,在工程测量中常用钢尺量距。但钢尺有热胀冷缩性,同时钢尺较薄,性脆易折,应防止打结和车轮碾压。钢尺受潮易生锈,应防雨淋、水浸。

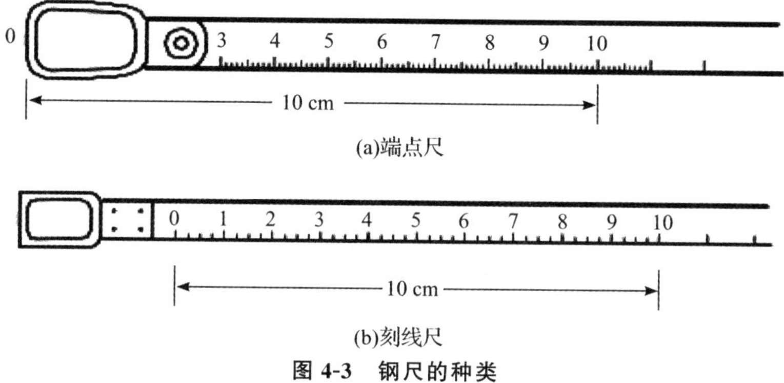

图 4-3　钢尺的种类

2. 标杆

标杆用圆木杆或合金材料制成，直径 3～4 cm，全长 2～3 m，杆上涂以红白相间的双色油漆，间隔长为 20 cm，以便远处清晰可见，用于直线定线，故标杆又称花杆。杆的下端有铁制尖脚，以便插入地内，如图 4-4(a)所示。标杆是一种简单照准标志，在丈量中用于直线定线。合金材料制成的标杆重量轻且可以收缩，携带方便。

3. 测钎

测钎一般用长 25～35 cm，直径 3～4 mm 粗的铁丝制成，一端卷成圆环，便于套在另一铁环内，以 6 根或 11 根为一串，另一端磨削成尖锥状，以便于插入地内，如图 4-4(b)所示。用来标志所量尺段的起、讫点和计算已量过的整尺段数。

4. 垂球

垂球也称线垂，为铁制圆锥状重物，它上大下尖，上端的中心悬吊在细线下端，如图 4-4(c)所示。当垂球自由静止后，利用其吊线为铅垂线的特性，用于在不平坦地面丈量时将钢尺的端点垂直投影到地面。

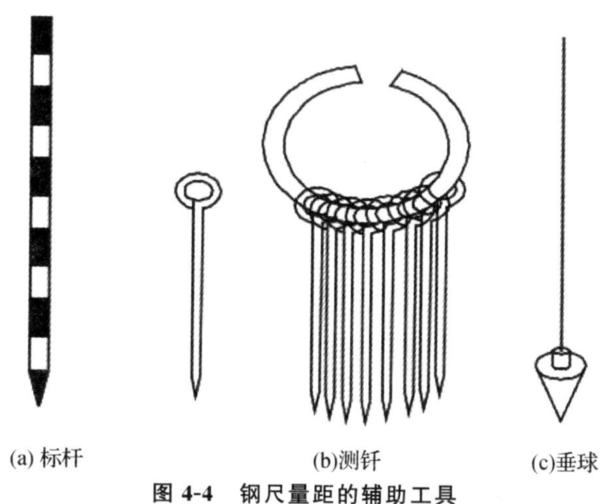

图 4-4　钢尺量距的辅助工具

5. 其他工具

在钢尺精密量距中还有弹簧秤、温度计和尺夹，用于对钢尺施加规定的拉力和测定量距时的温度，以便对钢尺丈量的距离加以温度改正。尺夹安装在钢尺末端，以方便持尺员稳定钢尺。

4.2.2 钢尺量距方法

1. 钢尺量距的一般方法

(1)平坦地面的丈量方法

要丈量平坦地面上 A、B 两点间的距离，其做法是：先在标定好的 A、B 两点立标杆，进行直线定线，如图 4-5 所示，然后进行丈量。丈量时后尺手拿尺的零端，前尺手拿尺的末端，两尺手蹲下，后尺手将零点对准 A 点，喊“预备”，前尺手将尺边靠近定线标志钎，两人同时拉紧尺子，当尺拉稳后，后尺手喊“好”，前尺手对准尺的终点刻画将一测钎竖直插在地面上，这样就量完了第一尺段。

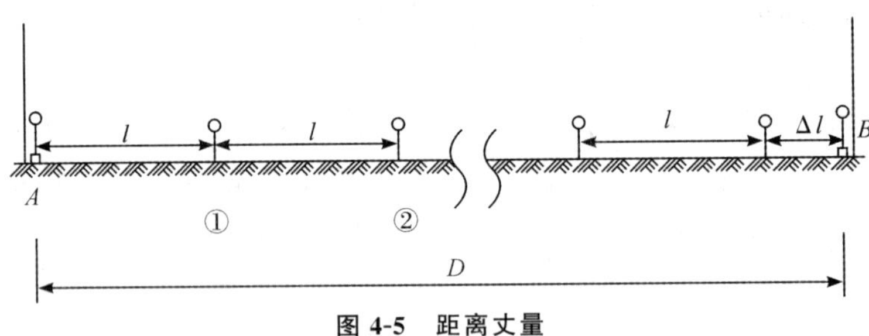

图 4-5 距离丈量

用同样的方法，继续向前量第二、第三……第 n 尺段。量完每一尺段时，后尺手必须将插在地面上的测钎拔出收好，用来计算量过的整尺段数，最后量不足一整尺段的距离。当丈量到 B 点时，由前尺手用尺上某整刻画线对准终点 B，后尺手在尺的零端读数至“mm”，量出零尺段长度 Δl。

上述过程称为往测，往测的距离用下式计算：

$$D = nl + \Delta l \tag{4-1}$$

式中，n—丈量的整尺段数；

l—钢尺整尺段的长度；

Δl—零尺段长度。

接着再调转尺头，用以上方法，从 B 至 A 进行返测，直至 A 点为止。然后再依据式(4-1)计算出返测的距离。一般往返各丈量一次称为一测回，在符合精度要求时，取往返距离的平均值作为丈量结果。

(2)倾斜地面的丈量方法

倾斜地面的距离丈量方法分为水平量距法和倾斜量距法两种。

①水平量距法(又称平量法)

当地面倾斜起伏不是很大时，将钢尺一端抬高，拉成水平状态进行丈量，得到各尺段的水平长度。如图 4-6 所示，欲丈量 AB 直线的水平距离，在 A、B 点外侧各竖立一根标杆，后尺手留在 A 点，前尺手持尺沿 AB 方向前进一个尺段，进行直线定线。前尺手将尺抬高，目估拉成水平状态，呼叫“预备”，后尺手将尺零刻线对准 A 点，呼叫“好”。前尺手用线垂对准尺末端 30 m 或 50 m 刻线处将整尺长位置投递于地面，并插下测钎(前尺手此时既要拉尺，又要抬平，并要对准尺末端整 30 m 或 50 m 刻画线进行投点，可能感到困难，可另配一人专门投点或读数，前尺手只负责拉尺、抬平)。量完一个尺段，如遇倾斜起伏较大处，按整尺长抬高拉成水平有困难，则可按零尺段进行丈量，用垂球投递点位于地面，应及时记录其长度值。平量法在起伏较大地段丈量时，可能有多个零尺段，故整尺段数与零尺段长度值务必记录清楚。平量法由上往下坡方向丈量较方便。如由下往上坡方向丈量，立下端者既要抬高钢尺，拉成水平，又要注意钢尺零刻线对准垂球吊线，难以兼顾，丈量较困难，因而倾斜地面平量法采用由上往下方向丈量两次，代替往返丈量进行校核。取两次测得距离的平均值作为丈量结果。

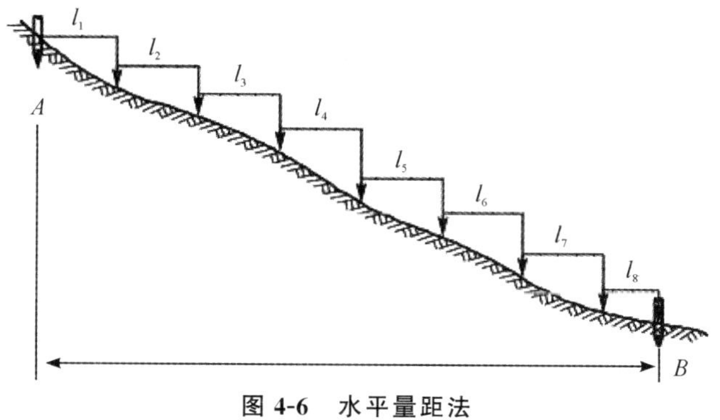

图 4-6　水平量距法

②倾斜量距法(又称斜量法)

如果 A、B 两点间有较大的高差，但地面坡度比较均匀，大致成一倾斜面，如图 4-7 所示，可沿地面直接丈量倾斜距离 L，并测定其倾角 α 或两点间的高差 h，则可计算出直线的水平距离。公式为：

$$D=L\cos\alpha \text{ 或 } D=\sqrt{L^2-h^2} \tag{4-2}$$

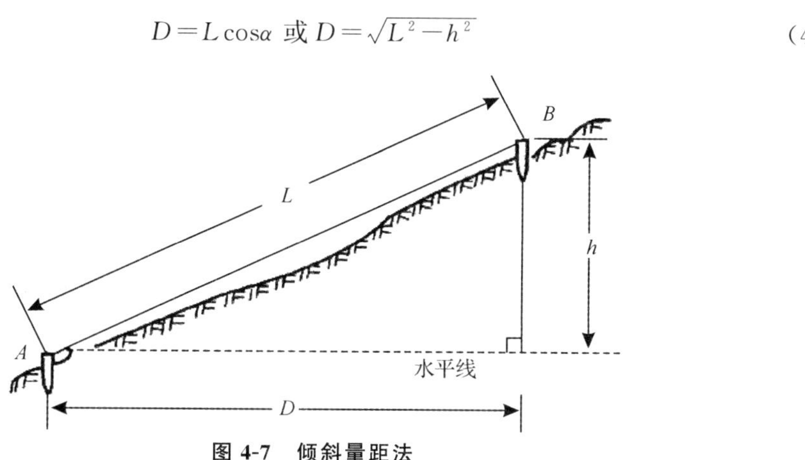

图 4-7　倾斜量距法

也可以应用以下公式计算水平距离：

$$D=L+\Delta L_h=L-\frac{h^2}{L+D}$$

由于 h 与 L 相比总是小很多,此时可以将 D 看作近似等于 L,即 $L+D\approx 2L$,则

$$D=L-\frac{h^2}{2L} \tag{4-3}$$

式中,Δl_h 称为倾斜改正,用下式表示:

$$\Delta L_h=-\frac{h^2}{2L} \tag{4-4}$$

(3)距离丈量的精度

为了避免错误和判断丈量结果的可靠性,并提高丈量精度,距离丈量要求往返丈量。用往返丈量的距离较差 ΔD 与平均距离 $D_{平}$ 之比来衡量它的精度,此比值用分子等于 1 的分数形式来表示,称为相对误差 K,即:

$$\Delta D=D_{往}-D_{返} \tag{4-5}$$

$$D_{平}=\frac{1}{2}(D_{往}+D_{返}) \tag{4-6}$$

$$K=\frac{|\Delta D|}{D_{平}}=\frac{1}{D_{平}/|\Delta D|} \tag{4-7}$$

一般情况下,在平坦地区进行钢尺量距,其相对误差应不超过 1/2000,在量距困难的地区,相对误差也应不大于 1/1000。若符合要求,则取往返测量的平均长度作为观测结果。若超过该范围,应分析原因,重新进行测量。边长测量记录计算表见表 4-1。

表 4-1　量距记录计算表

测线		观测值			精度	平均值	备注
		整尺段	非整尺段	总长			
A—B	往测	4×30	25.346	145.346	1/4250	145.329	
	返测	4×30	25.312	145.312			

【例 4-1】测量直线 AB 的距离,其往测值为 145.346 m,返测结果为 145.312 m,按规定其相对误差应不大于 1/2000,试问:(1)所丈量成果是否满足精度要求?(2)按此规定,若丈量 100 m 的距离,往返丈量的较差最大可允许相差多少毫米?

【解】由题意知:

$$D_{平}=\frac{1}{2}(D_{往}+D_{返})=(145.346+145.312)/2=145.329\text{ m}$$

$$\Delta D=D_{往}-D_{返}=145.346-145.312=0.034\text{ m}$$

$$K=\frac{|\Delta D|}{D_{平}}=\frac{1}{D_{平}/|\Delta D|}=\frac{1}{145.329/0.034}=\frac{1}{4274}\approx\frac{1}{4250}$$

因为 $K<K_{允}=\frac{1}{2000}$,所以所丈量成果满足精度要求。

又由 $K=\frac{|\Delta D|}{D_{平}}$ 知:

$$|\Delta D| = KD_{平} = \frac{1}{2000} \times 145.329 = 0.072 \text{ m}$$

$$\Delta D \leqslant \pm 72 \text{ mm}$$

即往返丈量的较差最大可相差±50 mm。

2. 钢尺量距的精密方法

用钢尺一般量距，量距精度只能达到 1/5000～1/1000，当量距精度要求更高时，如 1/40000～1/10000，这就要求用精密的方法进行丈量。

(1)钢尺的检定

钢尺由于其存在制造误差、经常使用中的变形以及丈量时温度和拉力不同的影响，其实际长度往往不等于尺上标注的长度(即名义长度)。因此，丈量之前必须对钢尺进行检定，求出它在标准拉力和标准温度下的实际长度，以便对丈量结果加以改正。

①尺长方程式

钢尺经检定后，应给出尺长在施加标准拉力下随温度变化的函数式，通常称为尺长方程式，以便对丈量结果加以相应改正。尺长方程式的一般形式为：

$$l_t = l_0 + \Delta l + \alpha l_0 (t - t_0) \tag{4-8}$$

式中，l_t—钢尺在温度 t 时的实际长度，l_0—钢尺的名义长度；

Δl—检定时在标准拉力和标准温度下的尺长改正数；

α—钢尺的线性膨胀系数，普通钢尺为 1.25×10^{-5} m/(m·℃)，为温度每变化 1 ℃钢尺单位长度的伸缩量；

t—量距时的温度，t_0—检定时的温度。

【例 4-2】某标准尺的尺长方程式为 $l_t = 30\text{ m} + 0.0034\text{ m} + 1.25 \times 10^{-5}(t - 20℃) \times 30$ m，用标准尺和被检尺量得两标志间的距离分别为 29.9552 m 和 29.9543 m，丈量时的温度分别为 26.5 ℃和 28.0℃。求被检尺的尺长方程式。

【解】先根据标准尺的尺长方程式计算两标志间的标准长度 D_0：

$$D_0 = \frac{1}{30} \times [30\text{ m} + 0.0034\text{ m} + 1.25 \times 10^{-5} \times (26.5\text{ ℃} - 20℃) \times 30\text{ m}] \times 29.9552\text{ m}$$
$$= 29.9610\text{ m}$$

由此可求得被检尺检定时在标准拉力和标准温度下的尺长改正数 Δl：

$$\frac{1}{30} \times [30\text{ m} + \Delta l + 1.25 \times 10^{-5} \times (26.5\text{ ℃} - 20℃) \times 30\text{ m}] \times 29.9543\text{ m} = 29.9610$$

$$\Delta l = +0.0043\text{ m}$$

被检钢尺的尺长方程式为：

$$l_t = 30\text{ m} + 0.0043\text{ m} + 1.25 \times 10^{-5} \times (t - 20℃) \times 30\text{ m}$$

②钢尺的检定方法

钢尺检定时，在恒温室(标准温度为 20℃)内，将被检尺施加标准拉力固定在检验台上，用标准尺去量测被检尺，或者对被检施加标准拉力去量测一标准距离，求其实际长度，这样就可以根据标准尺的尺长方程式来确定被检定钢尺的尺长方程式，这种方法称为比长法。检定时最好在阴处，使气温与钢尺的温度基本一致。

(2)量距前的准备工作

①清理场地。在量距开始之前,必须保证量距时不会因障碍物使钢尺产生扰曲。

②经纬仪定线。如图 4-8 所示,用钢尺进行测量,在视线上依次定出比钢尺一整尺略短的 A1、12、23 等尺段,然后在各尺段端点打下大木桩,在木桩上用小钉(或钉白铁皮后于其上画十字)精确定出中间点的位置。

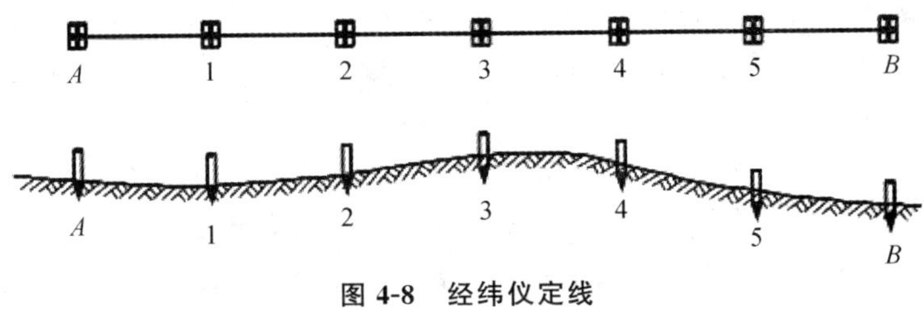

图 4-8　经纬仪定线

③测量高差。定线完成后,用水准仪测量相邻桩顶间的高差,高差测量应经过测站检核。测站校核高差之差不得超过±5 mm。如在限差以内,取其平均值作为观测成果。

(3)测量方法

精密量距一般由 5 人组成,2 人拉尺,2 人读数,1 人测定丈量时的钢尺温度兼记录员。

丈量时,后尺手挂拉力计于钢尺零端,前尺手执尺子末端,两人同时拉紧钢尺,将钢尺有刻画的一侧贴于木桩顶十字线交叉点,待拉力计指针指示在标准拉力(30 m 钢尺,标准拉力为 100 N)时,由后尺手发出“预备”口令,两人拉稳尺子,由前尺手呼叫“好”,前、后尺手在此瞬间同时读数,估读至 0.5 mm。记录员依次记入观测手簿,并计算尺段长度。

前后移动钢尺 10 cm,依同法再次丈量,每一尺段丈量 3 次,由 3 组读数算得长度之差不应超过 3 mm,否则应重测。如在限差之内,取 3 次丈量的平均值作为该尺段的观测成果。每一尺段应测定温度一次,估读至 0.5 ℃。同法丈量至终点完成往测。完成往测后,应立即返测。

(4)成果整理

钢尺精密量距完成后,应对每一尺段长进行尺长改正、温度改正,及倾斜改正,求出改正后尺段的水平距离。计算时取位至 0.1 mm。往、返测结果按式(4-7)进行精度检核,若 K 满足精度要求,按式(4-6)计算最后成果。若 K 超限,应查明原因,返工重测。成果计算在表 4-1 中进行。各项改正数的计算方法如下。

①尺长改正 ΔL_d

$$\Delta L_d = L\frac{\Delta l}{l_0} \tag{4-9}$$

②温度改正 ΔL_t

$$\Delta L_t = L\alpha(t - t_0) \tag{4-10}$$

③倾斜改正 ΔL_h

尺段丈量时,若所测量的是相邻两桩顶间的斜距,则斜距应换算为平距所施加的改正数,称为倾斜改正数或高差改正数,用 ΔL_h 表示,按式(4-4)计算。

经过各项改正后的水平距离为:

$$D = L + \Delta L_d + \Delta L_t + \Delta L_h$$

【例 4-3】使用尺长方程为 $l_t=30\ \text{m}-0.002\ \text{m}+1.25\times10^{-5}\times(t-20℃)\times30\ \text{m}$ 的钢尺，沿倾斜地面往返丈量 A、B 两点的距离，用水准仪测得两点的高差 $h=1.68$ m。往测时量得长为 214.542 m，平均温度 24.5 ℃；返测时量得长度为 214.532 m，平均温度 24.8 ℃。试求经过各项改正后 A、B 的水平距离。

【解】计算过程见表 4-2。

表 4-2　计算过程

线段	距离/m	温度/℃	高差/m	尺长改正/m	温度改正/m	倾斜改正/m	水平距离/m	备　注
A—B	214.542	24.5	1.68	−0.0143	+0.0121	−0.0066	214.533	相对误差 $K=\frac{1}{23800}$
B—A	214.532	24.8	−1.68	−0.0143	+0.0129	−0.0066	214.524	平均值 $D=214.528$ m

4.2.3　钢尺量距的误差分析及注意事项

1. 钢尺量距的误差

(1)定线误差

距离是指地面两点垂直投影到水平面上的直线距离，若定线不精确，将使量得的距离成折线距离，使测量结果偏大。一般来说，钢尺量距一般可采用拉线定线和目测定线，精密方法则必须采用经纬仪定线。

(2)尺长误差

钢尺实际长度和名义长度往往不同。同时尺长误差具有系统积累性，与所量距离成正比。一般来说，钢尺一般量距无须尺长改正，钢尺精密量距需加尺长改正。

(3)温度误差

由于钢尺是钢制品，其具有热胀冷缩性，不同温度下，钢尺的长度也不同。根据温度改正公式 $\Delta L_t=L\alpha(t-t_0)$，对于 30 m 的钢尺，温度变化 8 ℃，将会产生 1/10000 尺长误差。所以，一般来说，若量距时温度与检定时温度相差小于 8 ℃，钢尺一般量距无须进行温度改正，但量距时温度与检定时温度相差大于 8 ℃时，需进行温度改正；钢尺精密量距时需加温度改正。同时，应注意温度计测量温度，测定的是空气温度，而不是尺子本身的温度，在夏季阳光曝晒下，此两者温度之差可大于 5 ℃。因此，量距宜在阴天进行，并要尽量靠近钢尺进行测量。

(4)拉力误差

钢尺具有弹性，会因受拉而伸长。量距时，如果拉力不等于标准拉力，钢尺的长度就会发生变化。精密量距时，因用弹簧秤控制标准拉力，所以拉力误差较小，几乎为零。但一般量距时，因拉力不能控制，所以误差较大，这就要求拉尺时尺要平稳，用力要均匀。

(5)尺子不水平的误差

由于钢尺不水平，会使量得的距离偏大。钢尺量距时应尽量放平钢尺或将斜距换算成水平距离。精密方法必须进行尺长改正。

(6)钢尺垂曲和反曲的误差

钢尺悬空丈量时,中间下垂,称为垂曲。在凹凸不平的地面量距时,凸起部分将使钢尺产生上凸现象,称为反曲。垂曲和反曲将使量得的距离偏大。所以,钢尺量距时,应先将钢尺拉平。

(7)人为误差

人为误差包括钢尺刻画对点的误差、插测钎的误差及钢尺读数的误差等。这些误差在丈量结果中可以互相抵消一部分,但仍是量距工作的一项主要误差来源。

2. 钢尺量距时的注意事项

(1)丈量用的钢尺应进行尺长检定。

(2)丈量前应对所使用的钢尺认读零点和末端位置,了解注记规律。

(3)丈量时应准确定线,钢尺应拉平、拉直,用力均匀拉紧。钢尺零点应对准尺段起始位置,末端插测钎应竖直准确插下,前、后尺手应配合默契。

(4)零尺段读数要正确,及时记录该尺段数据,整尺段数应记清,并应与后尺手收回的测钎数符合。

(5)丈量完一个尺段后,前进时,钢尺应悬空,不应触地拖拉,防止钢尺打卷。注意勿被车辆碾压,避免钢尺断裂损坏。

(6)钢尺丈量使用完毕后,应清除尺上泥污和水渍,并涂上防锈油,加以保养。

(7)如进行精密量距,必须按作业要求逐一进行。量距本身是一项简单工作,但在高精度要求下,不遵守操作要求很难达到精度要求,务必注意。

4.3 视距测量

视距测量是一种间接的光学测距方法,它利用望远镜内测距装置(视距丝),根据几何光学和三角学原理同时测定距离和高差。这种方法操作简便、迅速,受地形条件限制小,但精度较低,普通视距测量的相对精度为 1/300～1/200,但能满足地形测图测绘中距离测量的精度要求。因此,被广泛用于地形碎部测量中,也可用于检核其他方法量距可能发生的粗差。精密视距测量可达 1/2000,常用于碎部测量和较低级控制测量的水平距离和高差的测定。

4.3.1 视距测量原理

经纬仪、水准仪等测量仪器的十字丝分划板上,都有与横丝平行等距对称的两根短丝,称为视距丝。利用视距丝配合标尺就可以进行视距测量。

1. 视线水平时的视距测量公式

欲测定 A、B 两点间的水平距离,如图 4-9 所示,在 A 点安置仪器,在 B 点竖立视距尺,当望远镜视线水平时，视准轴与尺子垂直，对光后，通过上、下两条视距丝 m、n 就可读得尺上 M、N 两点处的读数，两读数的差值 l 称为视距间隔或尺间隔。f 为物镜焦距，p 为视距丝间隔，δ 为物镜至仪器中心的距离，由图可知，A、B 点之间的平距为：

$$D=d+f+\delta \tag{4-11}$$

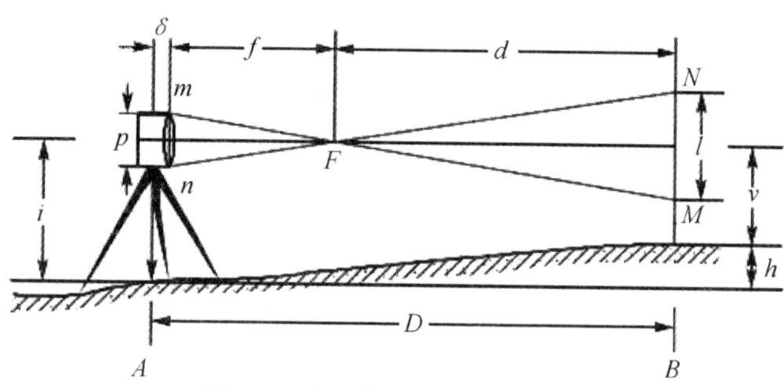

图 4-9　水平视线视距测量原理

其中，d 由两相似三角形 $\triangle MNF$ 和 $\triangle mnF$ 求得：

$$\frac{d}{f}=\frac{l}{p}$$

$$d=\frac{l}{p}f$$

因此

$$D=d+f+\delta=\frac{f}{p}l+f+\delta$$

令 $K=\dfrac{f}{p}$（称为视距乘常数），$C=f+\delta$（称为视距加常数），则：

$$D=Kl+C \tag{4-12}$$

式中，K—视距乘常数，通常为 100；

C—视距加常数。

在设计望远镜时，适当选择有关参数后，可使 $K=100$，$C=0$。于是，视线水平时的视距公式为：

$$D=Kl=100l \tag{4-13}$$

两点间的高差为：

$$h=i-v \tag{4-14}$$

式中，i—仪器高，m；

v—望远镜的中丝在尺上的读数，即中丝读数，m。

2. 视线倾斜时的视距测量公式

当地面起伏较大时，必须使视线倾斜才能照准视距尺读取视距间隔，如图 4-10 所示。由于视准轴不再垂直于尺子，故不能直接用上述公式。若想引用前面的公式，则测量时必须将尺子置于垂直于视准轴的位置，但那是不太可能的。因此，在推导倾斜视线的视距公式时，必须加上两项改正：

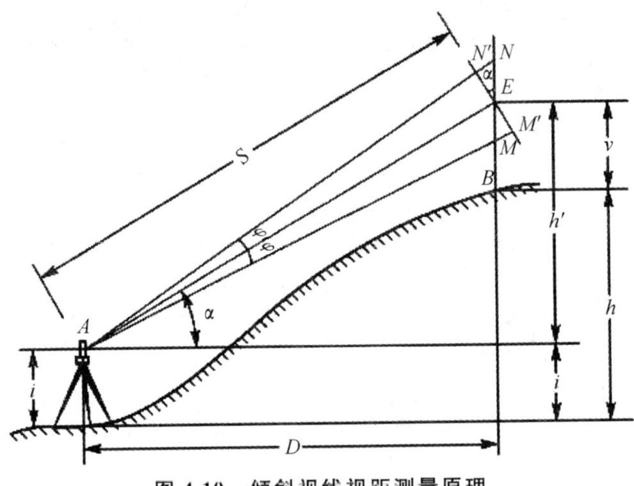

图 4-10 倾斜视线视距测量原理

(1)视距尺不垂直于视准轴的改正；

(2)倾斜视线(距离)化为水平距离的改正。

在图 4-10 中，设视准轴倾斜角为 α，由于 φ 夹角很小，约为 $17'$，故可将$\angle NN'E$ 和$\angle MM'E$ 近似看成直角，则$\angle NEN'=\angle MEM'=\alpha$，于是有：

$$l'=M'N'=M'E+EN'=ME\cos\alpha+EN\cos\alpha$$
$$=(ME+EN)\cos\alpha=l\cos\alpha$$

根据式(4-13)得倾斜距离：

$$S=Kl'=Kl\cos\alpha$$

换算为平距为：

$$D=S\cos\alpha=Kl\cos^2\alpha \tag{4-15}$$

A、B 两点间的高差为：

$$h_{AB}=h'+i-v$$

$$h'=S\sin\alpha=Kl\cos\alpha\sin\alpha=\frac{1}{2}Kl\sin2\alpha$$

故视线倾斜时的高差公式为：

$$h=\frac{1}{2}Kl\sin2\alpha+i-v \tag{4-16}$$

4.3.2 视距测量误差及注意事项

1. 视距测量误差

(1)读数误差

视距丝读数误差是影响视距测量精度的重要因素，它与人眼的分辨能力、尺子最小分划的宽度、距离的远近、望远镜的放大率及成像清晰情况等有关。因此读数误差的大小，视具体使用的仪器及作业条件而定。由于距离越远误差越大，所以视距测量中要根据精度的要求限制最远视距。

(2)视距尺倾斜引起的误差

视距尺倾斜引起的距离误差随地面的坡度增加而增大，因此，视距测量时应尽可能把标尺竖直。

(3)视距乘常数 K 不准确的误差

由于仪器制造及外界温度变化等因素，视距乘常数 K 值不为 100。因此，对视距乘常数 K 要严格要求测定。

(4)外界环境的影响

外界环境的影响主要是大气垂直折光的影响和空气对流的影响。上、中、下三丝读数光线是通过不同密度的空气层到达望远镜的，越接近地面的光线受折光影响越显著。经验证明，当视线接近地面在视距尺上读数时，垂直折光引起的误差较大，并且这种误差与距离的平方成比例增加。因此，观测时应尽可能使视线距地面 1 m 以上。

此外，视距尺分划误差、竖直角观测误差及风力、温度影响等，也会影响视距测量的精度。

2. 视距测量注意事项

(1)为减少垂直折光的影响，观测时应尽可能使视线离地面 1 m 以上。

(2)作业时，要将视距尺竖直，并尽量采用带有水准器的视距尺。

(3)要严格测定视距乘常数 K，K 值应在 100 ± 0.1 之内，否则应加以改正，或采用实测值。

(4)视距尺一般应是厘米刻画的整体尺。如使用塔尺时应注意检查各节尺的接头是否准确。

(5)要在成像稳定的情况下进行观测。

(6)读数时注意消除视差，认真读取视距尺间隔，并尽可能缩短视线长度。

4.4　光电测距仪测距

光电测距仪测距是利用电磁波(光波或微波)作为载波传输测距信号，以测量两点间距离的一种方法。光电测距仪按其所采用的载波可分为：

(1)用微波段的无线电波作为载波的微波测距仪；

(2)用激光作为载波的激光测距仪；

(3)用红外光作为载波的红外测距仪。

后两者又统称为光电测距仪。

微波和激光测距仪多属于远程测距，测程可达 60 km，一般用于大地测量，而红外测距仪属于中、短程测距仪(测程为 15 km 以下)，一般用于小地区控制测量、地籍测量和工程测量等。

光电测距仪通过测定光电波往返传播的时间差或相位差来测量距离。光电测距和传统的钢尺量距相比，具有测程远、精度高、受地形限制少和速度快的特点，被广泛应用于工程测量中。

光电测距仪按其光源分为普通光测距仪、激光测距仪和红外测距仪。按测定载波传播时间的方式分为脉冲式测距仪和相位式测距仪；按测程又可分为短程、中程和远程测距仪三种(表 4-3);按其精度分为Ⅰ、Ⅱ、Ⅲ三个级别(表 4-3)。

表 4-3　光电测距仪测程分类与技术等级

	仪器种类	短程光电测距仪	中程光电测距仪	远程光电测距仪
测程分类	测程	<3 km	3～15 km	>15 km
	精度	±(5 mm+5 ppmD)	±(5 mm+2 ppmD)	±(5 mm+1 ppmD)
	光源	红外光源 (GaAs 发光二极管)	红外光源 (GaAs 发光二极管) 激光光源(激光管)	He-Ne 激光器
	测距原理	相位式	相位式	相位式
	使用范围	地形测量 工程测量	大地测量 精密工程测量	大地测量,航空、航天、制导等空间距离测量
技术等级	技术等级	Ⅰ	Ⅱ	Ⅲ
	精度	<5 mm	5～10 mm	11～20 mm

红外测距仪采用的是 GaAs(砷化镓)发光二极管作光源,在中、短程测距仪中得到了广泛采用,是工程建设采用的主要机型。

4.4.1　光电测距基本原理

如图 4-11 所示,欲测定 A、B 两点间的距离 D,安置仪器于 A 点,安置反射镜于 B 点。仪器发射的光束由 A 至 B,经反射镜反射后又返回仪器。设光速 c 为已知,如果光束在待测距离 D 上往返传播的时间 t 已知,则距离 D 可由下式求出:

$$D=\frac{1}{2}ct \tag{4-17}$$

其中

$$c=c_0/n$$

式中,c_0 为真空中的光速值,其值为 299792458 m/s;n 为大气折射率,它与测距仪所用光源的波长、测线上的气温 t、气压 p 和湿度 e 有关。因此,测距时还要测定气象元素,对距离进行气象改正。

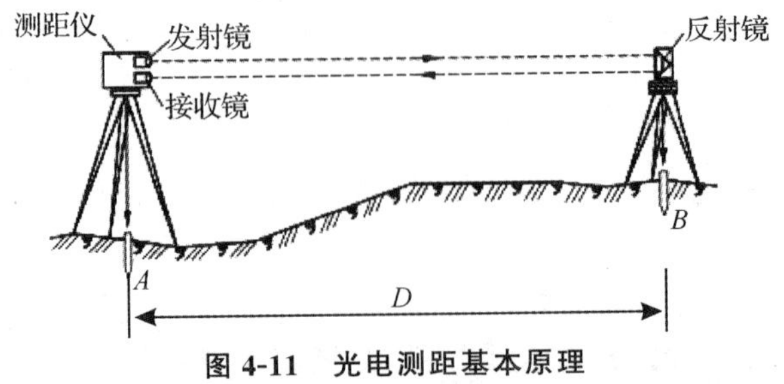

图 4-11　光电测距基本原理

测定距离的精度主要取决于测定时间 t 的精度。例如，要求保证 ± 1 cm 的测距精度，时间测定要求准确到 6.7×10^{-11} s，这是难以做到的。因此，大多采用间接测定法来测定 t。间接测定 t 的方法有下列两种：

1. 脉冲式测距

由测距仪的发射系统发出光脉冲，被测目标反射后，再由测距仪的接收系统接收，测出这一光脉冲往返所需时间 t，以求得距离 D。由于计数器的频率一般为 300 MHz（3×10^8 Hz），所以测距精度只能达到 0.5～1 m，精度较低。故此法常用在激光雷达等远程测距上。

2. 相位式测距

由测距仪的发射系统发出一种连续的调制光波，测出该调制光波在测线上往返传播产生的相位移，以测定距离 D。红外光电测距仪一般都采用相位测距法。

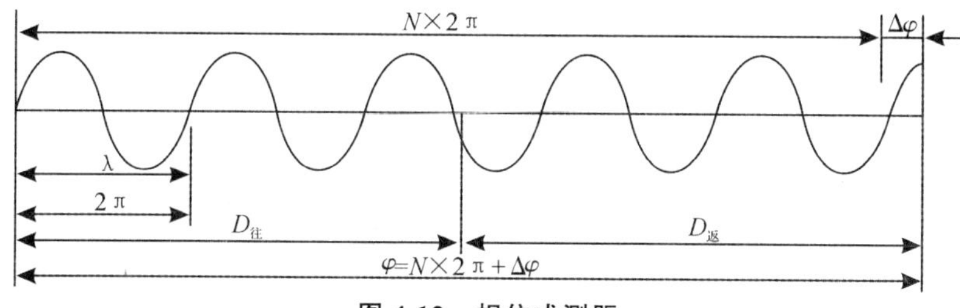

图 4-12　相位式测距

在砷化镓（GaAs）发光二极管上加了频率为 f 的交变电压（即注入交变电流）后，它发出的光的强度就随注入的交变电流呈正弦变化，这种光称为调制光。测距仪在 A 点发出的调制光在待测距离上传播，经反射镜反射后被接收器接收，然后用相位计将发射信号与接收信号进行相位比较，由显示器显出调制光在待测距离往、返传播所引起的相位移 φ。

4.4.2　短程光电测距仪及其使用

测程在 3 km 以下的光电测距仪称为短程光电测距仪，目前国内、国外仪器厂生产多种型号，表 4-4 所列为部分产品。

表 4-4　常用短程光电测距仪

仪器型号	ND300S	D3030	DCH2	REDmini2	ND-21B	D11001	D14L
生产厂商	南方测绘	常州大地	南京测绘	日本 SOKKIA	日本 Nikon	瑞士 Leica	瑞士 Wild
测程/km	3.0	3.2	2.0	1.5	1.5	1.3	3.0
测距精度	±(5 mm+5 ppmD)～±(5 mm+3 ppmD)						

短程光电测距仪的体型较小，重量轻，可安装在经纬仪望远镜（镜载型）或支架上（架载型），直接安装在基座上仅用于测距的为专用型。与经纬仪组合可以同时测定角度与距离；同时，也是为了借助经纬仪的高倍率望远镜来寻找和瞄准远处的目标，并根据经纬仪的竖盘

读数来计算视线的竖直角，以便将倾斜距离化为水平距离，或进行三角高程测量。与光学经纬仪组合，称为半站型测距仪；与电子经纬仪组合（或两者结合为一体）称为全站型测距仪，亦称全站型电子速测仪，简称全站仪。

1. 光电测距主要设备

（1）测距仪主机

图 4-13 为南方测绘仪器公司生产的 ND 系列短程光电测距仪。它由测距头、装载支架和制微动机构组成。测距头有物镜、目镜、操作键盘、显示窗、RS 接口等，为架载式测距仪。使用时安装在经纬仪的支架上，用座架固定螺丝与经纬仪形成整体，随经纬仪水平旋转，测距仪和经纬仪望远镜绕各自的横轴纵向转动。物镜内为载波发射和接收装置，发射光轴与返回信号接收光轴一般为同轴设计，非同轴设计时发射、接收光轴应平行。载波光轴与望远镜视准轴在同一竖直面内，并保持一定的高差。目镜用于瞄准目标，瞄准视线通过物镜与载波光轴同轴。操作键盘用于输入数据和控制仪器工作，显示屏为数据输出窗口，RS 接口用电缆与电子经纬仪进行数据通信或连接记录设备。整个仪器由蓄电池供电。

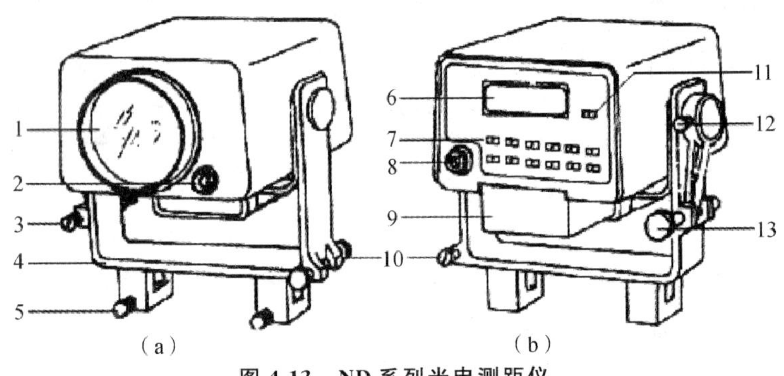

图 4-13　ND 系列光电测距仪

1—物镜；2—RS 接口；3—水平微动弹簧帽；4—支架；5—座架固定螺丝；6—显示屏；7—键盘；8—目镜；9—电池；10—视准轴水平调节手轮；11—电源开关；12—竖直制动螺旋；13—竖直微动螺旋

（2）反射器

光电测距仪用的是直角反射棱镜，它为严格正立方体光学玻璃一角的三角锥体[图 4-14(a)]，三条直角边相等，并且切割面垂直于立方体对角线，切割面为光的入射和反射面。图 4-14(b)为单棱镜组，用于短距离测量；图 4-14(c)为三棱镜组，用于较长距离测量。它与测距仪配合使用，不得任意更换。棱镜组与规牌同时装在基座（有光学对中器）的对中杆上，棱镜组中心至觇牌标志中心的距离应等于测距仪与经纬仪横轴间的高差。

除上述外，还需要空盒气压计和通风干湿温度计，用于测距时现场的气压和温度的测定，以便进行气象改正，精密测距必须配备，并且精密度要满足要求。

2. 光电测距仪的使用

（1）仪器安置

将经纬仪安置于测站上，对中整平；将电池组插入主机的电池槽（应有"咔嚓"声响）或连接上外接电池组，把主机通过连接座与经纬仪连接，并锁紧固定。在目标点安置反光棱镜三

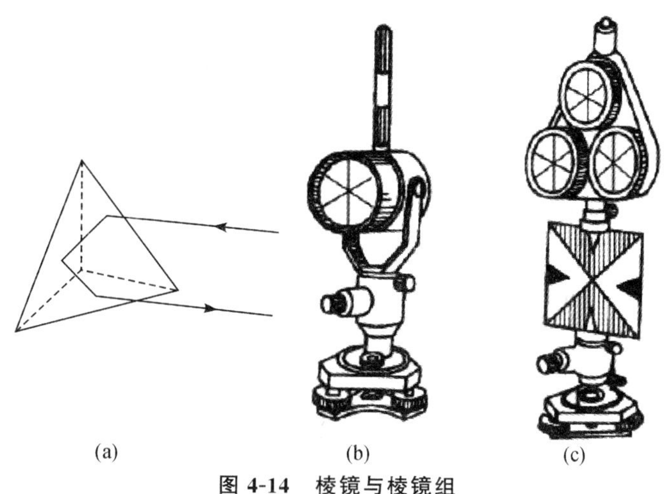

图 4-14　棱镜与棱镜组

脚架并对中、整平，镜面朝向测站。按一下测距仪上的电源开关键(POWER)开机，仪器自检，显示屏在数秒内依次显示全屏符号、加常数、乘常数、电量、回光信号等，自检合格发出蜂鸣或显示相应符号信息，表示仪器正常，可以进行测量。

(2)参数设置

如棱镜常数、加常数、乘常数等若经检测发生变化，需用键盘输入机内，便于仪器自动改正其影响。如气压、气温测定后输入机内，可自动进行气象改正。

(3)瞄准

用经纬仪望远镜十字丝瞄准反光镜觇板中心，此时测距仪的十字丝基本瞄准棱镜中心，调节测距仪水平与竖直微动螺旋，使十字丝交点对准棱镜中心。

(4)距离测量

按测距键(MEAS 或 DIST)，在数秒内，显示屏显示所测定的距离(斜距)。同时，经纬仪竖盘指标水准管气泡居中，读取竖盘读数 L 或 R；记录员从气压计和温度计上读取即时气压 p、气温 t，并将斜距、竖盘读数、气压和温度记入手簿(表 4-5)；再次按测距键，进行第一次测距和第一次读数。一般进行 4 次，称为一个测回。各次距离读数最大、最小相差不超过 5 mm 时取其平均值，作为一测回的观测值。如果需进行第二测回，则重复第④步操作。在各次测距过程中，若显示窗中光强信号消失或显示“SIGNAL OUT”，并发出急促鸣声，表示红外光被遮，应查明原因予以消除，重新观测。

测距仪因厂家不同，型号不同，仪器的操作键名称、符号也不同，测距时应依其功能选择测距模式(如单次测量、连续测量、跟踪测量等)；如果具有倾斜改正功能，可先测竖直角并将其输入，由仪器自动完成倾斜改正，同时测定斜距、平距，初算高差(用 S/H/V 转换键)；若输入测站高和棱镜高、竖直角，仪器完成高程计算，甚至输入测向方位角测算坐标增量等。

(5)关机收测

本测站观测结束确认无误后，按电源开关关闭电源，撤掉连接电缆，收机装箱迁站。

3. 成果计算

测距仪测得的一测回或几测回距离读数平均值 L 还必须经过气象改正和倾斜改正，才能得到水平距离的最终结果。

表 4-5　光电测距记录计算手簿

工程名称：________　仪器型号：________　天气：________　日期：________　观测：________　记录：________

测站/仪器高/m	镜站/镜高/m	斜距/m		盘读数 (° ′ ″)	竖直角 (° ′ ″)	温度/℃ 气压/mmHg	气象改正数/mm	改正后斜距/m	水平距离/m	备　注
		观测值	平均值							
$\frac{A}{1.426}$	$\frac{B}{1.625}$	475.073 071 074 074	475.073	88　17　24	+1　42　36	$\frac{26}{740}$	+8	475.081	474.869	
$\frac{B}{1.425}$	$\frac{C}{1.328}$	1231.783 784 782 783	1231.783	92　19　48	−2　19　48	$\frac{26}{740}$	+22	1231.805	1230.787	
$\frac{C}{1.420}$	$\frac{D}{1.664}$	567.265 266 268 265	567.266	85　18　36	+4　41　24	$\frac{26}{740}$	+10	567.276	565.376	

(1)气象改正

影响光速的大气折射率是光的波长 λ、气温 t 和气压 p 的函数。λ 为一定值，因此可根据观测时测定的气温和气压对测距结果进行气象改正。测距仪的气象改正公式为：

$$\Delta L=(278.96-\frac{0.3872p}{1+0.003661t})L \tag{4-18}$$

式中，ΔL—气象改正值，mm；

p—测站气压，mmHg(1 mmHg=133.322 Pa)；

t—测站温度，℃；

L—距离，km。

(2)倾斜改正

若已知测线两端点间的高差为 h，可用 $\Delta L_h=-h^2/2L$ 计算倾斜改正值。若测定了测线竖直角 α，可用 $D=L\cos\alpha$ 计算水平距离。

【例 4-4】测得 A、B 两点间斜距为 516.350 m，高差为 7.432 m，测距时温度为 20 ℃，气压为 740 mmHg，计算 A、B 两点间的水平距离。

【解】气象改正值为：

$$\Delta L=(278.96-\frac{0.3872\times740}{1+0.003661\times20})\times0.51635=6.2\ \text{mm}$$

倾斜改正值为：

$$\Delta L_h=-\frac{7.432^2}{2\times516.350}=-0.053\ \text{m}$$

水平距离为：

$$D=L+\Delta L+\Delta L_h=516.35+0.0062-0.053=516.303\ \text{m}$$

4. 光电测距的注意事项

(1)气象条件对光电测距影响较大，微风的阴天是观测的良好时机。

(2)测线应离开地面障碍物 1.3 m 以上，避免通过发热体和较宽水面的上空。

(3)测线应避开强电磁场干扰的地方，例如测线不宜距变压器、高压线太近。

(4)镜站的后面不应有反光镜和强光源等背景的干扰。

(5)要严防阳光及其他强光直射接收物镜，避免损坏光电器件，阳光下作业应撑伞保护仪器。

(6)如出现电压报警，注意及时更换电池。测距完毕后应立即关机，换站时应断电后再搬仪器。

4.5　直线定向

欲确定待定地面点平面位置，需测定待定点与已知点间的水平距离和该直线的方位，再推算待定点的平面坐标。确定直线方位的实质是测定直线与标准方向间的水平夹角，这一测量工作称为直线定向。

4.5.1　标准方向的分类

标准方向也称基准方向。我国通用的标准方向有三种，即真子午线方向、磁子午线方向和坐标纵轴方向，简称为真北方向、磁北方向和轴北方向。这三种标准方向即通常所说的三北方向，如图 4-15 所示。

1. 真子午线方向

地表任一点 P 与地球旋转轴所组成的平面与地球表面的交线称为 P 点的真子午线，真子午线 P 点的切线方向称为 P 点的真子午线方向。其北端指示方向，又称真北方向。真子午线方向可以应用天文测量方法或者陀螺经纬仪来测定地表任一点的真子午线方向。

2. 磁子午线方向

地表任一点 P 与地球磁场南、北极连线所组成的平面与地球表面交线称为 P 点的磁子午线，磁子午线在 P 点的切线方向称为 P 点的磁子午线方向。其北端指示方向，又称磁北方向。可以应用罗盘仪来测定。

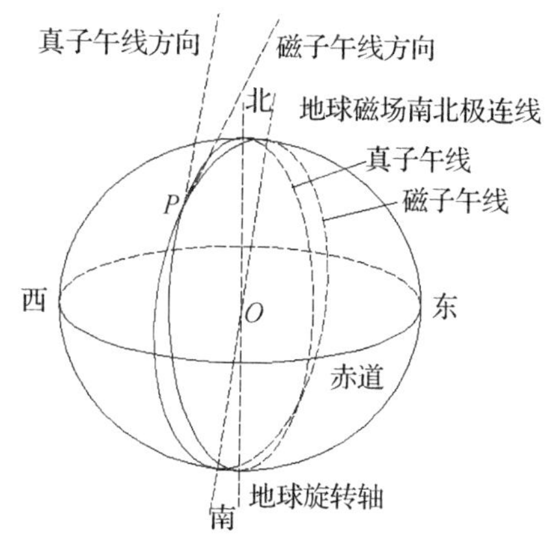

图 4-15　标准方向

3. 坐标纵轴方向

过地表任一点 P 且与其所在的高斯平面直角坐标系或者假定坐标系的坐标纵轴(x 轴)平行的方向称为 P 点的坐标纵轴方向。坐标纵轴北向为正，又称轴北方向。坐标纵轴方向是测量工作中常用的标准方向，一般通过计算得到。

以上真北、磁北、轴北方向称为三北方向。

4.5.2 直线方向的表示方法

测量工作中，常用方位角或象限角来表示直线的方向。

1. 方位角

测量工作中，常用方位角来表示直线的方向。方位角是由标准方向的北端起，顺时针方向度量到直线的夹角，取值范围为0°～360°，如图 4-16 所示。若标准方向为真子午线方向，则其方位角称为真方位角，用 A 表示；若标准方向为磁子午线方向，则其方位角称为磁方位角，用 A_m 表示；若标准方向为坐标纵轴方向，则称其为坐标方位角，用 α 表示。

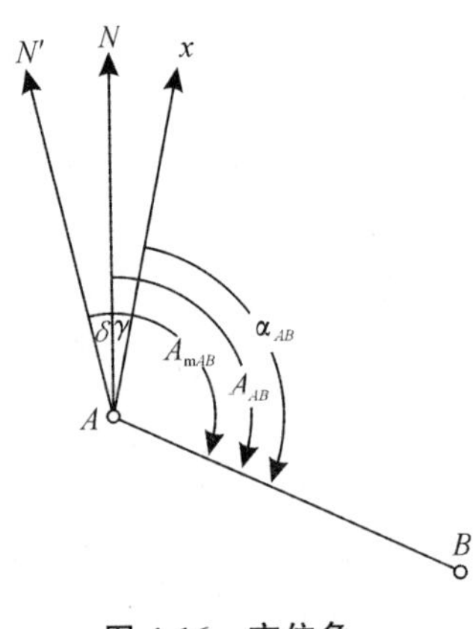

图 4-16 方位角

由于地球的南、北两极与南、北两磁极不重合，所以地面上同一点的真子午线方向与磁子午线方向是不一致的，两者间的水平夹角称为磁偏角，用 δ 表示。过同一点的真子午线方向与坐标纵轴方向的水平夹角称为子午线收敛角，用 γ 表示。通常以真子午线方向北端为基准，磁子午线和坐标纵轴方向偏于真子午线以东叫东偏，δ、γ 为正；偏于西侧叫西偏，δ、γ 为负。不同点的 δ、γ 值一般是不相同的。如图 4-16 所示情况，直线 AB 的三种方位角之间的关系如下：

$$\begin{cases} A=A_m+\delta \\ A=\alpha+\gamma \\ \alpha=A_m+\delta-\gamma \end{cases} \tag{4-19}$$

2. 象限角

直线的方向还可以用象限角来表示。由标准方向(北端或南端)度量到直线的锐角，称为该直线的象限角，用 R 表示，取值范围为 0°～90°，如图 4-17 所示。为了确定不同象限中相同 R 值的直线方向，将直线的 R 前冠以把Ⅰ～Ⅳ象限分别用北东、南东、南西和北西表示的方位。同理，象限角亦有真象限角、磁象限角和坐标象限角。测量中采用的磁象限角 R 用方位罗盘仪测定。图 4-17 中直线 OA 的象限角表示为：R_{OA}＝北东 68°42′。

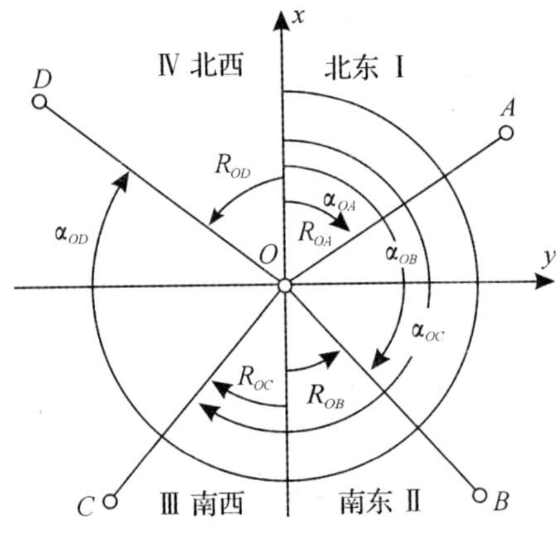

图 4-17 象限角及其与坐标方位角的关系

坐标方位角 α 与象限角 R 的位置关系如图 4-17 所示。

计算时可参考表 4-6。

表 4-6　象限角与坐标方位角的关系

象限	坐标增量	$R\to\alpha$	$\alpha\to R$
Ⅰ	$\Delta x>0,\Delta y>0$	$\alpha=R$	$R=\alpha$
Ⅱ	$\Delta x<0,\Delta y>0$	$\alpha=180°-R$	$R=180°-\alpha$
Ⅲ	$\Delta x<0,\Delta y<0$	$\alpha=180°+R$	$R=\alpha-180°$
Ⅳ	$\Delta x>0,\Delta y<0$	$\alpha=360°-R$	$R=360°-\alpha$

4.5.3　正、反坐标方位角

测量工作中的直线都是具有一定方向性的，一条直线存在正、反两个方向。如图 4-18 所示，就直线 AB 而言，通过 A 点的坐标纵轴北方向与直线 AB 所夹的水平角 α_{AB} 称为直线 AB 的正坐标方位角，过 B 点的坐标纵轴北方向与直线 BA 所夹的水平角 α_{BA} 称为直线 AB 的反坐标方位角。正、反坐标方位角的概念是相对的。

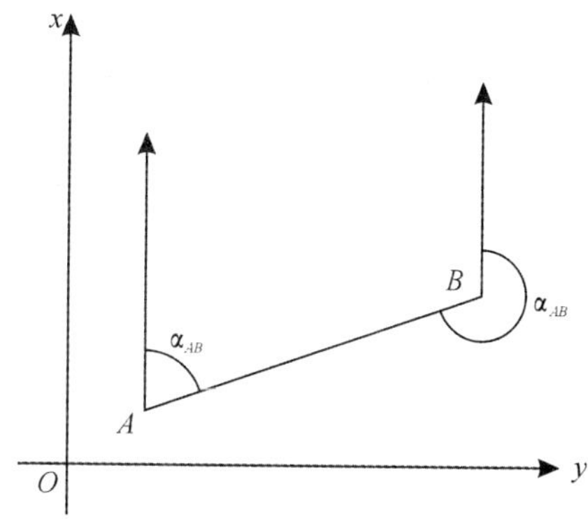

图 4-18　正、反坐标方位角

由于坐标北方向都是相互平行的，所以一条直线的正、反坐标方位角相差 180°，即

$$\alpha_{正}=\alpha_{反}\pm180° \tag{4-20}$$

4.5.4　坐标方位角的推算

为了整个测区坐标系统的统一，测量工作中并不直接测定每条边的坐标方位角，而是通过与已知点(已知坐标和方位角)的连测，观测相关的水平角和距离，推算出各边的坐标方位角，计算直线边的坐标增量，然后推算待定点的坐标。

如图 4-19 所示，折线 1—2—3—4—5 所夹的水平角 β_2、β_3、β_4 称为转折角，在推算时，β 角有左角和右角之分，左角(右角)是指该角位于推算前进方向左侧(右侧)的水平夹角。

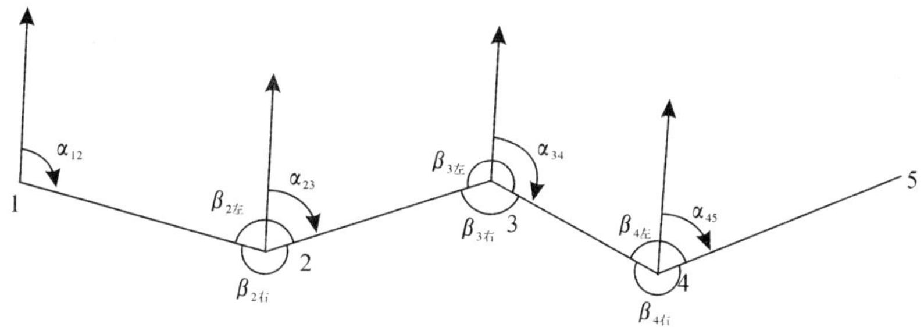

图 4-19　坐标方位角推算

1. 相邻两条边坐标方位角的推算

设 α_{12} 为已知坐标方位角，各转折角为左角，则有：

$$\alpha_{23}=\alpha_{12}-180°+\beta_{2左}=\alpha_{12}+180°-\beta_{2右}$$

同理有：

$$\alpha_{34}=\alpha_{23}-180°+\beta_{2左}=\alpha_{23}+180°-\beta_{2右}$$

$$\alpha_{45}=\alpha_{34}-180°+\beta_{2左}=\alpha_{34}+180°-\beta_{2右}$$

由此可以得出按左角推算相邻边坐标方位角的计算公式：

$$\alpha_{前}=\alpha_{后}-180°+\beta_{左} \tag{4-21}$$

如果各转折角为右角，则各边方位角计算公式应为：

$$\alpha_{前}=\alpha_{后}+180°-\beta_{右} \tag{4-22}$$

由此可以得出按左角推算任意边坐标方位角的计算公式：

$$\alpha_{终}=\alpha_{始}-n\times180°+\sum_{i=1}^{n}\beta_{左} \tag{4-23}$$

式中，n 为连接角的个数。

如果转折角为右角，则上式应为：

$$\alpha_{终}=\alpha_{始}+n\times180°-\sum_{i=1}^{n}\beta_{右} \tag{4-24}$$

实际计算时，可根据坐标方位角的范围为 0°～360°这一特征，坐标方位角计算结果可能出现大于 360°或为负值两种情况，此时，可以通过加(或减)$n\times360°$，使坐标方位角取值在 0°～360°范围内。

4.6 坐标计算原理

地面上两点间的平面位置关系与该两点间的水平距离、坐标方位角密切相关。地面点的平面位置可以用该点的纵坐标和横坐标来表示。

4.6.1 坐标正算

根据直线起点的坐标、直线的水平距离及直线的坐标方位角来计算直线终点的坐标，称为坐标正算。

如图 4-20 所示，已知直线 AB 的起点 A 的坐标(x_A，y_A)，以及 A、B 两点间的水平距离 D_{AB} 和 AB 边的坐标方位角 α_{AB}，要计算终点 B 的坐标(x_B，y_B)。

按下列步骤计算：

设 $\Delta x_{AB}=x_B-x_A$，Δx_{AB} 称为 A 点至 B 点的纵坐标增量；$\Delta y_{AB}=y_B-y_A$，Δy_{AB} 称为 A 点至 B 点的横坐标增量。

依数学公式可以得出：

$$\begin{cases}\Delta x_{AB}=x_B-x_A=D_{AB}\cos\alpha_{AB}\\ \Delta y_{AB}=y_B-y_A=D_{AB}\sin\alpha_{AB}\end{cases} \tag{4-25}$$

根据式(4-25)计算坐标增量时，正弦和余弦函数值随着 α 角所在象限而有正负之分，因此算得的坐标增量同样具有正、负号。坐标增量正、负号的规律如表 4-7 所示。

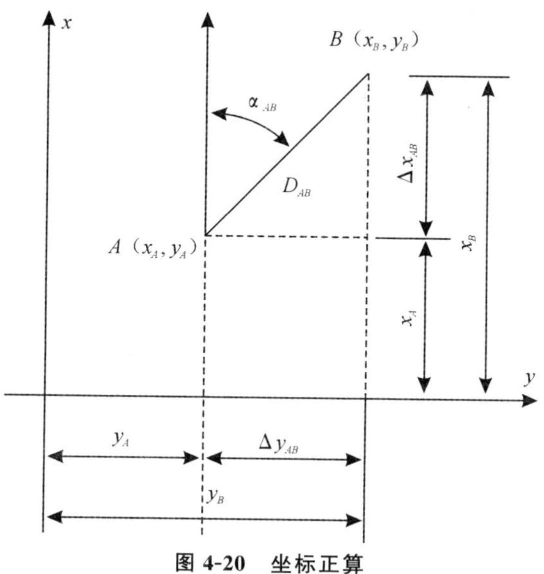

图 4-20　坐标正算

表 4-7　坐标增量正、负号的规律

象限	坐标方位角 α	Δx	Δy
Ⅰ	0°～90°	+	+
Ⅱ	90°～180°	−	+
Ⅲ	180°～270°	−	−
Ⅳ	270°～360°	+	−

B 点的坐标计算公式为：

$$\begin{cases} x_B = x_A + \Delta x_{AB} = x_A + D_{AB}\cos\alpha_{AB} \\ y_B = y_A + \Delta y_{AB} = y_A + D_{AB}\sin\alpha_{AB} \end{cases} \tag{4-26}$$

4.6.2　坐标反算

根据直线始点和终点的坐标，计算直线的水平距离和直线的坐标方位角，称为坐标反算。

如图 4-20 所示，A、B 两点的水平距离及坐标方位角 α_{AB} 可按下列公式计算：

$$D_{AB} = \sqrt{\Delta x_{AB}^2 + \Delta y_{AB}^2} = \sqrt{(x_B - x_A)^2 + (y_B - y_A)^2} \tag{4-27}$$

$$\alpha_{AB} = \arctan\left|\frac{y_B - y_A}{x_B - x_A}\right| \tag{4-28}$$

根据式(4-28)计算所得的角值有正、负值之分，应该注意的是坐标方位角的角值范围在 0°～360°之间，而反正切函数的角值范围在 −90°～+90°间，两者是不一致的。需要注意的是，按式(4-28)计算坐标方位角时，计算出的是象限角，因此，应根据坐标增量 Δx、Δy 的正、负号，按表 4-7 决定其所在象限，再把象限角换算成相应的坐标方位角。

【例 4-5】已知 A 点的坐标为(532.411,425.789),AB 边的边长为 112.340 m,AB 边的坐标方位角 $\alpha_{AB}=121°26'$,试求 B 点坐标。

【解】$x_B=x_A+D_{AB}\cos\alpha_{AB}=532.411+112.340\times\cos121°26'=473.825\ \text{m}$

$y_B=y_A+D_{AB}\sin\alpha_{AB}=425.789+112.340\times\sin121°26'=521.643\ \text{m}$

【例 4-6】已知 A、B 两点的坐标为 A(519.737,491.465),B(486.531,523.332),试计算 AB 的边长及 AB 边的坐标方位角。

【解】$$D_{AB}=\sqrt{(x_B-x_A)^2+(y_B-y_A)^2}$$

$$=\sqrt{(486.531-519.737)^2+(523.332-491.465)^2}$$

$$=46.023\ \text{m}$$

$$\alpha_{AB}=\arctan\left|\frac{y_B-y_A}{x_B-x_A}\right|$$

$$=\arctan\frac{523.332-491.465}{486.531-519.737}=136°10'43''$$

4.7 罗盘仪及其使用

罗盘仪是用来测定直线磁方位角的仪器。虽然其精度不高,但具有结构简单、使用方便等特点。在普通测量中,常用罗盘仪测定起始边的磁方位角,用以近似代替起始边的坐标方位角,作为独立测区的起算数据。

4.7.1 罗盘仪及其构造

罗盘仪的主要部件有磁针、刻度盘和瞄准设备,如图 4-21(a)所示。

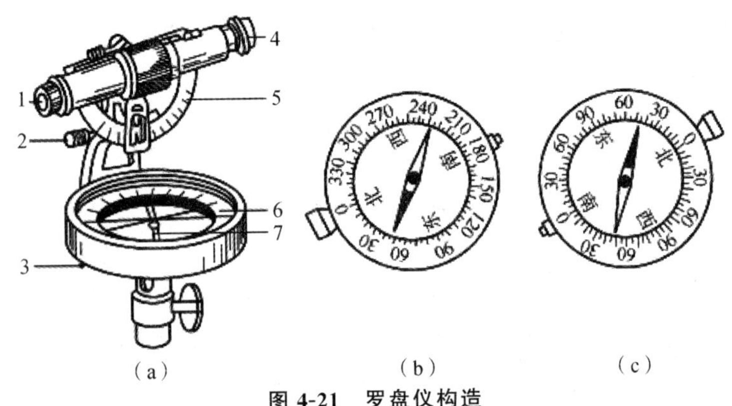

图 4-21 罗盘仪构造

1—目镜;2—竖直微动螺旋;3—顶针螺丝;4—物镜;5—竖直刻度盘;6—水平刻度盘;7—磁针

1. 磁针

磁针由人造磁铁制成,其中心装有镶着玛瑙的圆形球窝。刻度盘中心装有顶针,磁针球窝支在顶针上。为了减轻顶针尖不必要的磨损,在磁针下装有小杠杆,不用时拧紧下面的顶针螺丝，使磁针离开顶针。磁针静止时，一端指向地球的南磁极，一端指向北磁极。为了减小磁倾角的影响，在南端绕有铜丝。

2. 刻度盘

刻度盘为钢或铝制成的圆环，最小分划为1°或30′，每10°有一注记，按逆时针方向从0°注记到360°。望远镜物镜端与目镜端分别在0°与180°刻度线正上方，如图4-21(b)所示。罗盘仪在定向时，刻度盘与望远镜一起转动指向目标，当磁针静止时，刻度盘上由0°逆时针方向至磁针北端所指的读数即为所测直线的磁方位角。这种刻度盘是方位罗盘仪。图4-21(c)由北、南向东、西各0°～90°刻画，为象限罗盘仪。

3. 望远镜

望远镜由物镜、十字丝分划板和目镜组成，是一种小倍率的外对光望远镜。

此外，罗盘仪还附有水准器以及球臼装置，用以整平仪器。为了控制度盘和望远镜的转动，附有度盘制动螺旋以及望远镜制动螺旋和微动螺旋。一般罗盘仪都附有三脚架和垂球，用以安置仪器。

4.7.2 用罗盘仪测定直线磁方位角的方法

用罗盘仪测定某一直线的磁方位角的方法是：

(1)安置罗盘仪于直线的一端点上。

(2)对中。用垂球对中。

(3)整平。半松开球臼接头螺旋，摆动罗盘盒使两水准器气泡居中后，再旋紧球臼连接螺旋，使度盘处于水平位置。

(4)照准。将望远镜瞄准直线的另一端点，其步骤与水准仪的望远镜相同。

(5)松开磁针固定螺旋，使它自由转动，磁针静止时，读出磁针北端(不带铜圈的一端)所指的度盘读数。

4.7.3 使用罗盘仪的注意事项

使用罗盘仪时应注意以下几点：

(1)罗盘仪需置平，磁针能自由转动，必须待磁针静止时才能读数。

(2)使用罗盘仪时附近不能有任何铁器，应避开高压线、磁场等，否则磁针会发生偏转而影响测量结果。

(3)观测结束后，必须旋紧顶起螺钉，将磁针顶起，以免磁针磨损，并保护磁针的灵敏性。若磁针长时间摆动不能静止，则说明仪器使用太久，磁针的磁性不足，应进行充磁。

思考练习题

1. 名词解释：直线定线、直线定向、方位角、象限角、收敛角、磁偏角、坐标方位角。

2. 何谓钢尺的名义长度和实际长度？钢尺检定的目的是什么？

3. 在距离丈量之前，为什么要进行直线定线？如何进行定线？

4. 用钢尺丈量了 AB、CD 两段距离，AB 的往测值为 206.32 m，返测值为 206.17 m；CD 的往测值为 102.83 m，返测值为 102.74 m。问这两段距离丈量精度是否相同，为什么？

5. 某钢尺的尺长方程为 $l_t=30.0000+0.0070+1.2\times10^{-5}\times(t-20\ ℃)\times30$ m。用此钢尺在 10 ℃条件下丈量一段坡度均匀，长度为 170.380 m 的距离。丈量时的拉力与钢尺检定拉力相同，并测得该段距离两端点高差为 1.8 m。试求其水平距离。

6. 什么叫直线定向？为什么要进行直线定向？

7. 测量上作为定向依据的标准方向有哪几种？

8. 什么叫方位角？方位角有哪几种？它们之间的关系是什么？

9. 已知直线 AB 的坐标方位角为 235°45′，直线 BA 的坐标方位角是多少？

10. 如下图所示，已知 AB 边的坐标方位角为 108°12′30″，观测转折角 $\beta_1=110°54'45''$，$\beta_2=120°36'42''$，$\beta_3=106°24'36''$。试计算 DE 边的坐标方位角。

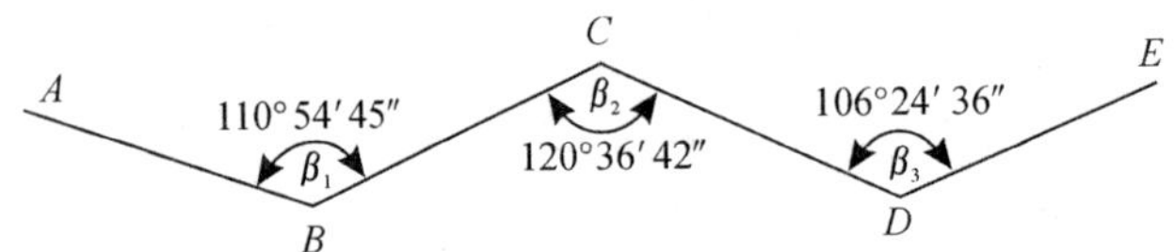

11. 已知 A 点的坐标为 A(621.35,556.86)，AB 边的边长 $D_{AB}=86.79$ m，AB 边的坐标方位角 $\alpha_{AB}=72°42'$，试求 B 点的坐标。

12. 已知 A 点的坐标为 A(383.28,589.57)，B 点的坐标为 B(352.14,554.58)，试求 AB 的边长 D_{AB} 及 AB 边的方位角 α_{AB}。

13. 如何使用罗盘仪测定直线的磁方位角？应注意哪些事项？

第 5 章　全站仪测量

【教学要求】

知识要点	能力要求	相关知识
全站仪	(1)熟悉全站仪的工作原理,掌握全站仪的组成、分类 (2)掌握南方 NTS-302R 全站仪的主要构造、部件及使用	(1)全站仪的基本构造 (2)全站仪的分类 (3)全站仪的组成 (4)NTS-302R 全站仪主要构造 (5)NTS-302R 全站仪部件及功能说明 (6)反射棱镜
全站仪的使用	(1)能够进行观测前的准备工作 (2)能够利用全站仪进行角度测量 (3)能够利用全站仪进行距离测量 (4)能够利用全站仪进行坐标测量 (5)能够利用全站仪进行对边测量 (6)能够利用全站仪进行悬高测量 (7)能够利用全站仪进行点放样 (8)能够利用全站仪进行距离放样 (9)能够利用全站仪进行面积计算 (10)能在全站仪使用过程中注意到各种因素对测量结果的影响	(1)全站仪的架设 (2)仪器的整平与对中 (3)相关参数设置 (4)仪器架设操作时应注意的事项 (5)角度测量 (6)距离测量 (7)坐标测量 (8)对边测量 (9)悬高测量 (10)点、距离放样 (11)面积计算 (12)全站仪使用中的注意事项

随着社会经济和科学技术不断发展,测绘技术水平也相应地得到了迅速提高,测绘作业手段也有了质的飞跃,测绘仪器设备由过去的光学经纬仪,逐渐地过渡到半站仪,接着又推出了全站仪,直至现在发展到了静(动)态 GPS。随着仪器设备的不断创新,测绘野外作业的劳动强度也逐渐减轻,工作效率也就不断得到提高。

5.1　全站仪简介

全站仪又称全站型电子速测仪,是一种可以同时进行角度测量和距离测量,由机械、光学、电子元件组合而成的测量仪器。全站仪具有较强的计算功能和较大容量的存储功能,可安装各种专业测量软件。在测量时,仪器可以自动完成平距、高差、坐标增量计算和其他专业需要的数据计算,并显示在显示屏上。也可配合电子记录手簿,实现自动记录、存储、输出测量成果，使测量工作大为简化，实现全野外数字化测量。

5.1.1 全站仪的工作原理

1. 全站仪的基本构造

全站仪基本构造如图 5-1 所示。全站仪主要由电子经纬仪、光电测距仪和内置微处理器组成。全站仪与光学经纬仪区别在于度盘读数及显示系统，电子经纬仪将光学度盘换为光电扫描度盘，将人工光学测微读数代之以自动记录和显示读数，使测角操作简单化，且可避免读数误差的产生。电子经纬仪具有自动记录、存储、计算及数据通信功能，进一步提高了测量作业的自动化程度。电子经纬仪的水平度盘和竖直度盘及其读数装置是分别采用两个相同的光栅度盘(或编码盘)和读数传感器进行角度测量的。根据测角精度可分为 0.5″、1″、2″、3″、5″、10″等几个等级。

在测量中，全站仪采用了光电扫描测角系统，其类型主要有编码盘测角系统、光栅盘测角系统及动态(光栅盘)测角系统三种。

全站仪在外观上除具有与电子经纬仪、光电测距仪相似的特征外，还具备各种通信接口，如 USB 接口或六针圆形孔 RS-232 接口或掌上电脑(personal digital assistant，PDA)接口等。全站仪在获得观测数据之后，可通过这些通信接口与电脑相连，在相应的专业软件支持下，实现数字化测量。

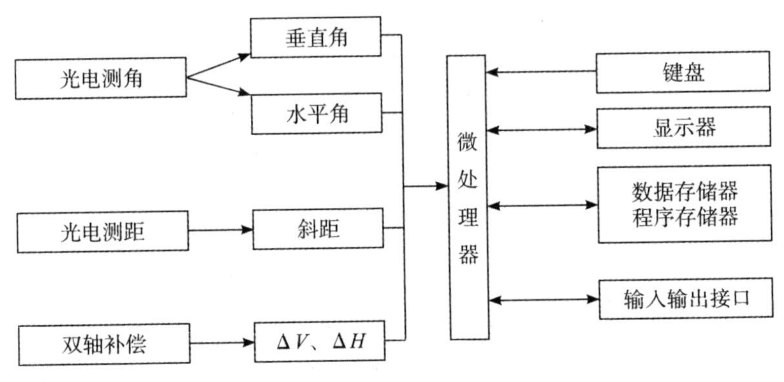

图 5-1 全站仪基本构造框图

2. 全站仪的分类

(1)按外观结构分类，全站仪可分为两类：组合型和整体式。

①组合型(modular，又称积木型)

早期的全站仪大都是积木型结构，即电子速测仪、电子经纬仪、电子记录器各是一个整体，可以分离使用，也可以通过电缆或接口把它们组合起来，形成完整的全站仪。

②整体式(integral)

随着电子测距仪进一步的轻巧化，现代的全站仪大都把测距、测角和记录单元在光学、机械等方面设计成一个不可分割的整体，其中测距仪的发射轴、接收轴和望远镜的视准轴为同轴结构。这对保证较大竖直角条件下的距离测量精度非常有利。

(2)按测量功能分类，全站仪可分成四类：

①经典型全站仪(classical total station)

经典型全站仪也称为常规全站仪，它具备全站仪电子测角、电子测距和数据自动记录等基本功能，有的还可以运行厂家或用户自主开发的机载测量程序。其经典代表为莱卡公司的 TC 系列全站仪。

②机动型全站仪(motorized total station)

在经典全站仪的基础上安装轴系步进电机，可自动驱动全站仪照准部和望远镜的旋转。在计算机的在线控制下，机动型系列全站仪可按计算机给定的方向值自动照准目标，并可实现自动正、倒镜测量。莱卡 TCM 系列全站仪就是典型的机动型全站仪。

③无合作目标性全站仪(reflectorless total station)

无合作目标型全站仪是指在无反射棱镜的条件下，可对一般目标直接测距的全站仪。因此，对不便安置反射棱镜的目标进行测量，无合作目标型全站仪具有明显优势。如莱卡 TCR 系列无合作目标全站仪距离测程可达 200 m，可广泛用于地籍测量、房产测量和施工测量等。

④智能型全站仪(robotic total station)

在机动化全站仪的基础上，仪器具有自动目标识别与照准的新功能，因此在自动化的进程中，全站仪进一步克服了需要人工照准目标的重大缺陷，实现了全站仪的智能化。在相关软件的控制下，智能型全站仪在无人干预的条件下可自动完成多个目标的识别、照准与测量，因此，智能型全站仪又称为“测量机器人”。典型的代表有莱卡的 TCA 型全站仪等。

(3)按测距仪测距分类，全站仪可以分为三类：

①短距离测距全站仪

测程小于 3 km，一般精度为±(5 mm+5 ppm)，主要用于普通测量和城市测量。

②中测程全站仪

测程为 3～15 km，一般精度为±(5 mm+2 ppm)、±(2 mm+2 ppm)，通常用于一般等级的控制测量。

③长测程全站仪

测程大于 15 km，一般精度为±(5 mm+1 ppm)，通常用于国家三角网及特级导线的测量。

3. 全站仪的组成

电子全站仪由电源部分、测角系统、测距系统、数据处理部分、通信接口及显示屏、键盘等组成。与电子经纬仪、光学经纬仪相比，全站仪增加了许多特殊部件，因而使得全站仪具有比其他测角、测距仪器更多的功能，使用也更方便。这些特殊部件形成了全站仪在结构方面独树一帜的特点。

(1)同轴望远镜

全站仪的望远镜实现了视准轴、测距光波的发射、接收光轴同轴化。同轴化的基本原理是：在望远物镜与调焦透镜间设置分光棱镜系统，通过该系统实现望远镜的多功能，即既可瞄准目标，使之成像于十字丝分划板，进行角度测量，同时其测距部分的外光路系统又能使测距部分的光敏二极管发射的调制红外光在经物镜射向反光棱镜后，经同一路径反射回来，再经分光棱镜作用使回光被光电二极管接收。为测距需要在仪器内部另设一内光路系统，通过分光棱镜系统中的光导纤维将由光敏二极管发射的调制红外光也传送给光电二极管接收,进而由内、外光路调制光的相位差间接计算光的传播时间,计算实测距离。同轴性使得望远镜一次瞄准即可实现水平角、竖直角和斜距等全部基本测量要素的同时测定功能。加之全站仪强大、便捷的数据处理功能,使全站仪使用极其方便。

(2)双轴自动补偿

双轴自动补偿的原理:在仪器的检验校正中已介绍了双轴自动补偿原理,作业时若全站仪纵轴倾斜,会引起角度观测的误差,盘左、盘右观测值取中不能使之抵消。而全站仪特有的双轴(或单轴)倾斜自动补偿系统可对纵轴的倾斜进行监测,并在度盘读数中对因纵轴倾斜造成的测角误差自动加以改正(某些全站仪纵轴最大倾斜可允许至±6′),也可通过将由竖轴倾斜引起的角度误差由微处理器自动按竖轴倾斜改正计算式计算,并加入度盘读数中加以改正,使度盘显示读数为正确值,即所谓纵轴倾斜自动补偿。

使用一水泡来标定绝对水平面,该水泡中间填充液体,两端是气体。在水泡的上部两侧各放置一发光二极管,而在水泡的下部两侧各放置一光电管,用以接收发光二极管透过水泡发出的光,然后通过运算电路比较两二极管获得的光的强度。当在初始位置,即绝对水平时,将运算值置零。当作业中全站仪器倾斜时,运算电路实时计算出光强的差值,从而换算成倾斜的位移,将此信息传达给控制系统,以决定自动补偿的值。自动补偿的方式除由微处理器计算后修正输出外,还有一种方式即通过步进马达驱动微型丝杆,将此轴方向上的偏移进行补正,从而使轴时刻保证绝对水平。

(3)键盘

键盘是全站仪在测量时输入操作指令或数据的硬件,全站型仪器的键盘和显示屏均为双面式,便于正、倒镜作业时操作。

(4)存储器

全站仪存储器的作用是将实时采集的测量数据存储起来,再根据需要传送到其他设备如计算机等中,供进一步的处理或利用。全站仪的存储器有内存储器和存储卡两种,内存储器相当于计算机的内存(random access memory,RAM);存储卡是一种外存储媒体,又称PC卡,作用相当于计算机的磁盘。

(5)通信接口

全站仪可以通过BS-232C通信接口和通信电缆将内存中存储的数据输入计算机,或将计算机中的数据和信息经通信电缆传输给全站仪,实现双向信息传输。

5.1.2 南方全站仪NTS-302R简介

全站仪的种类和型号众多,原理、构造和功能基本相似。以广州南方测绘仪器生产的NTS-302R型号全站仪为例,介绍全站仪的性能及使用。

NTS-302R全站仪的精度为2″级,角度最小显示为1″/5″,测距精度为±(5 mm+2 ppmD),距离最小显示为mm。仪器具备角度测量、距离测量、坐标测量、悬高测量、偏心测量、对边测量、距离放样、坐标放样、面积计算、免棱镜技术、激光发射等功能。具有自动化数据采集程序和内存程序模块,可以自动记录测量数据,方便地进行内存管理。中文界面,操作直观、简单。大显示屏的字体清晰、美观。

1. 主要构造

NTS-302R 全站仪主要构造如图 5-2 所示。

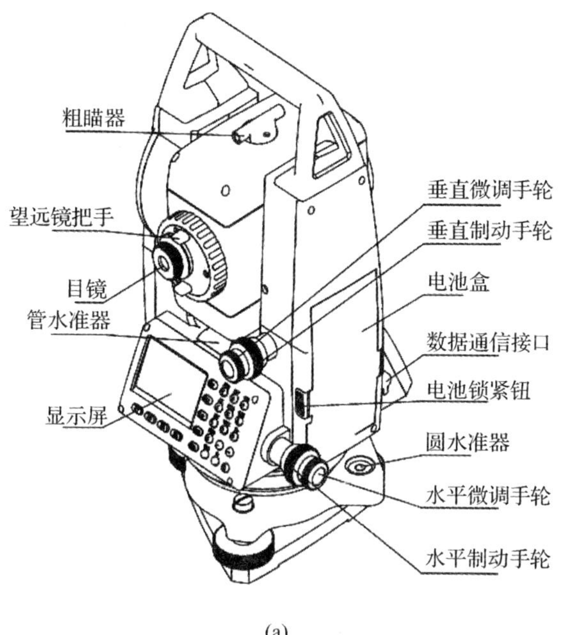

(a)

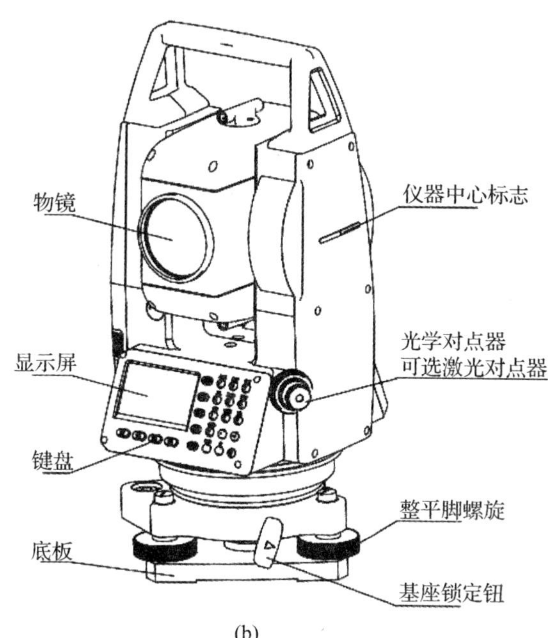

(b)

图 5-2　NTS-302R 全站仪的构造

2. NTS-302R 全站仪部件及功能说明

(1)显示屏和键盘(图 5-3)

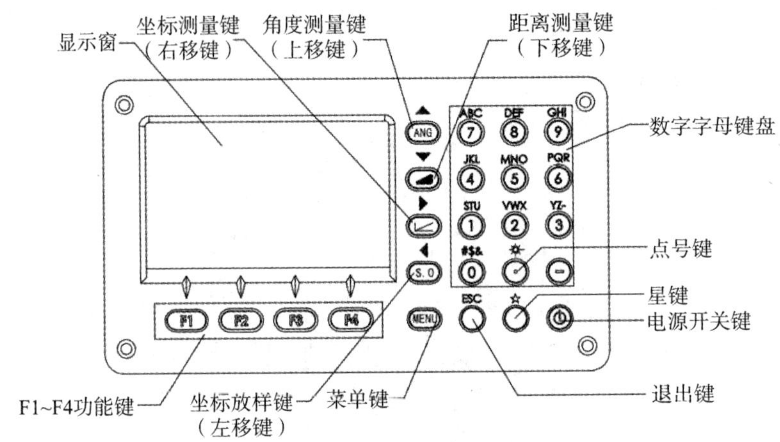

图 5-3　NTS-302R 全站仪的显示屏和键盘

(2)按键说明及功能

表 5-1　NTS-302R 全站仪按键说明及功能

按　键	名　称	功　能
ANG	角度测量键	进入角度测量模式(▲上移键)
◢	距离测量键	进入距离测量模式(▼下移键)
⊾	坐标测量键	进入坐标测量模式(▶右移键)
S. O	坐标放样键	进入坐标放样模式(◀左移键)
MENU	菜单键	进入菜单模式
ESC	退出键	返回上一级状态或返回测量模式
POWER	电源开关键	电源开关
F1～F4	软键(功能键)	对应于显示的软键信息
0～9	数字字母键盘	输入数字、字母、小数点和负号
☆	星键	进入星键模式或直接开启背景光
.	点号键	开启或关闭激光指向功能

(3)屏幕显示符号及含义

表 5-2　NTS-302R 全站仪显示符号及含义

显示符号	内　容
V%	竖直角(坡度显示)
HR	水平角(右角)
HL	水平角(左角)
HD	水平距离
VD	高差
SD	斜距
N	北向坐标
E	东向坐标
Z	高程
*	EDM(电子测距)正在进行
m	以米为单位
PSM	棱镜常数(以 mm 为单位)
PPM	大气改正值
	NTS-300R 系列全站仪合作目标为棱镜
	NTS-300R 系列全站仪合作目标为反射板
	NTS-300R 系列全站仪无合作目标

(4)功能键(软键)

软键共有四个,即 F1、F2、F3、F4 键,每个软键的功能见相应测量模式下的相应显示信息,在各种测量模式下分别有不同的功能。

标准测量模式有三种,即角度测量模式、距离测量模式和坐标测量模式。各测量模式又有若干页,可以用 F4 键翻页。具体操作及模式说明如下:

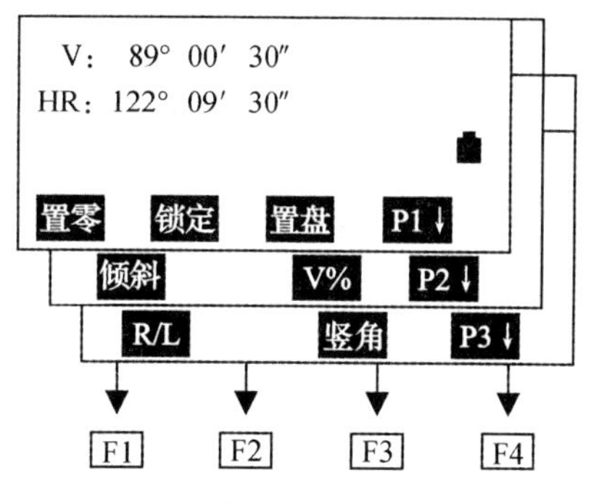

图 5-4　角度测量模式界面

表 5-3　角度测量模式说明

页数	软键	显示符号	功　能
第 1 页（P1）	F1	置零	水平角置为 0°00′00″
	F2	锁定	水平角读数锁定
	F3	置盘	通过键盘输入数字设置水平角
	F4	P1↓	显示第 2 页软键功能
第 2 页（P2）	F1	倾斜	设置倾斜改正开或关，若选择开，则显示倾斜改正值
	F2	复测	角度重复测量模式
	F3	V%	竖直角百分比坡宽（%）显示
	F4	P2↓	显示第 3 页软键功能
第 3 页（P3）	F1	H-蜂鸣	仪器每转动水平角 90°是否要发出蜂鸣声的设置
	F2	R/L	水平角右/左计数方向的转换
	F3	竖盘	竖直角显示格式（高度角/天顶距）的切换
	F4	P3↓	显示下一页（第 1 页）软键功能

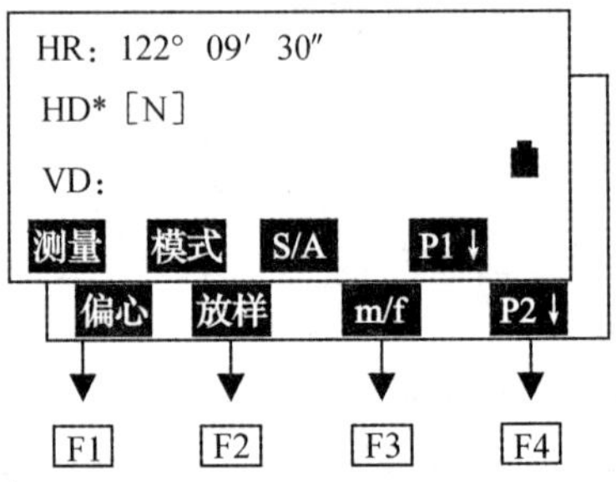

图 5-5　距离测量模式界面

表 5-4　距离测量模式说明

页数	软键	显示符号	功　能
第 1 页（P1）	F1	测量	启动测量
	F2	模式	设置测距模式为单次精测/连续精测/连续跟踪
	F3	S/A	温度、气压、棱镜常数等设置
	F4	P1↓	显示第 2 页软键功能
第 2 页（P2）	F1	偏心	偏心测量模式
	F2	放样	距离放样模式
	F3	m/f	单位米与英尺转换
	F4	P2↓	显示第 1 页软键功能

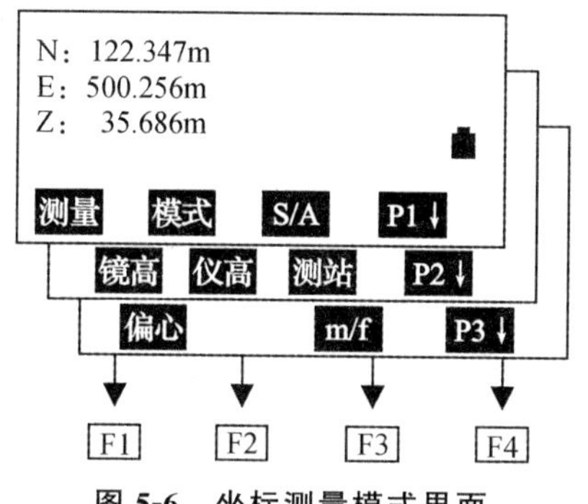

图 5-6　坐标测量模式界面

表 5-5　坐标测量模式说明

页数	软键	显示符号	功　能
第 1 页（P1）	F1	测量	启动测量
	F2	模式	设置测距模式为单次精测/连续精测/连续跟踪
	F3	S/A	温度、气压、棱镜常数等设置
	F4	P1↓	显示第 2 页软键功能
第 2 页（P2）	F1	镜高	设置棱镜高度
	F2	仪高	设置仪器高度
	F3	测站	设置测站坐标
	F4	P2↓	显示第 3 页软键功能
第 3 页（P3）	F1	偏心	偏心测量模式
	F2		
	F3	m/f	单位米与英尺转换
	F4	P3↓	显示第 1 页软键功能

（5）星键模式

按下星键后出现界面如图 5-7 所示：

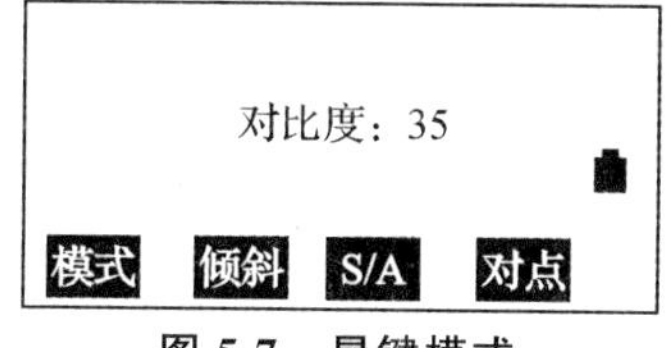

图 5-7　星键模式

合作目标
F1：［棱镜］
F2：反射片
F3：无合作

图 5-8　合作目标选择

①模式：通过按 F1（模式）键，显示图 5-8 界面。

有三种测量模式可选：按 F1 选择合作目标是棱镜，按 F2 选择合作目标是反射片，按 F3 选择无合作目标。选择一种模式后按 ESC 键即回到上一界面。

②倾斜：通过按 F2（倾斜）键，按 F1 或 F3 选择开关倾斜改正，然后按 F4 确认。

③S/A：通过按 F3（S/A）键，可以进入棱镜常数和温度、气压设置界面。

④对点：激光对点功能，通过按 F4(对点)键，按 F1 或 F3 选择开关激光对点器。

⑤对比度调节：通过按上下键，可以调节液晶显示对比度。

再次按下星键可以直接开启背景光。

(6)点键模式

在非数字、字母输入界面下按点号键，打开激光指向功能，再按一下，关闭激光指向功能。

3. 反射棱镜

与全站仪配套使用的主要测量器材就是反射棱镜。棱镜的作用就是将全站仪发射的电磁波反射回全站仪，由全站仪的接收装置接收，全站仪的计时器可记录出电磁波从发射到接收的时间差，从而可求得全站仪与棱镜之间的距离。棱镜分单棱镜、三棱镜、九棱镜等几种形式，常用的主要是单棱镜和三棱镜两种，如图 5-9 所示。单棱镜主要用于测短距离，三棱镜主要用于测长距离。

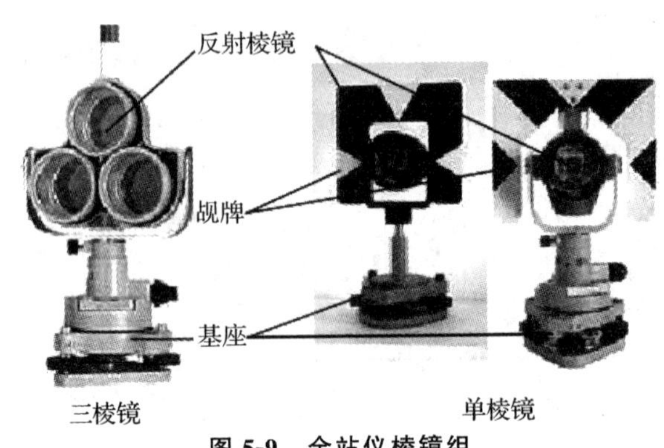

图 5-9　全站仪棱镜组

其他功能型全站仪还有很多，如防爆型全站仪、防水型全站仪、安装陀螺仪的全站仪，及能与 GPS 通信的超站仪等，我们这里不一一介绍，读者可查阅相关文献和仪器说明书。

5.2　全站仪的使用

全站仪是一个由测距仪、电子经纬仪、电子补偿器、微处理器组成的整体。测量功能可分为基本测量功能和程序功能。基本测量功能包括电子测距、电子测角(水平角、竖直角)，程序测量功能包括水平距离和高差的切换显示、三维坐标测量、对边测量、放样测量、偏心测量、后方交会测量、面积计算等。要特别注意的是，只要开机，电子测角系统即开始工作并实时显示观测数据。

5.2.1　观测前的准备工作

1. 全站仪的架设

在给定的测站点上架设仪器(从箱中取仪器时，应注意仪器的装箱位置，以便用后装箱)。在测站点上撑开脚架,高度应适中,架头应大致水平;然后把全站仪安放到脚架的架头上。安放仪器时,一手扶住仪器,一手旋转位于架头底部的连接螺旋,使连接螺旋穿入全站仪基座压板螺孔,并旋紧螺旋。进行观测之前,应将电池充足电。电池装入时,将电池放入仪器盖板的电池槽中,用力推电池,使其卡入仪器中。

2. 仪器的整平与对中

(1)安置三脚架

首先将三脚架打开,伸到适当高度,拧紧三个固定螺旋。

(2)将仪器安置到三脚架上

将仪器小心地安置到三脚架上,松开中心连接螺旋,在架头上轻移仪器,将仪器中心大致对准测站点标志中心,然后轻轻拧紧连接螺旋。

(3)利用光学对中器对中

①通过旋转光学对中器的目镜调焦螺旋,使分划板对中圈清晰;通过推、拉光学对中器的镜管进行对光,使对中圈和地面测站点标志都清晰显示。②移动脚架,使地面测站点标志位于对中圈附近,调节脚螺旋,严格对中。

(4)利用圆水准器粗平仪器

逐一松开脚架架腿制动螺旋并利用伸缩架腿,使圆水准气泡居中,大致整平仪器。

(5)利用长水准器精平仪器

①松开水平制动螺旋,转动仪器使管水准器平行于某一对脚螺旋A、B的连线。同时,相对(或相反)旋转A、B两只脚螺旋(气泡移动的方向与左手大拇指行进方向一致),使水准管气泡居中。②将仪器绕竖轴旋转90°,再旋转另一个脚螺旋C,使管水准器气泡居中。③再次旋转90°,重复①②,直至照准部转到任何方向,气泡在水准管内的偏移都不超过刻划线的一格为止。

(6)最后精平仪器

检查对中器中地面测站点是否偏离分划板对中圈。若发生偏离,则松开底座下的连接螺旋,在架头上轻轻平移仪器,使地面测站点回到对中器分划板刻划对中圈内。按第(5)步精确整平仪器,直到仪器旋转到任何位置时,管水准气泡始终居中为止。

(7)瞄准目标

取下望远镜的镜盖,将望远镜对准明亮背景处,转动望远镜的目镜调焦螺旋,使十字丝最清晰;然后用望远镜上的照门和准星瞄准远处一线状目标(如远处的避雷针、天线等),旋紧望远镜和照准部的制动螺旋,转动对光螺旋(物镜调焦螺旋),使目标影像清晰;再转动望远镜和照准部的微动螺旋,使目标(影像较小时)被十字丝的纵向单丝平分,或目标(影像较大时)被纵向双丝夹在中央。瞄准目标前注意消除视差。

3. 打开电源准备观测

仪器经整平后,打开电源开关(POWER键),出现竖直角过零时,仪器在盘左位置稍微摇摆下测距头。确认显示窗中有足够的电池电量,当显示“电池电量不足”时,应及时更换电池并对电池进行充电。

4. 相关参数设置

如大气改正、温度和棱镜常数的设置,大气折光和地球曲率改正,以及最小读数、自动关机、竖直角倾斜改正等。

5. 仪器架设操作的注意事项

(1)不得将仪器物镜对准太阳,以防损坏仪器中的电子元件。全站仪发射光是激光,使用时也不能对准眼睛。

(2)装卸电池时,必须先关闭电源。

(3)仪器和反射棱镜应有专人负责,仪器安装至三脚架上或从三脚架上拆卸时,要一手先抓住仪器提手,以防仪器跌落。

(4)旋转仪器、旋钮及按键操作时,动作要轻,用力不宜过大、过猛。

(5)用望远镜瞄准反射棱镜时,应尽量避免视场内存在其他反射面如交通信号灯、猫眼反射器、玻璃镜等。

(6)观测时,应尽量避免日光持续曝晒或靠近热源,以免降低仪器效率。

(7)搬站时,即使距离很近,也要关闭电源,取下仪器装箱搬运,同时应注意防震。

(8)用电缆连接全站仪和电子手簿时,要小心、稳妥地操作,不可折断插头的插针。

5.2.2 角度测量

1. 水平角右角和竖直角的测量

确认处于角度测量模式,测角操作步骤见表 5-6。

(1)在角度测量模下,瞄准起始目标 A,按 F1(置零)使水平度盘读数置零,并按 F3(确认)键,竖盘显示 A 点的竖直角。

(2)照准右侧目标 B,显示水平度盘读数,即为所测的水平角∠*AOB*。竖盘显示 *B* 点的竖直角读数。

表 5-6 角度观测操作流程

操作过程	操作	显示
①照准第一个目标 A	照准 A	V: 82°09′30″ HR: 90°09′30″ 置零 锁定 置盘 P1↓
②设置目标 A 的水平角为 0°00′00″,按 F1(置零)键和 F3(确认)键	F1	水平角置零 >OK? --- [是] [否]
	F3	V: 82°09′30″ HR: 0°00′00″ 置零 锁定 置盘 P1↓
③照准第二个目标 B,显示目标 B 的 V/HR(或 V/HL)	照准目标 B	V: 92°09′30″ HR: 67°09′30″ 置零 锁定 置盘 P1↓

2. 水平角的设置

(1)通过锁定角度值进行设置

确认处于角度测量模式,操作流程见表5-7。

表5-7 通过锁定角度值设置水平角操作流程

操作过程	操作	显示
①将水平微动螺旋转到所需的水平角	显示角度	V: 122°09′30″ HR: 90°09′30″ 置零 锁定 置盘 P1↓
②按[F2](锁定)键	[F2]	水平角锁定 HR: 90°09′30″ >设置 ? --- --- [是] [否]
③照准目标	照准	
④按[F3](是)键完成水平角设置,若要返回上一个模式,可按[F4](否)键,显示窗变为正常的角度测量模式	[F3]	V: 122°09′30″ HR: 90°09′30″ 置零 锁定 置盘 P1↓

(2)通过键盘输入进行设置。确认处于角度测量模式,操作流程见表5-8。

表5-8 通过键盘输入法设置水平角操作流程

操作过程	操作	显示
①照准目标	照准	V: 122°09′30″ HR: 90°09′30″ 置零 锁定 置盘 P1↓
②按[F3](置盘)键	[F3]	水平角设置 HR: 输入 --- --- [回车]
③通过键盘输入所要求的水平角,如150°10′20″	[F1] 150.1020 [F4]	V: 122°09′30″ HR: 150°10′20″ 置零 锁定 置盘 P1↓

5.2.3 距离测量

距离测量前,应先依据测量时的气压、温度对仪器的大气改正、温度及棱镜参数进行修正,而后用星键模式选择距离测量的合作模式(详见5.1.2),最后选择距离测量模式,即仪器测距模式(有单次精测、连续精测和连续跟踪三种)。在距离测量模式(图5-5)下,选择F2(模式)键,出现图5-10界面,根据需要选择合适的测距模式。

测距模式设置
F1: 单次精测
F2: [连续精测]
F3: 连续跟踪

图 5-10 测距模式

1. 连续测量

确认处于测距模式,连续测量流程见表5-9。

表 5-9 距离连续测量流程

操作过程	操作	显示
①照准棱镜中心	照准	V: 90°10′20″ HR: 170°30′20″ H-蜂鸣 R/L 竖角 P3↓
②按◢键,距离测量开始	◢	HR: 170°30′20″ HD＊[r] << m VD: m 测量 模式 S/A P1↓ HR: 170°30′20″ HD＊ 235.343 m VD: 36.551 m 测量 模式 S/A P1↓
③显示测量的距离,再次按◢键(或按ANG键),显示变为水平角(HR)、竖直角(V)和斜距(SD)	◢	V: 90°10′20″ HR: 170°30′20″ SD＊ 241.551 m 测量 模式 S/A P1↓

注:(1)距离的单位表示为"m"(米)或"ft""fi"(英尺),并随着蜂鸣声在每次距离数据更新时出现;
(2)如果测量结果受到大气抖动的影响,仪器可以自动重复测量工作。

2. *N* 次测量/单次测量

当输入测量次数后,仪器就按设置的次数进行测量,并显示出距离平均值。当输入测量次数为1,因为是单次测量,仪器不显示距离平均值。

5.2.4 坐标测量

坐标测量是根据一已知点的坐标和该坐标系中另一点的方位角或坐标,从而测出该坐标系中其他任意点坐标的过程。故应先设置测站点,然后输入后视点,最后测得待测点。

1. 设置测站点

测站点的设置可利用内存中的坐标数据来设定或直接由键盘输入。

(1)利用内存中的坐标数据来设定(表 5-10)

表 5-10　利用内存中的坐标数据来设置测站点的操作步骤

操作过程	操作	显示
①由数据采集菜单 1/2,按 F1 (输入测站点)键,即显示原有数据	F1	点号　　-> PT-01 标识符: 仪高:　0.000　m 输入　查找　记录　测站
②按 F4 (测站)键	F4	测站点 点号:　PT-01 输入　调用　坐标　回车
③按 F1 (输入)键	F1	测站点 点号:　PT-01 回退　空格　数字　回车
④输入点号,按 F4 (回车)键	输入点号: PT-01 F4	点号　-> PT-01 标识符: 仪高:　0.000 m 输入　查找　记录　测站
⑤输入标识符、仪高	输入标识符 没有可跳过 输入仪高: 1.235	点号　　-> PT-01 标识符: 仪高:　1.235 m 输入　查找　记录　测站
⑥按 F3 (记录)键	F3	点号　　-> PT-01 标识符: 仪高->　1.235 m 输入　查找　记录　测站 >记录?　　[是]　[否]
⑦按 F3 (是)键,显示屏返回数据采集菜单 1/3	F3	数据采集　　1/2 F1:输入测站点 F2:输入后视点 F3:测量　　P↓

注:(1)在数据采集中存入的数据有点号、标识符和仪高;

(2)如果在内存中找不到给定的点,则在显示屏上就会显示“该点不存在”。

2. 设置后视点

通过输入点号设置后视点，将后视定向角数据寄存在仪器中。步骤如表5-11。

表5-11 设置后视点操作步骤

操作过程	操作	显示
①由数据采集菜单1/2 按[F2](后视)，即显示原有数据	[F2]	后视点 -> 编码： 镜高： 0.000 m 输入 置零 测量 后视
②按[F4](后视)键	[F4]	后视 点号-> 输入 调用 NE/AZ [回车]
③按[F1](输入)键	[F1]	后视 点号： 回退 空格 数字 回车
④输入点号，按[F4](ENT)键 按同样方法，输入点编码、反射镜高	输入PT-22 [F4]	后视点 -> PT-02 编码： 镜高： 0.000 m 输入 置零 测量 后视
⑤按[F3](测量)键	[F3]	后视点 -> PT-02 编码： 镜高： 0.000 m 角度 *斜距 坐标 ---
⑥照准后视点：选择一种测量模式并按相应的软键 如[F2](斜距)键 进行斜距测量，根据定向角计算结果设置水平度盘读，数测量结果被寄存，显示屏返回数据采集菜单1/2	照准 [F2]	V： 90°00′00″ HR： 0°00′00″ SD * <<< m >测量… 数据采集 1/2 F1：输入测站点 F2：输入后视点 F3：测量 P↓

注：(1)每次按[F3]键，输入方法就在坐标值、设置角和坐标点之间交替交换；

(2)如果在内存中找不到给定的点，则在显示屏上就会显示“该点不存在”。

3. 碎部测量

即进行待测点测量，并存储数据。流程如表5-12。

表 5-12　碎部测量流程

操作过程	操作	显示
①由数据采集菜单 1/2, 按 F3（测量）键，进入待测点测量	F3	数据采集　　1/2 F1：测站点输入 F2：输入后视 F3：测量　　P↓ 点号->　 编码： 镜高：　0.000　m 输入　查找　测量　同前
②按 F1（输入）键，输入点号后，按 F4 确认	F1 输入点号： PT-01 F4	点号　　PT-01 编码： 镜高：　0.000　m 回退　空格　数字　回车 点号　　PT-01 编码　->　 镜高：　0.000　m 输入　查找　测量　同前
③按同样方法输入编码、棱镜高	F1 输入编码： SOUTH F4	点号：　PT-01 编码->　SOUTH 镜高：　1.200 m 输入　查找　测量　同前 角度　*斜距　坐标　偏心
④按 F3（测量）键	F3	
⑤照准目标点	照准	
⑥按 F1 ～ F3 中的一个键 例：F2（斜距）键 开始测量 数据被存储，显示屏变换到下一个镜点	F2	V：　90°00′00″ HR：　0°00′00″ SD＊ [n]　　<<< m >测量… 〈完成〉

续表

操作过程	操作	显示
⑦输入下一个镜点数据并照准该点		点号-> PT-02 编码： SOUTH 镜高： 1.200 m 输入 查找 测量 同前
⑧按[F4](同前)键，按照上一个镜点的测量方式进行测量，测量数据被存储 按同样方式继续测量 按[ESC]键即可结束数据采集模式	照准 [F4]	V： 90°00′00″ HR： 0°00′00″ SD＊ [n] <<< m >测量… <完成> 点号-> PT-03 编码： SOUTH 镜高： 1.200 m 输入 查找 测量 同前

注：(1)点编码可以通过输入编码库中的登记号来输入，为了显示编码库文件内容，可按[F2](查找)键；

(2)符号“＊”表示先前的测量模式。

5.2.5 对边测量

对边测量模式有两个功能。一个功能是测得初始观测点 A 与其余各观测点 B、C、D……之间的距离，即测量 AB、AC、AD……，如图 5-10 所示；另一个功能则是测得各相邻观测点之间的距离，即测量 AB、BC、CD……，见图 5-10。测量时必须设置仪器的方向角。

例如，MLM-1，即测量 AB、AC。MLM-2(测 AB、BC)模式的测量过程与 MLM-1 模式完全相同。

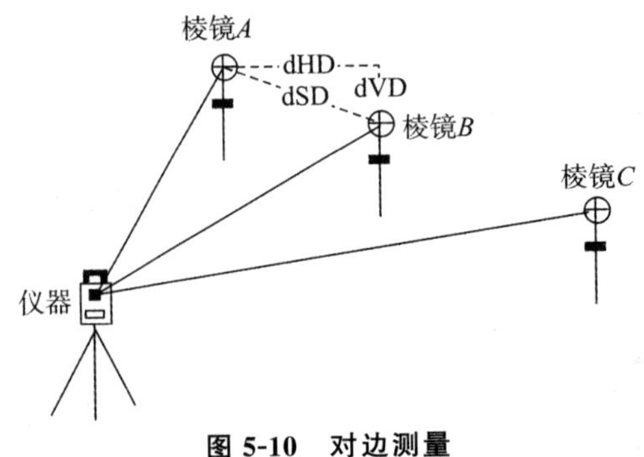

图 5-10 对边测量

表 5-13　对边测量流程

操作过程	操作	显示
①按[MENU]键，再按[F4]（P↓），进入第 2 页菜单	[MENU] [F4]	菜单　2/3 F1：程序 F2：格网因子 F3：照明　P1↓
②按[F1]键，进入程序	[F1]	菜单　1/2 F1：悬高测量 F2：对边测量 F3：Z 坐标　P1↓
③按[F2]（对边测量）键	[F2]	对边测量 F1：使用文件 F2：不使用文件
④按[F1]或[F2]键，选择是否使用坐标文件 （如 F2：不使用坐标文件）	[F2]	格网因子 F1：使用格网因子 F2：不使用格网因子
⑤按[F1]或[F2]键，选择是否使用坐标格网因子	[F2]	对边测量 F1：MLM-1（A-B，A-C） F2：MLM-2（A-B，B-C）
⑥按[F1]键 （如测 *AB*、*BC* 则按[F2]）	[F1]	MLM-1（A-B，A-C） 〈第一步〉 HD：　m 测量　镜高　坐标　设置
⑦照准棱镜 A，按[F1]（测量）键显示仪器至棱镜 A 之间的平距（HD）	照准 A [F1]	MLM-1（A-B，A-C） 〈第一步〉 HD＊[n]　<<　m 测量　镜高　坐标　设置 MLM-1（A-B，A-C） 〈第一步〉 HD＊　287.882 m 测量　镜高　坐标　设置
⑧测量完毕，棱镜的位置被确定	[F4]	MLM-1（A-B，A-C） 〈第二步〉 HD：　m 测量　镜高　坐标　设置

续表

操作过程	操作	显示
⑨照准棱镜 B，按 F1 (测量)键显示仪器到棱镜 B 的平距(HD)	照准 B	MLM-1(A-B,A-C) 〈第二步〉 HD＊ << m 测量 镜高 坐标 设置
	F1	MLM-1(A-B,A-C) 〈第二步〉 HD＊ 223.846 m 测量 镜高 坐标 设置
⑩测量完毕，显示棱镜 A 与 B 之间的平距(dHD)和高差(dVD)	F4	MLM-1(A-B,A-C) dHD: 21.416 m dVD: 1.256 m --- --- 平距 ---
⑪按 ◢ 键，可显示斜距(dSD)	◢	MLM-1(A-B,A-C) dSD: 263.376 m HR: 10°09′30″ --- --- 平距 ---
⑫测量 A、C 之间的距离，按 F3 (平距)	F3	MLM-1(A-B,A-C) 〈第二步〉 HD: m 测量 镜高 坐标 设置
⑬照准棱镜 C，按 F1 (测量)键显示仪器到棱镜 C 的平距(HD)	照准棱镜 C F1	MLM-1(A-B,A-C) 〈第二步〉 HD: << m 测量 镜高 坐标 设置
⑭测量完毕，显示棱镜 A 与 C 之间的平距(dHD)、高差(dVD)	F4	MLM-1(A-B,A-C) dHD: 3.846 m dVD: 12.256 m --- --- 平距 ---
⑮测量 A、D 之间的距离，重复操作步骤⑫～⑭		

注：按 ESC 键，可返回上一个模式。

5.2.6　悬高测量

为了得到不能放置棱镜的目标点高度，只需将棱镜架设于目标点所在铅垂线上的任一点，然后进行悬高测量。悬高测量示意见图 5-11。

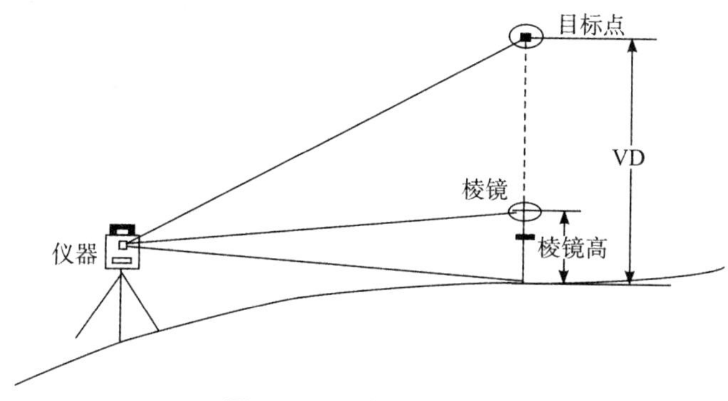

图 5-11　悬高测量示意图

1. 有棱镜高(*h*)输入的情形

如 $h=1.3$ m，流程如表 5-14 所示。

表 5-14　有输入棱镜高的悬高测量流程

操作过程	操作	显示
①按 MENU 键，再按 F4 (P↓)键，进入第 2 页菜单	MENU F4	菜单　　2/3 F1:程序 F2:格网因子 F3:照明　　P1↓
②按 F1 键，进入程序	F1	程序　　1/2 F1:悬高测量 F2:对边测量 F3:Z 坐标
③按 F1 (悬高测量)键	F1	悬高测量 F1:输入镜高 F2:无需镜高
④按 F1 键	F1	悬高测量-1 〈第一步〉 镜高：　0.000 m 输入 --- --- 回车

续表

操作过程	操作	显示
⑤输入棱镜高 *1	F1 输入棱镜高 1.3 F4	悬高测量-1 〈第二步〉 HD： m 测量 --- --- 设置
⑥照准棱镜	照准 P	悬高测量-1 〈第二步〉 HD* << m 测量
⑦按 F1 (测量)键 测量开始显示仪器至棱镜之间的水平距离(HD)	F1	悬高测量-1 〈第二步〉 HD* 123.342 m 测量 设置
⑧测量完毕，棱镜的位置被确定	F4	悬高测量-1 VD： 3.435 m --- 镜高 平距 ---
⑨照准目标点 显示垂直距离(VD)	照准目标点	悬高测量-1 VD： 24.287 m --- 镜高 平距 ---

注：(1)按 F3 (.HD)键，返回步骤⑤；按 F2 (V)键，返回步骤⑧。

(2)按 ESC 键，返回程序菜单。

2. 没有棱镜高输入的情形

流程如表 5-15 所示。

表 5-15 无棱镜高的悬高测量流程

①按 MENU 键，再按 F4，进入第 2 页菜单	MENU F4	菜单 2/3 F1：程序 F2：格网因子 F3：照明 P1↓
②按 F1 键，进入特殊测量程序	F1	菜单： F1：悬高测量 F2：对边测量 F3：Z 坐标
③按 F1 键，进入悬高测量	F1	悬高测量 1/2 F1：输入镜高 F2：无需镜高

续表

操作过程	操作	显示
④按[F2]键，选择无棱镜模式	[F2]	悬高测量-2 〈第一步〉 HD： m 测量 --- --- 设置
⑤照准棱镜	照准 P	悬高测量-2 〈第一步〉 HD * << m 测量 --- --- 设置
⑥按[F1]（测量）键测量开始显示仪器至棱镜之间的水平距离	[F1]	悬高测量-2 〈第一步〉 HD * 287.567 m 测量 --- --- ---
⑦测量完毕，棱镜的位置被确定	[F4]	悬高测量-2 〈第二步〉 V： 80°09′30″ --- --- --- 设置
⑧照准地面点 *G*	照准 G	悬高测量-2 〈第二步〉 V： 122°09′30″ --- --- --- 设置
⑨按[F4]（设置）键，*G* 点的位置即被确定	[F4]	悬高测量-1 VD： 0.000 m --- 竖直角 平距 ---
⑩照准目标 K，显示高差（VD）	照准 K	悬高测量-1 VD： 10.224 m --- 镜高 平距 ---

5.2.7 点放样

全站仪点的放样：首先进入放样菜单，依次输入测站点参数、后视点参数，最后输入要放样的各点参数，即可放出所需各点。

1. 设置测站点

可直接输入测站点坐标。点放样时测站点的设置流程如表 5-16 所示。

表 5-16 点放样时测站点的设置流程

操作过程	操作	显示
①由放样菜单 1/2 按 F1（测站点号输入）键，即显示原有数据	F1	测站点 点号：________ 输入 调用 坐标 回车
②按 F3（坐标）键	F3	N： 0.000 m E： 0.000 m Z： 0.000 m 输入 --- 点号 回车
③按 F1（输入）键，输入坐标值 N、E、Z，按 F4（ENT）键	F1 输入坐标：N、E、Z F4	N： 10.000 m E： 25.000 m Z： 63.000 m 输入 --- 点号 回车
④按同样方法输入仪器高，显示屏返回放样菜单 1/2	F1 输入仪高 F4	仪器高 输入 仪高： 0.000 m 输入 --- --- 回车
⑤返回放样菜单	F1 输入 F4	放样 1/2 F1：输入测站点 F2：输入后视点 F3：输入放样点 P↓

2. 设置后视点

可直接输入后视点坐标。点放样时后视的设置流程如表 5-17 所示。

表 5-17 点放样时后视的设置流程

操作过程	操作	显示
①由放样菜单 1/2 按 F2（后视）键，即显示原有数据	F2	后视 点号 =： 输入 调用 NE/AZ 回车
②按 F3（NE/AZ）键	F3	N -> 0.000 m E： 0.000 m 输入 --- 点号 回车
③按 F1（输入）键，输入后视点坐标值 N、E、Z，按 F4（回车）键	F1 输入坐标 F4	后视 H(B)=120°30′20″ >照准？ [是] [否]

续表

操作过程	操作	显示
④照准后视点，按[F3]（是）键，显示屏返回放样菜单 1/2	照准后视点 [F3]	放样　1/2 F1：输入测站点 F2：输入后视点 F3：输入放样点　P↓

3. 实施放样

实施放样有两种方法可供选择，即通过点号调用内存中的坐标值和直接键入坐标值。以调用内存中的坐标值为例，放样程序如表 5-18 所示。

表 5-18　放样点的操作流程

操作过程	操作	显示
①由放样菜单 1/2 按[F3]（放样）键	[F3]	放样　1/2 F1：输入测站点 F2：输入后视点 F3：输入放样点　P↓ 放样 点号： 输入　调用　坐标　回车
②按[F1]（输入）键，输入点号，按[F4]（ENT）键	[F1] 输入点号 [F4]	镜高 输入 镜高：　0.000 m 输入　---　---　回车
③按同样方法输入反射镜高，当放样点设定后，仪器就进行放样元素的计算 HR：放样点的水平角计算值 HD：仪器到放样点的水平距离计算值	[F1] 输入镜高 [F4]	计算 HR：　122°09′30″ HD：　245.777 m 角度　距离　---　---
④照准棱镜，按[F1]（角度）键 点号：放样点 HR：实际测量的水平角 dHR：对准放样点仪器应转动的水平角＝实际水平角－计算的水平角 当 dHR＝0°00′00″时，即表明放样方向正确	照准 [F1]	点号：　LP-100 HR：　2°09′30″ dHR：　22°39′30″ 距离　---　坐标　---

续表

操作过程	操作	显示
⑤按[F1](距离)键 HD:实测的水平距离 dHD:对准放样点尚差的水平距离=实测平距−计算平距 (dHD为正,表示棱镜应向仪器方向靠近的距离;为负则表示远离棱镜的距离)	[F1]	HD*[r] < m dHD: m dZ: m 模式 角度 坐标 继续 HD* 245.777 m dHD: −3.223 m dZ: −0.067 m 模式 角度 坐标 继续
⑥按[F1](模式)键进行精测 当显示值dHR、dHD和dZ均为0时,则放样点的测设已经完成	[F1]	HD*[r] < m dHD: m dZ: m 模式 角度 坐标 继续 HD* 244.789 m dHD: −3.213 m dZ: −0.047 m 模式 角度 坐标 继续
⑦按[F3](坐标)键,即显示坐标值	[F3]	N: 12.322 m E: 34.286 m Z: 1.5772 m 模式 角度 --- 继续
⑧按[F4](继续)键,进入下一个放样点的测设	[F4]	放样 点号: 输入 调用 坐标 回车

注:若文件中不存在所需的坐标数据,则无需输入点号。

5.2.8 距离放样

该功能可显示出测量的距离与输入的放样距离之差。放样时可选择平距(HD)、高差(VD)和斜距(SD)中的任意一种放样模式。

测量显示值=测量距离−放样距离

表 5-19 距离放样的操作流程

操作过程	操作	显示
①在距离测量模式下按[F4]（↓）键，进入第 2 页功能	[F4]	HR： 170°30′20″ HD： 566.346 m VD： 89.678 m 测量 模式 S/A P1↓ 偏心 放样 m/f/i P2↓
②按[F2]（放样）键，显示出上次设置的数据	[F2]	放样 HD： 0.000 m 平距 高差 斜距 ---
③通过按[F1]～[F3]键选择测量模式 F1：平距；F2：高差；F3：斜距 如水平距离	[F1]	放样 HD： 0.000 m 输入 --- --- 回车
④输入放样距离 350 m	[F1] 输入 350 [F4]	放样 HD： 350.000 m 输入 --- --- 回车
⑤照准目标（棱镜）测量开始，显示出测量距离与放样距离之差	照准 P	HR： 120°30′20″ dHD＊[r] << m VD： m 输入 --- --- 回车
⑥移动目标棱镜，直至距离差等于 0 m为止		HR： 120°30′20″ dHD＊[r] 25.688 m VD： 2.876 m 测量 模式 S/A P1↓

注：若要返回到正常的距离测量模式，可设置放样距离为 0 m 或关闭电源。

5.2.9 面积计算

该模式用于计算闭合图形的面积，面积计算有两种方法：用坐标数据文件计算面积和用测量数据计算面积。

注意：

（1）如果图形边界线相互交叉，则面积不能正确计算；

（2）混用坐标文件数据和测量数据来计算面积是不可能的；

（3）面积计算所用的点数是没有限制的；

（4）所计算的面积不能超过 200000 平方米或 2000000 平方英尺。

1. 用坐标数据文件计算面积

用坐标数据文件计算面积的操作流程如表 5-20 所示。

表 5-20　用坐标数据文件计算面积的操作流程

操作过程	操作	显示
①按[MENU]键，再按[F4]（P↓）显示主菜单 2/3	[MENU] [F4]	菜单　2/3 F1：程序 F2：格网因子 F3：照明　P1↓
②按[F1]键，进入程序	[F1]	程序　1/2 F1：悬高测量 F2：对边测量 F3：Z 坐标　P1↓
③按[F4]（P1↓）键	[F4]	程序　2/2 F1：面积 F2：点到线测量 P1↓
④按[F1]（面积）键	[F1]	面积 F1：文件数据 F2：测量
⑤按[F1]（文件数据）键	[F1]	选择文件 FN： 输入　调用　---　回车
⑥按[F1]（输入）键，输入文件名后，按[F4]确认，显示初始面积计算屏	[F1] 输入：文件名 [F4]	面积　0000 m.sq 下点：DATA-01 点号　调用　单位　下点
⑦按[F4]键（下点）文件中第 1 个点号数据（DATA-01）被设置，第 2 个点号即被显示	[F4]	面积　0000 m.sq 下点：DATA-02 点号　调用　单位　下点
⑧重复按[F4]（下点）键，设置所需要的点号，当设置 3 个点以上时，这些点所包围的面积就被计算，结果显示在屏幕上	[F4]	面积　0000 156.144 m.sq 下点：DATA-12 点号　调用　单位　下点

注：按[F1]（点号）键，可设置所需的点号；按[F2]（调用）键，可显示坐标文件中的数据表。

2. 用测量数据计算面积

用测量数据计算面积的操作流程如表 5-21 所示。

表 5-21　用测量数据计算面积的操作流程

操作过程	操作	显示
①按[MENU]键，再按[F4]（P↓）显示主菜单 2/3	[MENU] [F4]	菜单　2/3 F1：程序 F2：格网因子 F3：照明　P1↓
②按[F1]键，进入程序	[F1]	程序　1/2 F1：悬高测量 F2：对边测量 F3：Z 坐标　P1↓
③按[F4]（P1↓）键	[F4]	程序　2/2 F1：面积 F2：点到线测量 P1↓
④按[F1]（面积）键	[F1]	面积 F1：文件数据 F2：测量
⑤按[F2]（测量）键	[F2]	面积 F1：使用格网因子 F2：不使用格网因子
⑥按[F1]或（[F2]）键，选择是否使用坐标格网因子，如选择[F2]不使用格网因子	[F2]	面积　0000 m.sq 测量　---　单位　---
⑦照准棱镜，按[F1]（测量）键，进行测量	照准 P [F1]	N＊[n]　<< m E：　m Z：　m >测量…
⑧照准下一个点，按[F1]（测量）键，测 3 个点以后显示出面积	照准 [F1]	面积　0003 11.144 m.sq 测量　---　单位　---

5.2.10 全站仪使用注意事项

(1)全站仪尽管厂家、型号繁多,其功能大同小异,但原始观测数据只有倾斜距离(斜距)、水平方向值、天顶距;电子补偿器检测的是仪器垂直倾斜在 X 轴(视准轴方向)和 Y 轴(水平轴方向)上的分量,并通过程序计算自动改正。全站仪的观测数据为水平角、竖直角、倾斜距离,其他测量方式实际上都是由这三个原始观测数据通过内置程序计算并显示出来的。需特别注意的是,所有观测数据和计算数据都只是半个测回的数据,因此在等级测量中不能用内存功能,记录水平角、天顶距、倾斜距离这三个原始数据是十分必要的。

(2)全站仪由于采用的是电子度盘,每一度盘的位置可以设置为不同的角度值。如仪器照准某一后视方向设置为 0°,顺时针转动 30°,显示角度为 30°;再次照准同一个后视方向,设置为 30°,再顺时针转动 30°,则显示角度为 60°,而电子度盘的位置实际上并未改变。所以使用时应注意,只要仪器在不同的测站点对中、整平后,对应电子度盘的位置已经固定;即使后视角度设置不同,角度值并不固定在对应度盘上某个位置,测量时无需进行度盘配置。

(3)光学经纬仪采用正、倒镜的观测方法可以削除仪器的视准轴误差、水平轴倾斜误差、度盘指标差。全站仪虽然具有自动补偿改正功能,视准轴误差和度盘指标差也可通过仪器检验后的参数预置自动改正。但在不同的观测条件下,预置参数可能会发生变化导致改正数出现错误,另外仪器自动改正后的残余误差也会给观测结果带来影响。所以,在等级测量中仍需要正、倒镜观测,同样需要做记录、检核。

(4)全站仪右角观测时(因水平度盘刻度顺时针编号)仪器的水平度盘在望远镜顺时针转动时水平角度增加,逆时针转动时水平角度减小;左角观测则正好相反。电子度盘的刻度可根据需要设置左、右角观测(一般为右角)。这一点非常重要,在水平电子度盘设置时应特别注意,否则观测的水平角度会出现错误,如水平角实际为 30°则显示为 330°。特别是在平面坐标测量和施工放样测量中设置后视方位时,如果设置为左角就会出现测定点和测设点后视方位左右对称错位,如设置后视方位为 0°,顺时针转角 90°时,方位应为 90°,而仪器显示的坐标是按方位 270°计算的。

(5)全站仪显示的度盘读数中已经对仪器的三轴误差影响进行了自动改正,因此在放样时需要特别注意。在使用距离和角度放样测量、坐标放样测量时,注意输入测站点坐标、后视点坐标后再对测站点坐标进行一次确认,并测量后视点坐标,与已知后视点坐标进行检核。

(6)仪器误差对测角精度的影响主要是由于仪器三轴之间关系的不正确造成的。在使用全站仪补偿器的补偿功能时应注意如下几点:

①当照准部水平方向制动螺旋制动,垂直方向转动望远镜时,水平度盘的显示读数会不断变化,这正是全站仪自动补偿改正的结果。

②单轴补偿只能对垂直度盘读数进行改正,没有改正水平度盘读数的功能。当照准部水平方向固定,上下转动望远镜时水平角度读数不变化。

③双轴补偿只能改正由于垂直轴倾斜误差对垂直度盘和水平度盘读数的影响。当照准

部水平方向固定，上下转动望远镜时水平角度读数也不会变化。

④三轴补偿的全站仪是在双轴补偿的基础上，用机内计算软件来改正因横轴误差和视准轴误差对水平度盘读数的影响。即使当照准部水平方向固定，只要上下转动望远镜，水平度的显示读数仍会有较大的变化，而且与竖直角的大小、正负有关。

(7)全站仪的电子整平，当 X、Y 方向的倾斜均为零，从理论上讲，当照准部水平方向固定，上下转动望远镜时，水平度盘读数就不会发生变化；但有些仪器在进行上述操作后水平度盘读数仍会发生变化，这是因为全站仪补偿器有零点误差的检验和校正。电子气泡的居中必须以长水准气泡的检验校正为准，检验时先水准气泡然后电子气泡。

(8)全站仪的坐标显示有两种设置方式：N、E、Z 和 E、N、Z。测量常用的坐标表示为 X、Y、H(与 N、E、Z 相同)。如果设置错误就会造成测量结果错误。

(9)全站仪的存储器分为内部和外部两种。内部存储器是全站仪整体的一个部分，而电子记录簿、存储卡、便携机则是配套的外围设备。目前全站仪大多采用内部存储器对所采集的数据进行存储。使用数据存储虽然省去了记录的麻烦，避免了记录错误，但存储器不能进行各项限差的检核，因此等级测量中不应使用存储器记录，仍需人工记录、检核。

(10)目前全站仪的电池大多是可充电的锂离子电池，使用中应注意以下几点：

①电池一定要在仪器对中整平前装好，以免因振动影响仪器的对中整平；关机后再取出，以免数据丢失。

②电源应在对中整平后打开，搬动仪器前关闭，因为全站仪的自动补偿在倾斜状态下耗电量特别大。

③距离测量的耗电量远远大于角度测量，测量过程中尽量减少测距次数。特别在程序测量功能下，显示测量数据后应立即停止，否则测距一直在进行。

④电池容量不足时应及时停止测量工作。长期不用应每月充电一次。

⑤仪器长期不用应至少 3 个月通电检查一次，防止电子元器件受潮。

以上问题，只要通过认真、仔细观察仪器的工作状态和数据显示内容，完全可以及时发现，避免错误发生。所以只有掌握全站仪的工作原理，熟悉操作步骤，明确测量功能，合理设置仪器参数，正确选择测量模式，才能真正充分发挥全站仪在测量工作中的优势。

思考练习题

1. 全站仪的主要特点有哪些？
2. 简述全站仪外业数据采集过程。
3. 简述 NTS-302R 全站仪角度测量的过程。
4. 简述 NTS-302R 全站仪距离测量的过程。
5. 简述后方交会法测量步骤。
6. 简述全站仪三维坐标测量的观测步骤。
7. 试述全站仪安置的过程。

8. 简述放样测量步骤。

9. 如图A、B为控制点。$X_A=321.11$ m，$Y_A=279.23$ m，$X_B=251.34$ m，$Y_B=351.89$ m。待测点P的设计坐标为$X_P=358.09$ m，$Y_P=307.57$ m。试计算仪器架设在A点时用极坐标法测设P点放样数据D_{AP}和β。

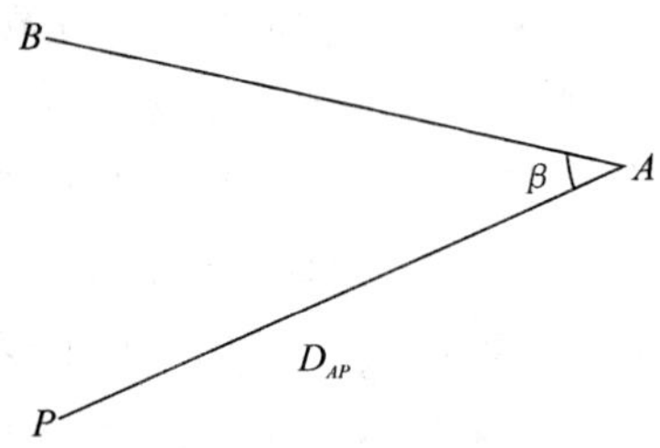

第 6 章　GPS 测量

【教学要求】

知识准备	能力要求	相关知识点
GPS 简介	(1)掌握 GPS 的组成 (2)掌握 GPS 定位的基本原理 (3)能分辨 GPS 测量的误差来源，掌握减小误差的方法	(1)GPS 卫星星座(空间部分) (2)地面监控系统(地面控制部分) (3)GPS 信号接收机 (4)GPS 静态相对定位原理 (5)GPS 定位方法 (6)与卫星相关的误差 (7)与传播路径相关的误差 (8)与接收设备相关的误差
GPS 静态定位在测量中的应用	(1)熟悉 GPS 控制网的特点 (2)能完成 GPS 基线向量网布设的工作步骤	(1)GPS 控制网的特点 (2)布设 GPS 基线向量网的测前工作 (3)测中工作 (4)测后工作
GPS 测量设计与实施	(1)能进行 GPS 坐标各系统之间的换算 (2)明确 GPS 测量的级别划分和测量精度要求 (3)熟悉 GPS 测量主要技术指标 (4)熟悉 GPS 网布网的各种形式 (5)能进行 GPS 同步图形扩展的布网 (6)能完成 GPS 测量实施及数据处理	(1)WGS-84 坐标系统 (2)1954 年北京坐标系 (3)1980 年西安大地坐标系 (4)等级划分及测量精度 (5)跟踪站式、会战式、多基准站式、同步图形扩展式、单基准站式 (6)点连式、边连式、网连式、混连式 (7)选点建立标志 (8)外业实施 (9)数据处理
GPS-RTK 测量	(1)掌握 RTK 工作原理 (2)能利用 GPS-RTK 完成点的测量和调用	(1)RTK 工作原理 (2)仪器设置 (3)RTK 点测量操作流程 (4)架设基站 (5)设置连接移动站 (6)新建工程 (7)求参校正 (8)点测量 (9)文件导出 (10)手簿与电脑的连接 (11)坐标管理库 (12)网络设置

6.1 GPS 简介

6.1.1 概述

GPS(Global Positioning System，全球定位系统)是美国 1973 年开始研制的全球性卫星定位和导航系统。

GPS 能独立、迅速和精确地确定地面点的位置，与常规控制测量技术相比，有许多优点：①不要求测站间的通视，因而可以按需要来布点，并可以不用建造测站标志。这一优点即可大大减少测量工作时间和经费，同时又使点位的选择更为灵活。②定位精度高。应用实践已经证明，GPS 相对定位精度在 50 km 以内可达 10^{-6}，100～500 km 可达 10^{-7}，1000 km 可达 10^{-9}。③观测时间短，随着 GPS 的不断完善，软件的不断更新，目前，20 km 以内相对静态定位仅需 15～20 min；快速静态相对定位测量时，当每个流动站与基准站相距在 15 km 以内时，流动站观测时间只需 1～2 min，可随时定位，每站观测只需几秒钟。④由于接收仪器的高度自动化，内外业紧密结合，软件系统的日益完善，可以迅速提交测量成果。⑤控制网的几何图形已不是决定精度的重要因素，点与点之间的距离长短可以自由布设。

6.1.2 GPS 的组成

GPS 定位技术是利用高空中的 GPS 卫星，向地面发射 L 波段的载频无线电测距信号，由地面上用户接收机实时地连续接收，并计算出接收机天线所在的位置。因此，GPS 主要由空间卫星部分(GPS 卫星星座)、地面监控部分(地面控制系统)和用户设备部分(GPS 信号接收机)组成，如图 6-1 所示。这三部分有各自独立的功能和作用，对于整个 GPS 来说，它们都是不可缺少的。

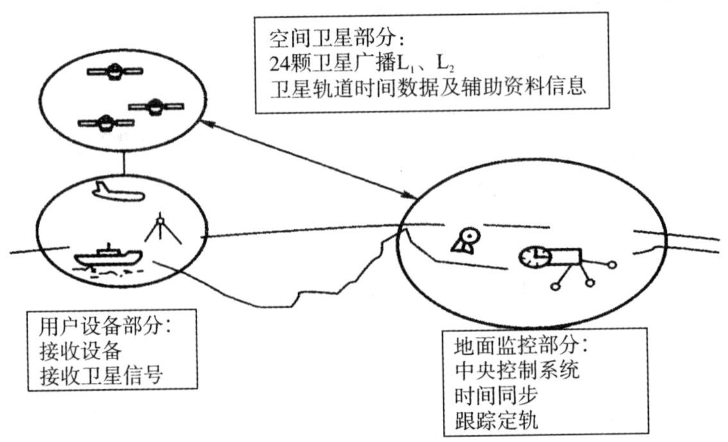

图 6-1 GPS 的组成

1. GPS 卫星星座(空间部分)

GPS 的空间部分由 GPS 卫星组成,称为卫星星座,见图 6-2。GPS 空间卫星星座由 21 颗工作卫星和 3 颗在轨备用卫星组成。24 颗卫星均匀分布在 6 个轨道平面内,轨道平面的倾角为 55°,卫星的平均高度为 20200 km,运行周期为 11 h 58 min。

卫星用 L 波段的两个无线电载波向广大用户连续不断地发送导航定位信号,导航定位信号中含有卫星的位置信息,使卫星成为一个动态的已知点。在地球的任何地点、任何时刻,在高度角 15°以上,平均可同时观测到 6 颗卫星,最多可达到 9 颗。GPS 卫星产生两组电码,一组称为 C/A 码(Coarse/Acquisition Code,11023 MHz),另一组称为 P 码(Procise Code,10123 MHz)。

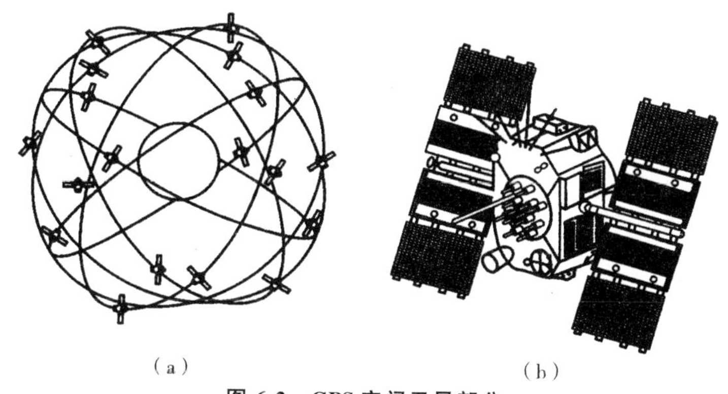

图 6-2　GPS 空间卫星部分

2. 地面监控系统(地面控制部分)

GPS 的地面监控部分由分布在全球的地面站组成,其中包括 5 个卫星监测站、1 个主控站和 3 个注入站,图 6-3 是 GPS 地面监控站分布示意图。

图 6-3　GPS 地面控制部分

(1)监测站:是主控站直接控制下的数据自动采集中心。站内设有双频 GPS 接收机、高精度原子钟、1 台计算机和若干台环境数据传感器。观测资料由计算机进行初步处理、存储并传输到主控站,以确定卫星轨道。

(2)主控站:除协调和管理地面监控系统外,还有以下任务:①根据本站和其他监测站的观测资料，推算编制各卫星的星历、卫星钟差和大气修正参数，并将数据传送到注入站。②提供GPS的时间基准。各监测站和GPS卫星的原子钟均应与主控站的原子钟同步，测出其间的钟差，将钟差信息编入导航电文，送入注入站。③调整偏离轨道的卫星，使之沿预定轨道运行。④启用备用卫星代替失效工作卫星。

(3)注入站：主要设备为1台直径3.6 m的天线、1台c波段发射机和1台计算机。主要任务是在主控站的控制下，将主控站推算和编制的卫星星历、钟差、导航电文和其他控制指令等注入相应卫星的存储系统，并监测注入信息的正确性。

整个GPS的地面监控部分，除主控站外均无人值守，各站间用现代化通信网络联系，在原子钟和计算机的驱动和控制下，实现高度的自动化、标准化。GPS地面控制部分的作用主要有以下几点：

①负责监控GPS的工作；

②监测卫星是否正常工作，是否沿预定的轨道运行；

③跟踪计算卫星的轨道参数并发送给卫星，由卫星通过导航电文发送给用户；

④保持各颗卫星的时间同步；

⑤必要时对卫星进行调度。

3. GPS信号接收机(用户设备部分)

GPS信号接收机是一种能够接收、跟踪、变换和测量GPS卫星信号的接收设备。其主要功能是能够捕获到按一定卫星截止角所选择的待测卫星，并跟踪这些卫星的运行。当接收机捕获到跟踪的卫星信号后，就可测量出接收天线至卫星的伪距离和距离的变化率，解调出卫星轨道参数等数据。根据这些数据，接收机中的微处理计算机就可按定位解算方法进行定位计算，计算出用户所在地理位置的经纬度、高度、速度、时间等信息。

接收机硬件和机内软件以及GPS数据的后处理软件包构成完整的GPS用户设备。GPS接收机的结构分为天线单元和接收单元两部分。接收机一般采用机内和机外两种直流电源。设置机内电源的目的在于更换外电源时不中断连续观测。在用机外电源时机内电池自动充电。关机后，机内电池为RAM存储器供电，以防止数据丢失。目前各种类型的接收机体积越来越小，重量越来越轻，便于野外观测使用。目前已有100多个厂家生产不同型号的接收机，不管哪种接收机，其主要结构都相似，都包括接收机天线、接收机主机和电源三个部分。

6.1.3 GPS定位的基本原理

利用GPS进行定位的基本原理，是以GPS卫星和用户接收机天线之间距离(或距离差)的观测量为基础的，并根据已知的卫星瞬时坐标来确定用户接收机天线所对应的点位，即观测站的位置。

1. GPS定位方法简介

GPS定位的方法主要有以下三种分类：

(1)根据使用的观测值分为伪距测量和载波相位测量

伪距定位：即采用伪距观测值直接测距，定位精度较低。

载波相位定位：即采用载波相位观测值，虽然将观测值转化成距离有一定难度，但定位精度高。

(2)根据测站的运动状态分为静态定位和动态定位

静态定位是在定位过程中，接收机的位置是固定的，处于静止状态(这种静止状态是相对的)。

动态定位是在定位过程中，接收机天线处于运动状态，其广泛应用于动态目标的监测和导航中。

(3)根据观测方式分为绝对定位和相对定位

绝对定位(单点定位)：一台接收机独立确定待定点在坐标系中的绝对位置。通常是指在协议地球坐标系中，直接确定观测站相对于坐标系原点(地球质心)绝对坐标的一种定位方法。

相对定位：两台(或多台)接收机同步观测 GPS 卫星，确定它们之间的相对位置的方法。

2. GPS 静态相对定位原理

GPS 静态定位的基本原理是空间距离的后方交会。在定位过程中，接收机的位置是固定的，处于静止状态，这种定位方式称为静态定位，根据参考点的位置不同，静态定位又包括绝对定位和相对定位两种方式。

静态绝对定位是指在接收机处于静止状态下，用于确定观测站绝对坐标的方法。这时，由于可以连续测定卫星至观测站的伪距，所以可获得充分的观测量，相应地可以提高定位的精度。单点定位没有测站的同步数据可以比较，大气折光、卫星钟差等误差项就无法通过同步观测的线性组合加以消除或减小，只能依靠相应的模型来修正。因此，静态绝对定位目前只能达到厘米级精度。

静态相对定位就是用两台接收机分别安置在基线的两个端点，其位置静止不动，同步观测相同的 4 颗以上卫星，确定两个端点在协议地球坐标系中的相对位置，又称为差分测量。静态相对定位一般均采用载波相位观测值(或测相伪距)为基本观测量，对中等长度的基线(100～500 km)，相对定位精度可达 10^{-7}～10^{-6} 甚至更好。静态相对定位是目前 GPS 精度最高的定位方式。

6.1.4　GPS 测量的误差来源

GPS 卫星在距离地面约 20200 km 的高空，向地面上的广大用户发送测距信号和导航电文等信息。GPS 定位的观测量不可避免地会受到多种误差源影响。按照误差的来源，可主要分为三种情况：与 GPS 卫星相关的误差、与信号传播路径相关的误差、与接收设备相关的误差。以下将对各种误差做简要的分析。

1. 与卫星相关的误差

与卫星相关的误差主要包括卫星星历误差和卫星钟误差。

(1)卫星星历误差(卫星轨道偏差)

它是指广播星历或其他轨道信息给出的卫星理论位置与实际位置之间的差值。由于卫星在运动中受多种摄动力的复杂影响，而通过地面监测站又难以可靠地测定这些作用力并掌握其作用规律，因此，卫星轨道误差的估计和处理一般较困难。目前，通过导航电文所得的卫星轨道信息,相应的位置误差为20～40 m。随着摄动力模型和定轨技术的不断完善,卫星的位置精度将可提高到5～10 m。卫星轨道误差是当前GPS定位的重要误差来源之一。

卫星轨道误差对绝对定位的影响可达几十米到100米。而在相对定位中,由于相邻测站星历误差具有很强的相关性,因此对相对定位的影响远远低于对绝对定位的影响。不过,随着基线距离的增加,卫星轨道误差引起的基线误差将不断加大。随着基线长度的增加,卫星轨道误差将成为影响定位精度的主要因素。

在GPS定位中,根据不同要求,处理轨道误差的方法原则上有三种:

①忽略轨道误差:广泛用于实时单点定位。

②采用轨道改进法处理观测数据:卫星轨道的偏差主要由各种摄动力综合作用而产生,摄动力对卫星6个轨道参数的影响不相同,而且在对卫星轨道摄动力进行修正时,所采用的各摄动力模型精度也不一样。因此,在用轨道改进法进行数据处理时,根据引入轨道偏差改正数的不同,分为短弧法和半短弧法。

③同步观测值求差:由于同一卫星的位置误差对不同观测站同步观测量的影响具有系统性,利用两个或多个观测站对同一卫星的同步观测值求差,可减弱轨道误差影响。当基线较短时,有效性尤其明显,且对精密相对定位也有极其重要的意义。

(2)卫星钟误差

卫星钟与卫星位置是时间的函数,所以GPS的观测量均以精密测时为前提。虽然GPS卫星均配有高精度的原子钟,但它与理想的GPS时仍会有偏差或漂移,这是难以避免的,由此引起的等效距离误差在0.5 m左右。

卫星钟的偏差一般可通过对卫星运行状态的连续监测精确地确定。经钟差模型改正后,各卫星钟之间的同步差保持在20 ns以内,引起的等效距离偏差不超过6 m。卫星钟经过改正的残差,在相对定位中,可通过观测量求差(差分)方法消除。

2. 与传播路径相关的误差

GPS信号传播的误差主要是大气折射误差和多路径效应,而大气折射影响又分为电离层折射影响和对流层折射影响。

(1)电离层折射影响

主要取决于信号频率和传播路径上的电子总量。通常采取的措施有:①利用双频观测。电离层影响是信号频率的函数,利用不同频率电磁波信号进行观测,可确定其影响大小,并对观测量加以修正。其有效性不低于95%。②利用电离层模型加以修正。对单频接收机,一般采用由导航电文提供或其他适宜电离层模型对观测量进行改正。目前模型改正的有效性约为75%。③利用同步观测值求差。当观测站间的距离较近(小于20 km)时,卫星信号到达不同观测站的路径相近,通过同步求差,残差不超过10^{-6}。

(2)对流层折射影响

对流层折射对观测量的影响可分为干分量和湿分量两部分。干分量主要与大气温度和压力有关,而湿分量主要与信号传播路径上的大气湿度和高度有关。目前湿分量的影响尚无法准确确定。对流层影响的处理方法主要有:①定位精度要求不高时,忽略不计。②采用对流层模型加以改正。③引入描述对流层的附加待估参数,在数据处理中求解。④对观测量求差。

(3)多路径效应

多路径效应也称多路径误差,即接收机天线除直接接收到卫星发射的信号外,还可能接收到经天线周围地物一次或多次反射的卫星信号。两种信号叠加,将引起测量参考点位置变化,使观测量产生误差。在一般反射环境下,对测码伪距的影响达米级,对测相伪距影响达厘米级。在高反射环境中,影响显著增大。消除或减弱多路径误差的措施有:①安置接收机天线的环境应避开较强发射面,如水面、平坦光滑的地面和建筑表面。②选择造型适宜且屏蔽良好的天线如扼流圈天线。③适当延长观测时间,削弱周期性影响。④改善接收机的电路设计。

3. 与接收设备相关的误差

其中主要包括观测误差、接收机钟差、天线相位中心位置误差和载波相位观测的整周不确定性影响。

(1)观测误差

除分辨误差外,还包括接收天线相对测站点的安置误差。分辨误差一般认为约为信号波长的 1%。安置误差主要有天线的置平与对中误差和量取天线相位中心高度(天线高)误差。

(2)接收机钟差

GPS 接收机一般设有高精度的石英钟。如果接收机钟与卫星钟之间的同步差为 1 μs,则引起的等效距离误差为 300 m。处理接收机钟差的方法有:①作为未知数,在数据处理中求解。②利用观测值求差方法,减弱接收机钟差影响。③定位精度要求较高时,可采用外接频标,如铷、铯原子钟,提高接收机时间标准精度。

(3)天线相位中心位置偏差

GPS 定位中,观测值都是以接收机天线的相位中心位置为准,在理论上,天线相位中心与仪器的几何中心应保持一致。实际上,它随信号输入的强度和方向不同而有所变化,同时与天线的质量有关,可达数毫米至数厘米。

(4)载波相位观测的整周不确定性

即无法直接确定载波相位相应起始历元在传播路径上变化的整周数,同时存在因卫星信号被阻挡和受到干扰而产生信号跟踪中断和整周跳变。

4. 其他误差

在 GPS 定位中,除上述三种误差外,还有其他的一些误差来源,如地球自转和地球潮汐,对 GPS 定位也会产生一定的影响。除此之外,卫星钟和接收机钟振荡器的随机误差、大气折射模型和卫星轨道摄动模型误差、地球潮汐以及信号传播的相对论效应等都会对观测量产生影响。由于这些误差来源量级较小,规律性又不强,在此就不再进行一一介绍了。

6.2　GPS 静态定位在测量中的应用

目前,GPS 静态定位在测量中被广泛地用于大地测量、工程测量、地籍测量、物探测量及各种类型的变形监测等,在以上这些应用中,其主要还是用于建立各种级别、不同用途的控制网。

6.2.1 GPS控制网的特点

GPS静态定位在测量中主要用于测定各种用途的控制点。其中，较为常见的是利用GPS建立各种类型和等级的控制网，在这些方面，GPS技术已基本上取代了常规的测量方法，成为主要手段。较之于常规方法，GPS在布设控制网方面具有以下一些特点：

①测量精度高。GPS观测的精度要明显高于常规测量手段，GPS基线向量的相对精度一般在10^{-9}～10^{-5}之间，这是常规测量方法很难达到的。

②选点灵活，不需要造标，费用低。GPS测量不要求测站间相互通视，不需要建造觇标，作业成本低，大大降低了布网费用。

③全天候作业。在任何时间、任何气候条件下，均可以进行GPS观测，大大方便了测量作业，有利于按时、高效地完成控制网的布设。

④观测时间短。采用GPS布设一般等级的控制网时，在每个测站上的观测时间一般为1～2 h，采用快速静态定位的方法时，观测时间更短。

⑤观测、处理自动化。采用GPS布设控制网，观测工程和数据处理过程均是高度自动化的。

6.2.2 布设GPS基线网的工作步骤

布设GPS基线向量网主要分测前、测中和测后三个阶段进行。

1. 测前工作

(1)测量项目的提出

对于一项GPS测量工程项目，一般有如下一些要求：测量前明确测区位置及其范围；明确测量用途和精度等级；确定控制点位分布及点的数量，判断是否有对点位分布有特殊要求的区域。同时对测量提交成果所包括的内容、测量工作时限要求、投资经费等内容应清晰明确。

(2)技术设计

负责GPS测量的单位在获得测量任务后，需要根据项目要求和相关技术规范进行测量工程的技术设计。

(3)测绘资料的搜集与整理

在开始进行外业测量之前，需要收集整理的资料主要包括测区及周边地区可利用的已知点的相关资料(点之记、坐标等)和测区的地形图等。

(4)仪器的检验

对将用于测量的各种仪器，包括GPS接收机及相关设备、气象仪器等进行检验，以确保它们能够正常工作。

(5)踏勘、选点埋石

在完成技术设计和测绘资料的搜集与整理后，需要根据技术设计的要求对测区进行踏勘，并进行选点埋石工作。

2. 测量实施

(1)实地了解测区情况

当负责GPS测量作业的队伍到达测区后，需要先对测区的情况做详细的了解。主要需要了解的内容包括点位情况(点的位置、上点的难度等)，测区内经济发展状况、民风民俗、交通状况，测量人员生活安排等。这些对于今后测量工作的开展是非常重要的。

(2)卫星状况预报

根据测区的地理位置以及最新的卫星星历，对卫星状况进行预报，作为选择合适的观测时间段的依据。所需预报的卫星状况有卫星的可见性、可供观测的卫星星座、随时间变化的PDOP(position dilution of precision，位置精度因子)值、随时间变化的RDOP(geometric dilution of precision，几何精度因子)值等。对于个别有较多或较大障碍物的测站，需要评估障碍物对GPS观测可能产生的不良影响。

(3)确定作业方案

根据卫星状况、测量作业的进展情况以及测区的实际情况，确定出具体的作业方案，以作业指令的形式下达给各个作业小组。作业方案的内容包括作业小组的分组情况、GPS观测的时间段以及测站等。

(4)外业观测

各GPS观测小组应严格按照作业指令的要求进行外业观测。在进行外业观测时，外业观测人员除了严格按照作业规范、作业指令进行操作外，还要根据一些特殊情况，灵活地采取应对措施。在外业中常见的情况有不能按时开机、仪器故障和电源故障等。

(5)数据传输与转储

在一段外业观测结束后，应及时地将观测数据传输到计算机中，并根据要求进行备份，在数据传输时需要对照外业观测记录手簿，检查所输入的记录是否正确。数据传输与转储应根据条件及时进行。

(6)基线处理与质量评估

对所获得的外业数据及时地进行处理，解算出基线向量，并对解算结果进行质量评估。同时还需根据基线解算情况做下一步GPS观测作业安排。

重复确定作业方案、外业观测、数据传输与转储、基线处理与质量评估四步，直至完成所有GPS观测工作。

3. 测后工作

对外业观测所得到的基线向量进行质量检验，并对由合格基线向量所构建成的GPS基线向量网进行平差解算，得出网中各点的坐标成果。如果需要利用GPS测定网中各点的正高或正常高，还需要进行高程拟合。最后根据整个GPS网的布设及数据处理情况，进行全面的技术总结和成果验收。

6.3 GPS测量设计与实施

6.3.1 GPS的坐标系统

一个完整的坐标系统是由坐标系和基准两方面要素构成的。坐标系指的是描述空间位置的表达形式，而基准指的是为描述空间位置而定义的一系列点、线、面。由于GPS是全球性的定位导航系统，其坐标系统也必须是全球性的，根据国际协议确定，称为协议地球坐标系(Coventional Terrestrial System，CTS)。

1. GPS 测量中常用的坐标系统

WGS-84 坐标系是目前 GPS 所采用的坐标系统，GPS 所发布的星历参数就是基于此坐标系统的。

2. WGS-84 坐标系统(全称是 World Geodetic SWGS-84)

WGS-84 是 GPS 卫星广播星历和精密星历的参考系，由美国国防部制图局所建立并公布。从理论上讲，WGS-84 坐标系的坐标原点位于地球的质心，Z 轴指向 BIH1984.0 定义的协议地球极方向，X 轴指向 BIH1984.0 的起始子午面和赤道的交点，Y 轴与 X 轴和 Z 轴构成右手系。它是目前最高水平的全球大地测量参考系统之一。

WGS-84 系所采用椭球参数为：

$$a=6378137\ \text{m}$$
$$f=1/298.257223563$$
$$\overline{C}_{20}=-484.16685\times10^{-6}$$
$$\omega=7.292115\times10^{-5}\ \text{rad}\cdot\text{s}^{-1}$$
$$GM=398600.5\ \text{km}^3\cdot\text{s}^{-2}$$

3. 1980 年西安大地坐标系

1978 年，我国重新对全国天文大地网施行整体平差，建立新的国家大地坐标系统。这个坐标系统就是 1980 年西安大地坐标系统。1980 年西安大地坐标系统所采用的地球椭球的四个几何和物理参数采用了 IAG(International Association of Geodesy，国际大地测量协会)1975 年的推荐值，它们是

$$a=6378140\ \text{m}$$
$$GM=3.986005\times10^{14}\ \text{m}^3\cdot\text{s}^{-2}$$
$$J_2=1.08263\times10^{-3}$$
$$\omega=7.292115\times10^{-5}\ \text{rad}\cdot\text{s}^{-1}$$

根据上面所给的参数，可算出 1980 年西安大地坐标系所采用的参考椭球的扁率为：

$$f=1/298.257$$

椭球的短轴平行于地球的自转轴(由地球质心指向 1968.0 JYD 地极原点方向)，起始子午面平行于格林尼治平均天文子午面，椭球面同似大地水准面在我国境内符合最好，高程系统以 1956 年黄海平均海水面为高程起算基准。

6.3.2 GPS 测量的级别划分和测量精度

1. 级别划分

根据我国 2009 年所颁布的《全球定位系统(GPS)测量规范》(GB/T 18314-2009)，GPS 测量按照精度和用途分为 A、B、C、D、E 五个级别。下面是我国《全球定位系统(GPS)测量规范》中有关 GPS 网等级的有关内容。

2. 测量精度

A 级 GPS 网由卫星定位连续运行基准站构成，其精度应不低于表 6-1 的要求。

表 6-1　A 级 GPS 网测量精度指标

级别	坐标变化率中误差		相对精度	地心坐标各分量年平均中误差/mm
	水平分量/(mm·a^{-1})	垂直分量/(mm·a^{-1})		
A	2	3	1×10^{-8}	0.5

B、C、D 和 E 级的精度应不低于表 6-2 的要求。

表 6-2　B、C、D 和 E 级的测量精度指标

级别	相邻点基线分量中误差		相邻点间平均距离/km
	水平分量/(mm·a^{-1})	垂直分量/(mm·a^{-1})	
B	5	10	50
C	10	20	20
D	20	40	5
E	20	40	3

用于建立国家二等大地控制网和三、四等大地控制网的 GPS 测量，在满足表 6-2 规定的 B、C 和 D 级精度要求的基础上，其相对精度应分别不低于 1×10^{-7}、1×10^{-6} 和 1×10^{-5}。

各级 GPS 网点相邻点的 GPS 测量大地高差的精度应不低于表 6-2 规定的各级相邻点基线垂直分量的要求。

A 级网一般为国家一等大地控制网，进行全球性的地球动力学研究、地壳形变测量和精密定轨等的 GPS 测量；B 级网为国家二等大地控制网，建立地方或城市坐标基准框架、区域性的地球动力学研究、地壳形变测量、局部形变监测和各种精密工程测量等的 GPS 测量；C 级网为三等大地控制网，以及建立区域、城市及工程测量的基本控制网等的 GPS 测量；四等大地控制网的 GPS 测量应满足 D 级 GPS 测量的精度要求；中小城市、城镇以及测图、地籍、土地信息、房产、物探、勘测、建筑施工等的控制测量的 GPS 测量，应满足 D、E 级 GPS 测量的精度要求。

美国联邦大地测量分管委员会(Federal Geodetic Control Subcommittee，FGCS)在 1988 年公布的 GPS 相对定位的精度标准中有一个 AA 级的等级，此等级的网一般为全球性的坐标框架。

6.3.3　GPS 测量的主要技术指标

各等级 GPS 相对定位测量的主要技术规定见表 6-3 和表 6-4。

表 6-3　各等级 GPS 相对定位测量的主要技术规定(1)

等级	平均边长/km	GPS 接收机性能	测量量	接收机标称精度优于	同步观测接收数量
二等	9	双频(或单频)	载波相位	$10\ mm+2\times10^{-6}$	≥2
三等	5	双频(或单频)	载波相位	$10\ mm+3\times10^{-6}$	≥2
四等	2	双频(或单频)	载波相位	$10\ mm+3\times10^{-6}$	≥2
一级	0.5	双频(或单频)	载波相位	$10\ mm+3\times10^{-6}$	≥2
二级	0.2	双频(或单频)	载波相位	$10\ mm+3\times10^{-6}$	≥2

表 6-4　各等级 GPS 相对定位测量的主要技术规定(2)

项目	等级				
	二等	三等	四等	一级	二级
卫星高度角	≥15°	≥15°	≥15°	≥15°	≥15°
有效观测卫星数	≥6	≥4	≥4	≥3	≥3
时段中任一卫星有效观测时间/min	≥20	≥15	≥15		
观测时间段	≥2	≥2	≥2		
观测时段长度/min	≥90	≥60	≥60		
数据采样间隔	15～60	15～60	15～60		
卫星观测值象限分布	3 或 1	2～4	2～4	2～4	2～4
点位几何图形强度因子(PDOP)	≤8	≤10	≤10	≤10	≤10

6.3.4　GPS 网的布网形式

GPS 网常用的布网形式有以下几种：跟踪站式、会战式、多基准站式(枢纽点式)、同步图形扩展式、单基准站式等。

1. 跟踪站式

若干台接收机长期固定安放在测站上，进行常年、不间断的观测，因此，这种布网形式称为跟踪站式。

由于在采用跟踪站式的布网形式布设 GPS 网时，接收机在各个测站上进行了不间断的连续观测，观测时间长，数据量大，而且在处理采用这种方式所采集的数据时，一般采用精密星历，因此，采用此种形式布设的 GPS 网具有很高的精度和框架基准特性。

每个跟踪站为保证连续观测，一般需要建立专门的永久性建筑即跟踪站，用以安置仪器设备，这使得这种布网形式的观测成本很高。此种布网形式一般用于建立 GPS 跟踪站(AA 级网)，对于普通用途的 GPS 网，由于此种布网形式观测时间长、成本高，故一般不被采用。

2. 会战式

在布设 GPS 网时，一次组织多台 GPS 接收机，集中在一段不太长的时间内共同作业。在作业时，所有接收机在若干天的时间内分别在同一批点上进行多天、长时段的同步观测，在完成一批点的测量后，所有接收机又都迁移到另外一批点上进行相同方式的观测，直至所有的点观测完毕，这就是所谓的会战式的布网。

采用会战式布网形式所布设的 GPS 网，因为各基线均进行过较长时间、多时段的观测，所以可以较好地消除 SA 等因素的影响，因而具有特高的尺度精度。此种布网方式一般用于布设 A、B 级网。

3. 多基准站式

多基准站式的布网形式就是由若干台接收机在一段时间内长期固定在某几个点上进行长时间的观测，这些测站称为基准站，在基准站进行观测的同时，另外一些接收机则在这些基准站周围相互之间进行同步观测(图 6-4)。

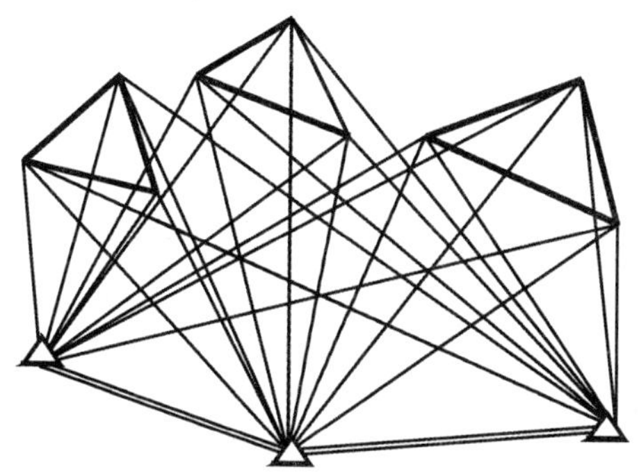

图 6-4　多基准站式

采用多基准站式的布网形式所布设的 GPS 网,一方面由于在各个基准站之间进行了长时间的观测,因此,可以获得较高精度的定位结果,这些高精度的基线向量可以作为整个 GPS 网的骨架。另一方面,其余的进行了同步观测的接收机间除了自身有基线向量相连外,它们与各个基准站之间也存在有同步观测,因此,也与同步观测基线相连,这样可以获得更强的图形结构。

4. 同步图形扩展式

所谓同步图形扩展式的布网形式,就是多台接收机在不同测站上进行同步观测,在完成一个时段的同步观测后,又迁移到其他的测站上进行同步观测,每次同步观测都可以形成一个同步图形。在测量过程中,不同的同步图形间一般有若干个公共点相连,整个 GPS 网由这些同步图形构成。

同步图形扩展式的布网形式具有扩展速度快,图形强度较高,且作业方法简单的优点。同步图形扩展式是布设 GPS 网时最常用的一种布网形式。

5. 单基准站式

单基准站式的布网方式有时又称作星形网方式(图 6-5),它是以一台接收机作为基准站,在某个测站上连续开机观测,其余的接收机在此基准站观测期间,在其周围流动,每到一点就进行观测,流动的接收机之间一般不要求同步。这样,流动的接收机每观测一个时段,就与基准站间测得一条同步观测基线,所有这样测得的同步基线就形成了一个以基准站为中心的星形。流动的接收机有时也称为流动站。

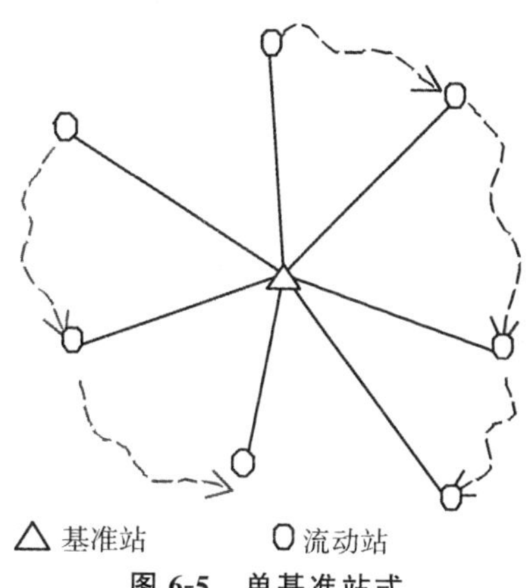

图 6-5　单基准站式

单基准站式的布网方式的效率很高，但由于各流动站一般只与基准站之间有同步观测基线，故图形强度很弱。为提高图形强度，一般需要每个测站至少进行两次观测。

6.3.5 同步图形扩展的布网

同步图形扩展式的作业方式具有作业效率高，图形强度好的特点，它是目前在 GPS 测量中普遍采用的一种布网形式，在本书中将着重介绍此种布网形式。

采用同步图形扩展式布设 GPS 基线向量网时的观测作业方式主要有以下几种：点连式、边连式、网连式、混连式。

1. 点连式

所谓点连式就是在观测作业时，相邻的同步图形间只通过一个公共点相连。这样，当有 m 台仪器共同作业时，每观测一个时段，就可以测得 $m-1$ 个新点，当这些仪器观测了 s 个时段后，就可以测得 $1+s\cdot(m-1)$ 个点。如图 6-6(a)。

点连式观测作业方式的优点是作业效率高，图形扩展迅速；它的缺点是图形强度低，如果连接点发生问题，将影响到后面的同步图形。

2. 边连式

边连式就是在观测作业时，相邻的同步图形间有一条边(即两个公共点)相连。这样，当有 m 台仪器共同作业时，每观测一个时段，就可以测得 $m-2$ 个新点，当这些仪器观测了 s 个时段后，就可以测得 $2+s\cdot(m-2)$ 个点。如图 6-6(b)。

边连式观测作业方式具有较好的图形强度和较高的作业效率。

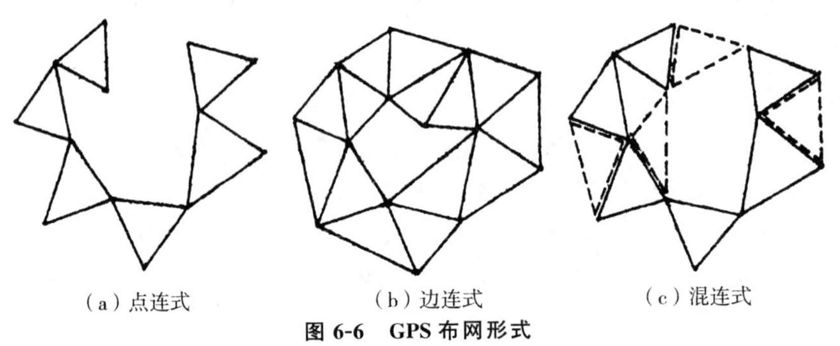

(a) 点连式　　(b) 边连式　　(c) 混连式

图 6-6　GPS 布网形式

3. 网连式

所谓网连式就是在作业时，相邻的同步图形间有 3 个以上(含 3 个)的 k 个公共点相连。这样，当有 m 台仪器共同作业时，每观测一个时段，就可以测得 $m-k$ 个新点，当这些仪器观测了 s 个时段后，就可以测得 $k+s\cdot(m-k)$ 个点。

采用网连式观测作业方式所测设的 GPS 网具有很高的图形强度，但网连式观测作业方式的作业效率很低。

4. 混连式

在实际的 GPS 作业中，一般并不是单独采用上面所介绍的某一种观测作业模式，而是根据具体情况，有选择地灵活采用这几种方式作业，这样的观测作业方式就是所谓的混连式，如图 6-6(c)。混连式观测作业方式是我们实际作业中最常用的作业方式，它实际上是点连式、边连式和网连式的结合体。

对于低等级的 GPS 测量或碎部测量，也可采用图 6-7 所示的星形布设。这种图形的主要优点是观测中只需要两台 GPS 接收机，作业简单。但由于直接观测边之间不构成任何闭合图形，所以其检查和发现粗差的能力比点连式更差。这种方式常采用快速定位的作业模式。

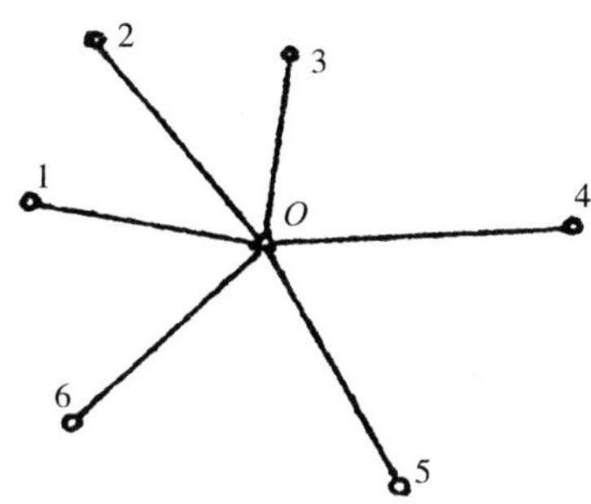

图 6-7 GPS 网的星形连接

6.3.6 GPS 测量实施

1. 选点建立标志

由于 GPS 测量测站之间不要求通视，而且网的图形结构比较灵活，故选点工作较常规测量简便。但 GPS 测量又有其自身的特点，因此选点时应满足以下要求：

(1)观测站(即接收天线安置点)应远离大功率的无线电发射台和高压输电线，以避免其周围磁场对 GPS 卫星信号的干扰。接收机天线与其距离一般不得小于 200 m。

(2)观测站附近不应有大面积的水域或对电磁波反射(或吸收)强烈的物体，以减弱多路径效应的影响。

(3)观测站应设在易于安置接收设备的地方，且视野开阔。在视场内周围障碍物的高度角一般应大于 10°，以减弱对流层折射的影响。

(4)观测站应选在交通方便的地方，并且便于用其他测量手段联测和扩展。

(5)对于基线较长的 GPS 网，还应考虑观测站附近具有良好的通信设施(电话与电报、邮电)和电力供应，以供观测站之间的联络和设备用电。

(6)点位选定后(包括方位点)，均应按规定绘制点位注记，其主要内容应包括点位及点位略图、点位的交通情况以及选点情况等。

在 GPS 测量中，网点一般应设置在具有中心标志的标石上，以精确标志点位。埋石是指具体标石的设置，可参照有关规范。对于一般的控制网，只需要采用普通的标石，或在岩层、建筑物上做标志。

2. 外业实施

GPS 外业观测工作主要包括天线安置、观测作业和观测记录等，下面分别进行介绍。

(1)天线安置

天线的相位中心是 GPS 测量的基准点,目前 GPS 接收天线已内置。天线安置的内容包括对中、整平、量测天线高。

进行静态相对定位时,天线应架设在三脚架上,并安置在标志中心的上方直接对中,天线基座上的圆水准气泡必须居中(对中与整平方法与经纬仪安置相同),其对中误差不应大于 1 mm。天线高是指天线的相位中心至观测点标志中心的垂直距离,用钢尺在互为 120°的方向量 3 次,要求互差小于 3 mm,满足要求后取 3 次结果平均值记入测量手簿中。

(2)观测作业

观测作业的主要任务是捕获 GPS 卫星信号并对其进行跟踪、接收和处理,以获取所需的定位信息和观测数据。

GPS 接收机的自动化程度很高,一般仅需按动若干功能键(有的甚至只需按一个电源开关键),即能顺利地完成测量工作。观测数据由接收机自动形成,并以文件形式保存在接收机存储器中。作业人员只需定期查看接收机的工作状况并做好记录。观测过程中接收机不得关闭并重新启动,不得更改有关设置参数,不得碰动天线或阻挡信号,不准改变天线高。观测站的全部预定作业项目经检查均已按规定完成,且记录与资料完整无误后关机、关电源,方可迁站。

(3)观测记录

观测记录的形式一般有两种:一种是由接收机自动形成,并保存在接收机存储器中供随时调用和处理。这部分内容主要包括 GPS 卫星星历和卫星钟差参数、观测历元的时刻及伪距和载波相位观测值、实时绝对定位结果,以及测站控制信息和接收机工作状态信息。另一种是测量手簿,由观测人员填写,内容包括天线高、气象数据测量结果、观测人员、仪器及时间等,同时对于观测过程中发生的重要问题、问题出现的时间及处理方式也应记录。观测记录是 GPS 定位的原始数据,也是进行后续数据处理的唯一依据,必须要真实、准确,并妥善保管。

3. 成果检核与数据处理

观测成果应进行外业检核,观测任务结束后,必须在测区及时对观测数据的质量进行检核,对于外业预处理成果,要按规范要求严格检查、分析,以便及时发现不合格成果,并根据情况采取重测或补测措施。

成果检核无误后,即可进行内业数据处理。内业数据处理过程大体可分为预处理、平差计算、坐标系统的转换或与已有地面网的联合平差。实际应用中,一般是借助电子计算机通过相关软件来完成数据处理工作。

6.3.7 GPS 数据处理流程

GPS 的数据处理依次主要包括 GPS 网的空间无约束平差、空间坐标系统转换、空间平差成果的换算与投影、平面坐标系统转换、GPS 网高程系统转换。

以使用 TGO 软件为例,GPS 数据处理流程如图 6-8。

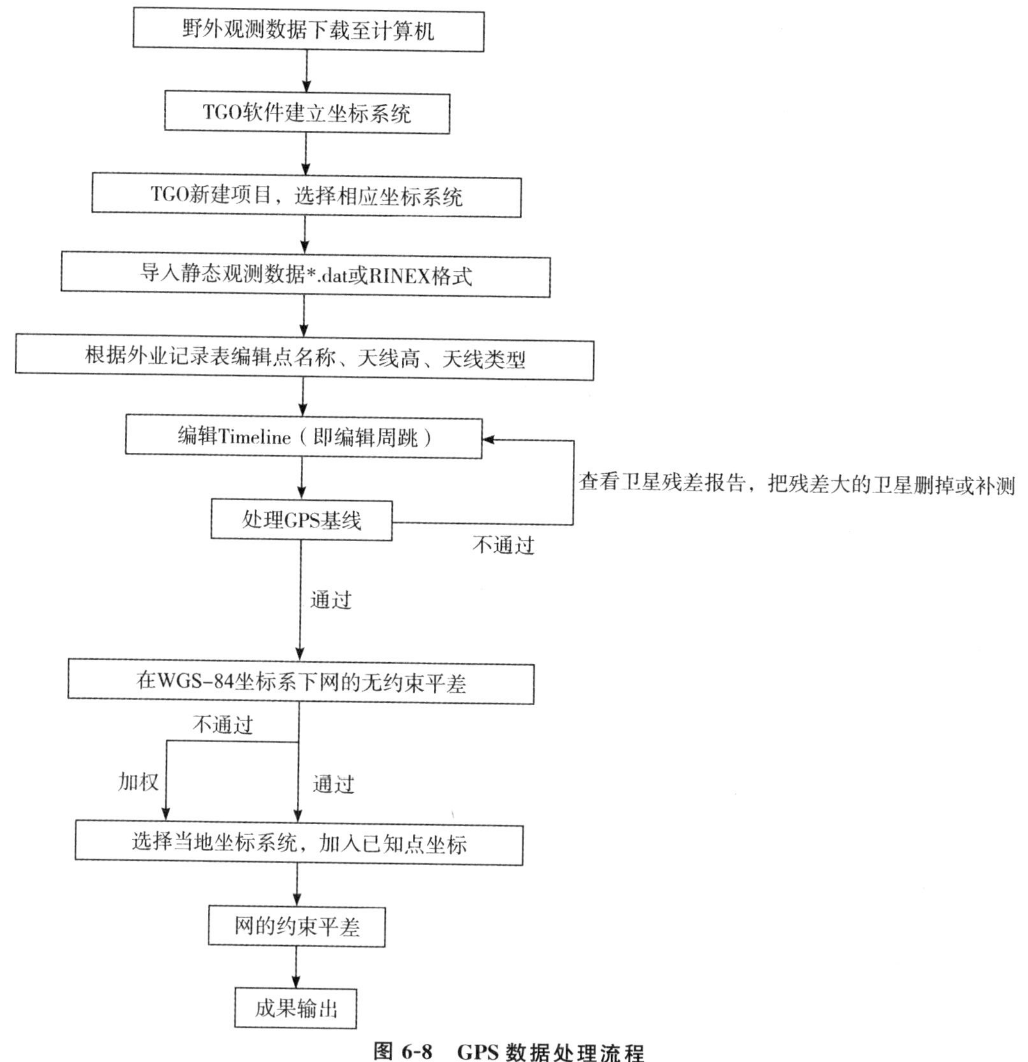

图 6-8　GPS 数据处理流程

6.4　GPS-RTK 测量

6.4.1　RTK 工作原理

RTK(Real Time Kinematic,载波相位差分技术)是以载波相位观测量为根据的实时差分 GPS 测量,它能够实时地提供测站点在指定坐标系中的厘米级精度的三维定位数据。

RTK 的工作原理是将一台接收机置于基准站上,另一台或几台接收机置于载体(称为流动站)上,基准站和流动站同时接收同一时间相同 GPS 卫星发射的信号,基准站所获得的观测值与已知位置信息进行比较,得到 GPS 差分改正值。然后将这个改正值及时地通过无线电数据链电台传递给共视卫星的流动站以精化其 GPS 观测值，得到经差分改正后流动站较准确的实时位置。

RTK 测量系统通常由三部分组成，即 GPS 信号接收部分(GPS 接收机及天线)、实时数据传输部分(数据链，俗称电台)和实时数据处理部分(GPS 控制器及其随机实时数据处理软件)。

6.4.2 RTK 的使用

RTK 的野外测绘包括外业准备、选点建标、外业实施、数据处理等内容，目前 RTK 的种类和型号众多，原理、构造和功能基本相似，本节以安装在南方测绘 S730 工业手簿上的《工程之星 3.0》RTK 野外测绘软件为例，介绍 RTK 的性能及使用。

1. 仪器设置

(1)基准站电台发射

P+F 长按等六盏灯都同时闪烁。①按 F 键选择本机的工作模式，当 BT 灯亮按 P 键确认选择基准站工作模式；②等数秒电源灯正常后长按 F 键，等 STA 和 DL 灯闪烁放开 F 键(听到第二声响后放手即可)，按 F 键 SAT、PWR 循环闪，当 PWR 亮按 P 键确认选择电台传输方式。

(2)基准站 GPRS 工作模式

P+F 长按等六盏灯都同时闪烁。①按 F 键选择本机的工作模式，当 BT 灯亮按 P 键确认选择基准站工作模式；②等数秒电源灯正常后，长按 F 键等 STA 和 DL 灯闪烁，放开 F 键(听到第二声响后放手即可)，按 F 键 SAT、PWR 循环闪，当 SAT 亮，按 P 键确认，选择 GPRS 传输方式(此时是双发模式，双发模式的意思是网络和外接电台同时发射)。

(3)移动站电台模式

P+F 长按等六盏灯都同时闪烁。①按 F 键选择本机的工作模式，当 STA 灯亮按 P 键确认选择移动站工作模式；②等数秒电源灯正常后长按 F 键，等 STA 和 DL 灯闪烁放开 F 键(听到第二声响后放手即可)，按 F 键 DL、SAT、PWR 循环闪，当 DL 亮按 P 键选择电台传输方式。

工作过程中按一下 F 键灯的状态，表示目前是移动站电台模式(3 s 后自动转入工作状态)。

(4)移动站 GPRS 模式

P+F 长按等六盏灯都同时闪烁。①按 F 键选择本机的工作模式，当 STA 灯亮按 P 键确认，表示目前是移动站工作模式；②等数秒电源灯正常后，长按 F 键等 STA 和 DL 灯闪烁放开 F 键(听到第二声响后放手即可)，按 F 键 DL、SAT、PWR 循环闪，当 SAT 亮按 P 键确认选择 GPRS 通信方式。

2. RTK 点测量操作流程

操作的一般流程是：

架设基站→设置移动站→新建工程→求参校正、检核→点测量→文件输出。

3. 架设基站

基站的架设条件：一般要求架设在相对开阔的地方，以利于卫星信号的接收；再者基站应架在地势较高的地方，以利于电台信号的传输。发射天线的架设高度会对电台作用距离有较大的影响。

基站的架设位置可以是已知点上，也可以是未知点上，为了方便野外工作，一般情况可以把基站架设在未知点上。

如图 6-9 的架设方式，用外接电台模式时，首先要把基站主机调成基站外接状态，然后依次安装。

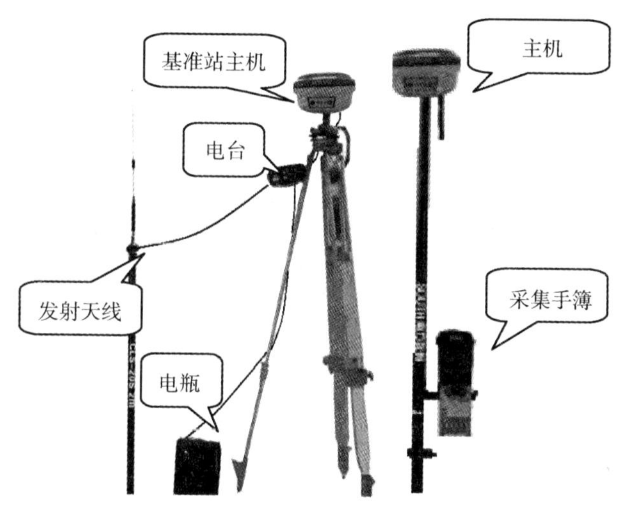

图 6-9　仪器架设

此时应注意：①插多用途电缆时要特别注意 lemon 头，在主机和发射电台上的插口处都有红点，用于和 lemon 头上的红点对应，不要用力插，防止损坏 lemon 头的插脚。②电瓶的正、负极切勿夹反，否则容易造成多用途电缆或主机的毁坏。③最好等所有的架设完之后再开机(包括主机和电台)，特别是电台，如果没有接发射天线，时间长一点，由于电台天线接口的负载过大，会造成电台的烧毁。④收仪器的时候，一定要注意电台的天线接口，特别是夏天，会非常烫手，所以最好避免阳光的暴晒。⑤电台发射接口下面的开关是电台高频低频的控制开关，H 代表高，电台用 25 W 发射；L 代表低，电台用 15 W 发射。当电台用低功率发射时，电台面板上的 APM PWR 灯会亮。

架设好并开机达到发射条件后主机就会自动发射，电台上的 TX 灯会 1 s 闪一次。

4. 设置连接移动站

设置移动站主机为移动站电台模式，手簿搜索蓝牙，以 9900 手簿为例，步骤如下：

打开《工程之星 3.0》，打开路径为：Start→File Explorer→Storage Card→Egstar。打开：配置→端口配置。

如图 6-10，点击“搜索”，手簿会对附近的蓝牙进行搜索，搜索完毕后，在显示框中点击自己的主机机身号，然后点“连接”。

连接完成后，当出现如图 6-11 所示界面，状态栏有数据，测量视窗左下角的时间开始走动，说明蓝牙已经连通，此时 GPS 主机上的蓝牙灯也会变亮。

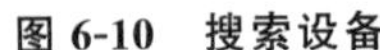

图 6-10　搜索设备

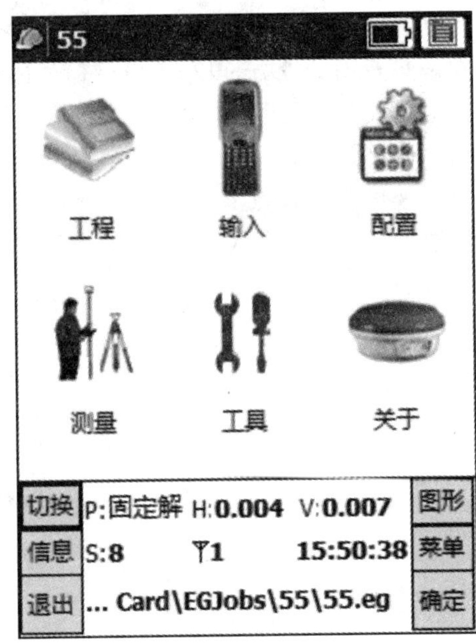

图 6-11　《工程之星 3.0》主界面

5. 新建工程

工程→新建工程。

单击“新建工程”，出现新建作业的界面，如图 6-12 所示。

首先在“工程名称”中输入所要建立工程的名称，新建的工程将保存在默认的作业路径“EGJobs”中，然后单击“确定”，进入参数设置向导，如图 6-13。

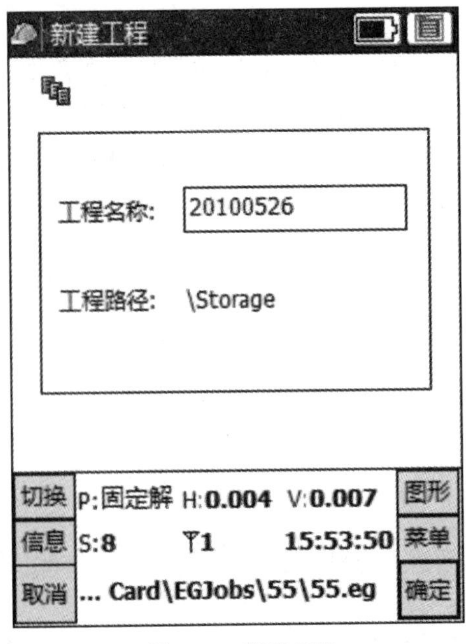

图 6-12　新建工程

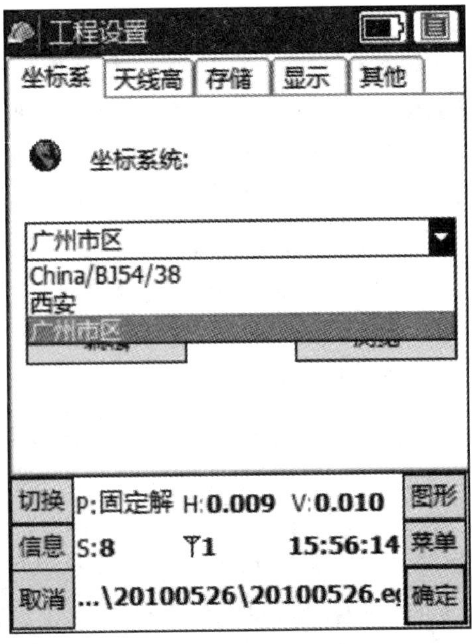

图 6-13　工程设置

(1)坐标系统

坐标系统下有下拉选项框,可以在选项框中选择合适的坐标系统,也可以点击下边的“浏览”按钮,查看所选的坐标系统的各种参数。如果没有合适所建工程的坐标系统,可以新建或编辑坐标系统,单击“编辑”按钮,出现如图 6-14 所示界面,单击“增加”或者“编辑”按钮出现图 6-15 所示界面。

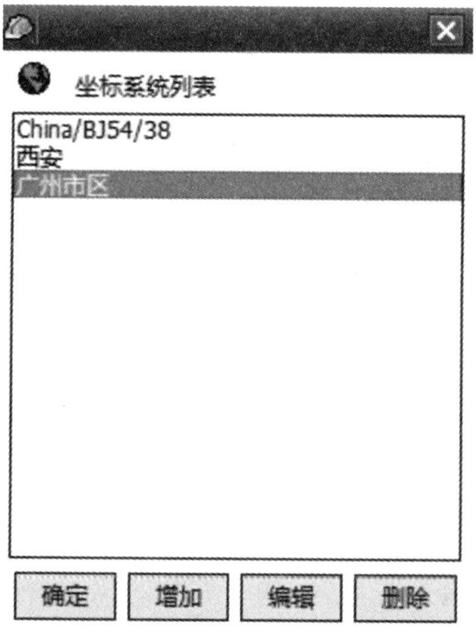

图 6-14　坐标系统选择编辑

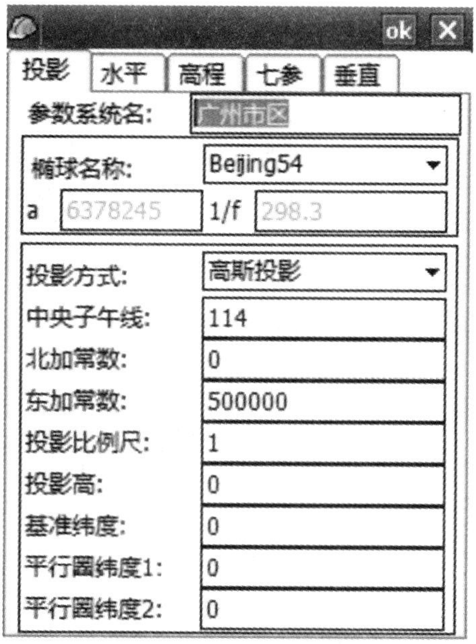

图 6-15　坐标系统编辑

输入参考系统名,在椭球名称后面的下拉选项框中选择工程所用的椭球系统,输入中央子午线等投影参数,然后在顶部的选择菜单(水平、高程、七参、垂直)选择并输入所建工程的其他参数,点击“使用 * * 参数”前方框,方框中会出现“√”,表明新建的工程中会使用此参数。如果没有四参数、七参数和高程拟合参数,可以单击“ok”,则坐标系统已经建立完毕。单击“ok”进入坐标系统界面。

新建工程完毕。

(2)电台通道

配置→电台设置。

切换通道号后面下拉框选择通道号(即大电台发射时面板上显示的通道),点击切换。收到差分信号后,如图 6-16,会有信号条闪,状态会从单点解→差分解→浮点解→固定解,出现到固定解就可以工作了。

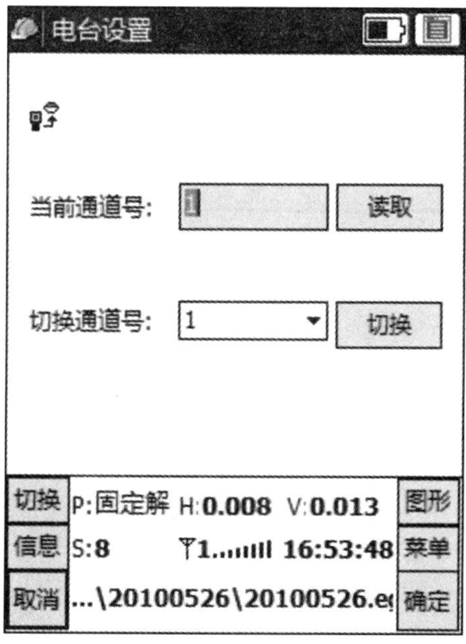

图 6-16　电台通道

6. 求参校正

目前,GPS 接收机的 OEM 板输出的坐标是 GPS 的 WGS-84 椭球下的经纬度坐标。在实际工作中 GPS 系统显示的坐标都首先要通过相应的软件把 GPS 主板输出的坐标转化到当地施工坐标。这就需要加入参数,这里的参数主要有四参数、七参数、校正参数、高程拟合参数。实际应用中我们一般都使用四参数+校正参数的方式。

四参数是同一个椭球内不同坐标系之间进行转换的参数。在《工程之星》软件中四参数指的是在投影设置下选定的椭球内 GPS 坐标系和施工测量坐标系之间的转换参数。参与计算的控制点原则上至少要用两个或两个以上的点,控制点等级的高低和分布直接决定四参数的控制范围。经验上四参数理想的控制范围一般都在 5～7 km 以内。

四参数的四个基本项分别是:X 平移、Y 平移、旋转角和比例。

校正参数实际上就是只用同一个公共控制点来计算两套坐标系的差异。根据坐标转换的理论,一个公共控制点计算两个坐标系的误差是比较大的,除非两套坐标系之间不存在旋转或者控制的距离特别小。因此,校正参数的使用通常都是在已经使用了四参数或者七参数的基础上才使用的。

高程拟合参数。GPS 的高程系统为大地高(椭球高),而测量中常用的高程为正常高,所以 GPS 测得的高程需要改正才能使用。高程拟合参数就是完成这种拟合的参数。计算高程拟合参数时,参与计算的公共控制点数目不同时,计算拟合所采用的模型也不一样,达到的效果自然也不一样。

七参数。七参数是分别位于两个椭球内的两个坐标系之间的转换参数。在《工程之星》软件中的七参数指的是 GPS 测量坐标系和施工测量坐标系之间的转换参数。七参数计算时至少需要三个公共的控制点,且七参数和四参数不能同时使用。七参数的控制范围可以达到 10 km 左右。

七参数的基本项在包括三个平移参数、三个旋转参数和一个比例尺因子,需要三个已知点和其对应的大地坐标才能计算出。

本节重点介绍四参数+校正参数模式。四参数+校正参数模式转换原理如图 6-17 所示。

由转换原理图可知,首先需要计算出四参数。计算四参数时要求至少有两个已知控制点,以两个控制点计算转换参数为例:

(1)获取两个点的 WGS-84 坐标,直接用移动站在已知点上对中采点,如三个点 ZS63、ZS64、ZS65。

(2)输入→求转换参数。打开点坐标库,单击"增加",软件界面上有具体的操作说明和提示,根据提示输入控制点的已知平面坐标。如图 6-18、图 6-19。

单击右上角的"ok"进入图 6-20 所示界面。

选择原始坐标的录入方式,这里点击 **从坐标管理库选点** ,选择刚才采集的 ZS63 后出现如图 6-21 所示界面。

单击右上角"ok",出现如图 6-22 所示界面。

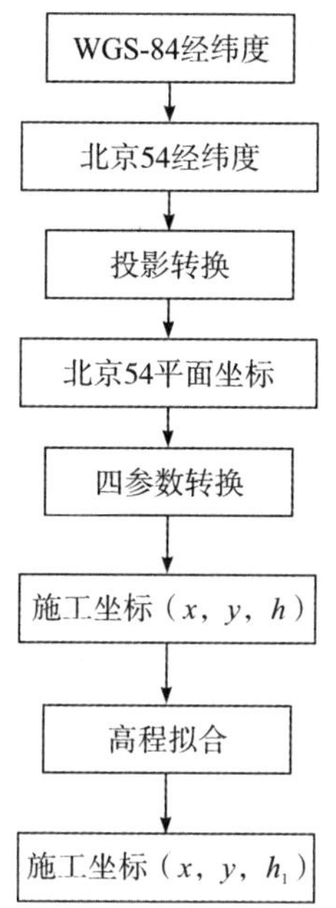

图 6-17　四参数转换流程表

说明：直接把 WGS-84 的经纬度坐标当作北京 54 的经纬度坐标（肯定会存在偏差），经过投影后再通过四参数转换成施工坐标平面坐标（四参数只能转换平面 x、y 坐标），最后通过高程拟合参数转换高程。

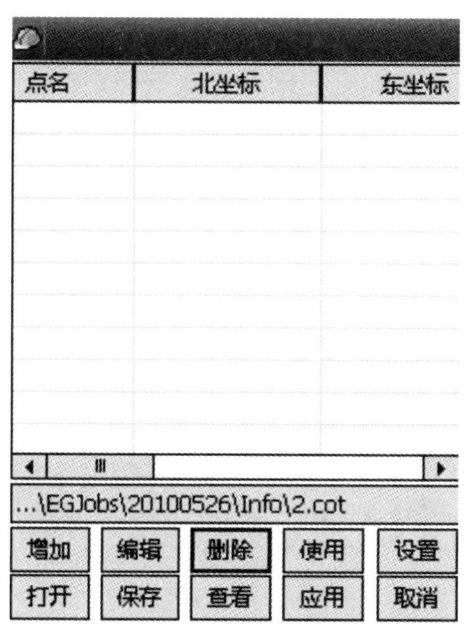

图 6-18　控制点坐标库

图 6-19　输入已知点坐标

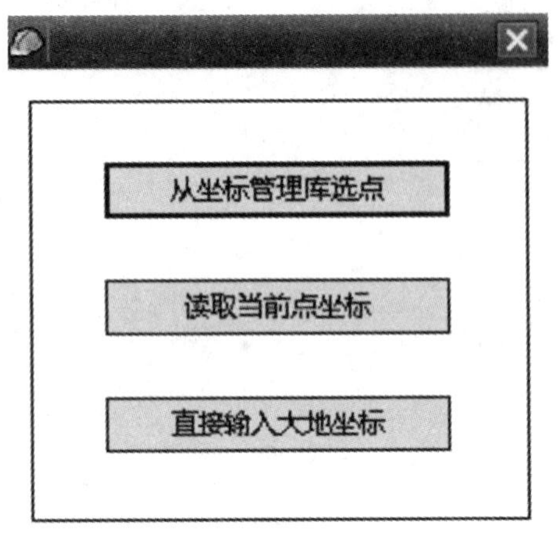

图 6-20 增加点的路径选择

图 6-21 控制点的原始坐标

图 6-22 增加点完成

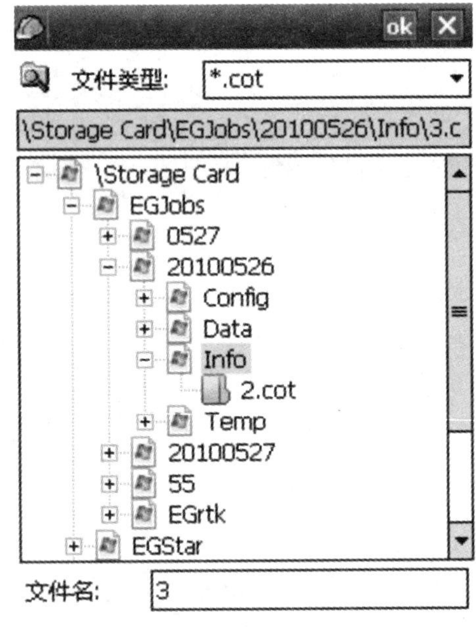

图 6-23 保存控制点参数文件

第一个点增加完成,单击“增加”,重复上面的步骤,增加另外的点。

所有的控制点都输入以后查看确定无误后,单击“保存”,出现如图 6-23 所示界面。

选择参数文件的保存路径并输入文件名,建议将参数文件保存在当前工程下文件名“result”文件夹里面,保存的文件名称以当天的日期命名。完成之后单击“确定”,出现如图 6-24 所示界面。

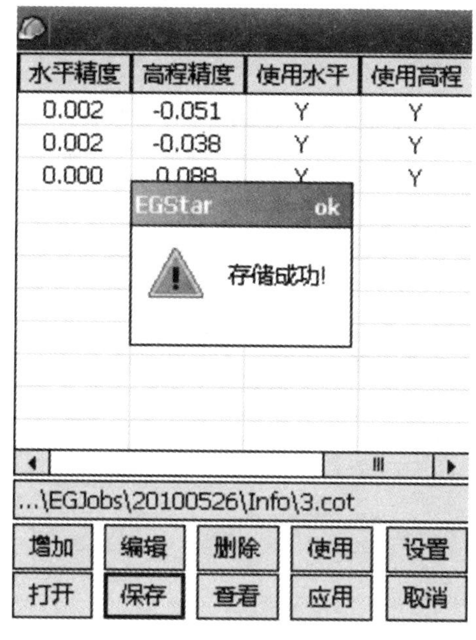

图 6-24　保存成功

图 6-25　查看四参数

然后单击“存储成功”，点击界面右下角的“应用”，四参数已经计算并保存完毕。完成后出现如图 6-25 所示界面。此时单击右上角的“ok”即可启用四参数，参数启用后可以点击“查看”按钮或[按钮图标]，进行查看，如图 6-25。

计算完四参数和高程参数后可以直接进行施工测量工作。

(3)点校正

当基准站关机后，例如第一天的工作结束，第二天在该区域重新施工时，操作步骤又分成两种情况：

①把基准站架设在已知点上。当移动站接收到基准站自动启动的差分信号并达到固定解后，在软件的工程项目中打开第一天所求四参数的项目，再进行“基准站架设在已知点”校正后即可进行工作。

②基准站架设在未知点位时。移动站架设到已知点上对中整平，当接收到基准站自动启动的差分信号并达到固定解后，在《工程之星》软件的工程项目中使用第一天所求四参数的基础上再进行“基准站架设在未知点”校正后即可进行工作。

若要用七参数，方法和上面类似。

参数是测量中最重要的环节，所以采集的时候一定要尽量精确，水平残差和高程残差要尽量的小。测算好之后还要对其进行检查，看是否超标，最好是再找一个已知点检核一下。

此外，四参数、七参数也可以从静态中计算得到，可以直接写入工程的参数里面(打开配置→工程设置，对所选的坐标系统进行编辑，里面可以直接写入参数)，此时测量直接进行上述的步骤(3)，即进行单点校正即可。

7. 点测量

测量→点测量，当显示固定解后就可以进行点测量了。如图 6-26。

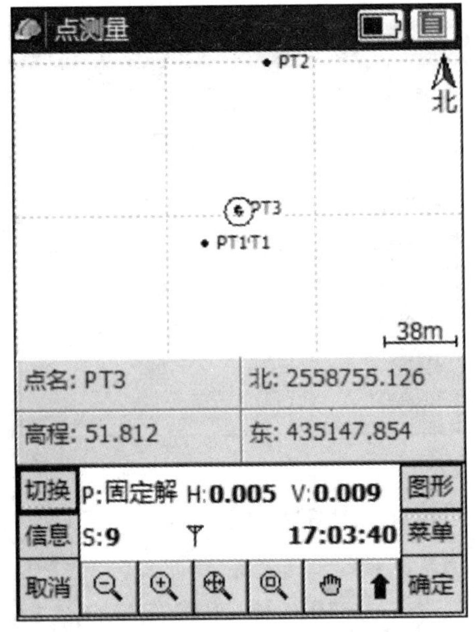

图 6-26　点测量

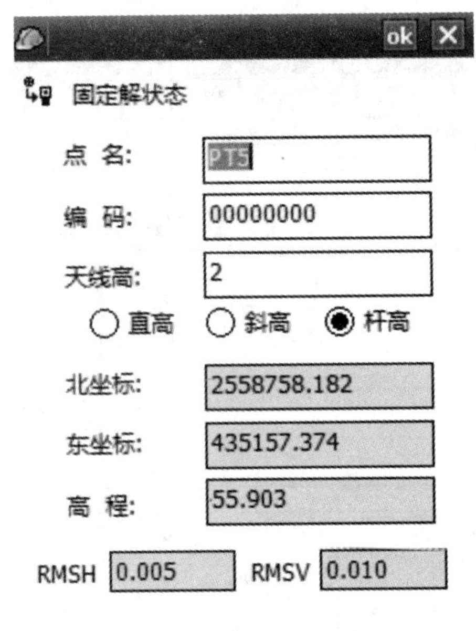

图 6-27　点存储

按 A 键，存储当前点坐标，输入天线高和点名，如图 6-27。继续存点时，点名将自动累加，在图 6-27 的界面中看到高程“H”值为“55.903”，这是天线相位中心的高程，当这个点保存到坐标管理库中以后软件会自动减去 2 m 的天线杆高，后期打开坐标管理库看到的该点的高程即为测量点的实际高程。连续按两次 B 键，可以查看所测量坐标，如图 6-28。

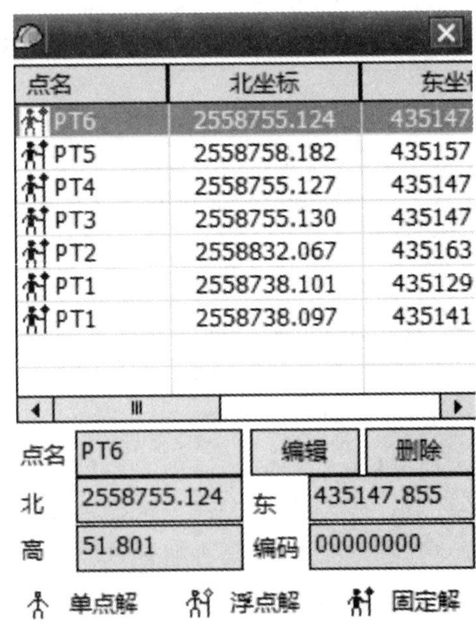

图 6-28　坐标查看

8. 文件导出

外业测量之后需要对测量的数据进行编辑，以便于内业处理。《工程之星》提供了文件导出的功能，可以根据我们的需要导出各种格式的数据。

工程→文件导入导出→文件导出，显示选择文件输出的格式及路径，如图 6-29。

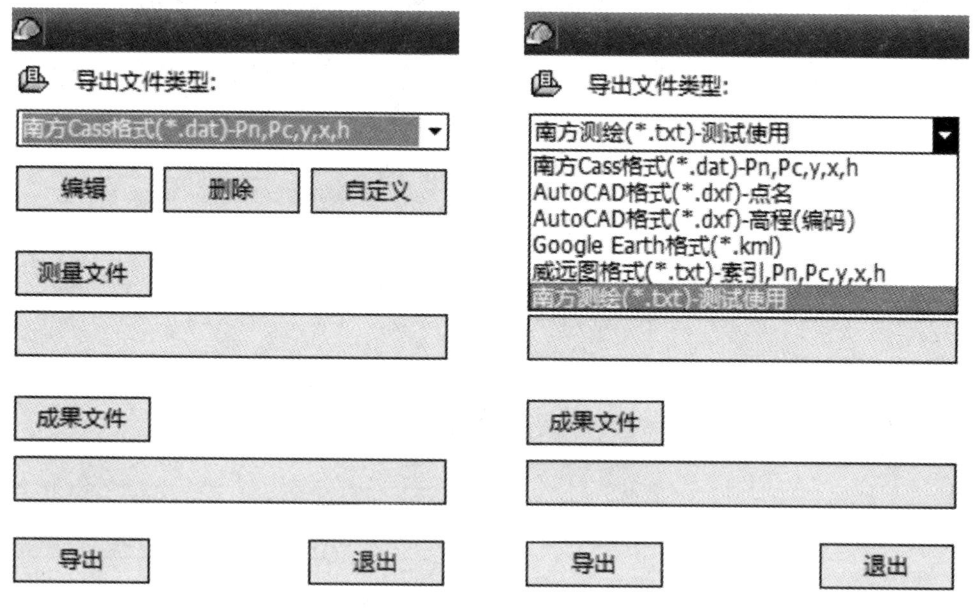

图 6-29 选择文件输出的格式及路径

图 6-30 选择文件格式

在数据格式里面选择需要输出的格式，如图 6-30，也可以自定义输出格式，如图 6-31。

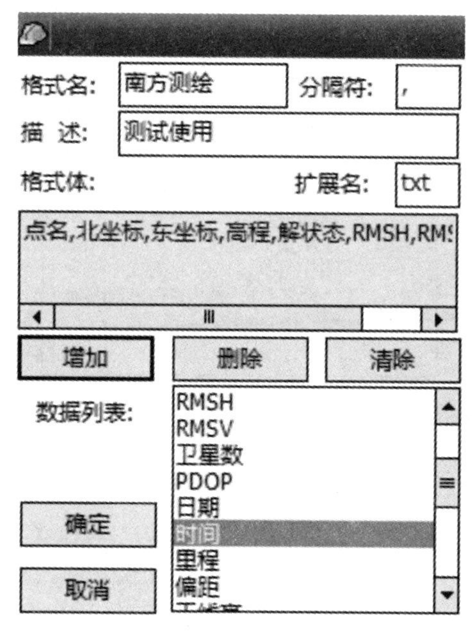

图 6-31 自定义文件格式

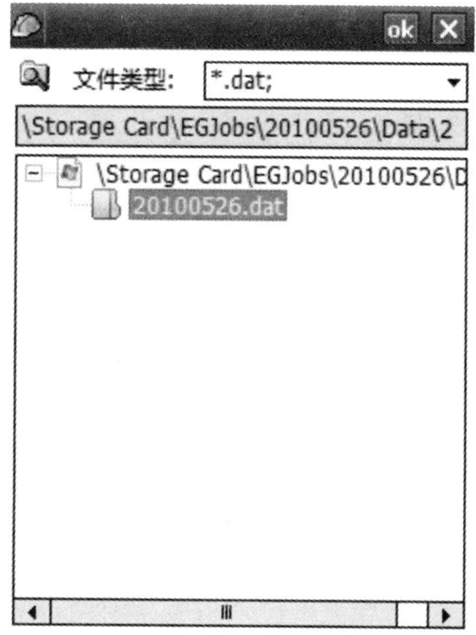

图 6-32 选择需要输出的原始测量数据文件

此处的编辑只能编辑自己添加的自定义的文件类型，系统固定的文件格式不能编辑。选择数据格式后，单击“测量文件”，选择需要转换的原始数据文件，如图 6-32。然后单击

“确定”,出现如图 6-33 所示界面。

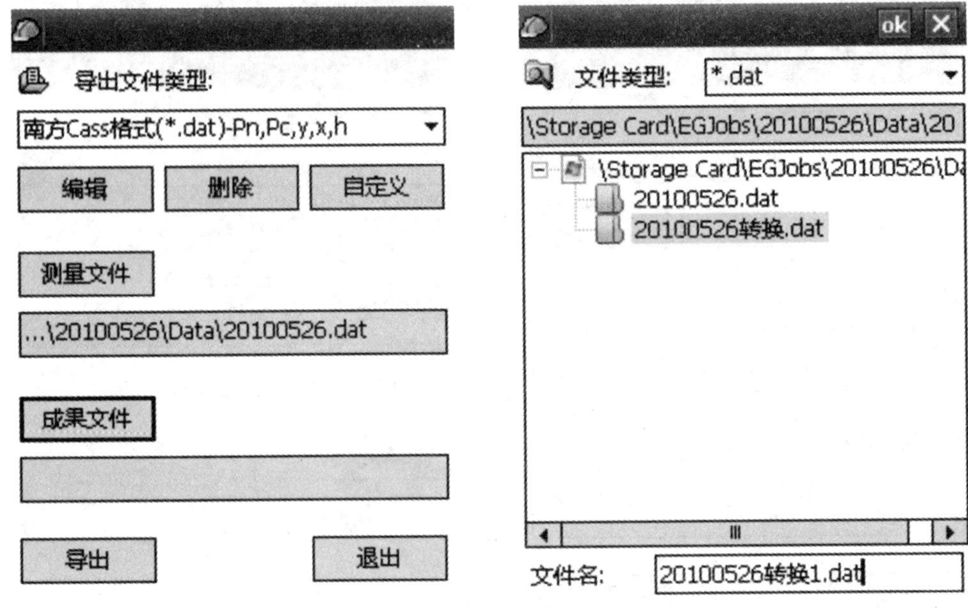

图 6-33 选择源文件完成　　图 6-34 输入目标文件的名称

此时单击“成果文件”,输入转换后保存文件的名称,如图 6-34。

然后单击“确定”出现如图 6-35 所示界面。

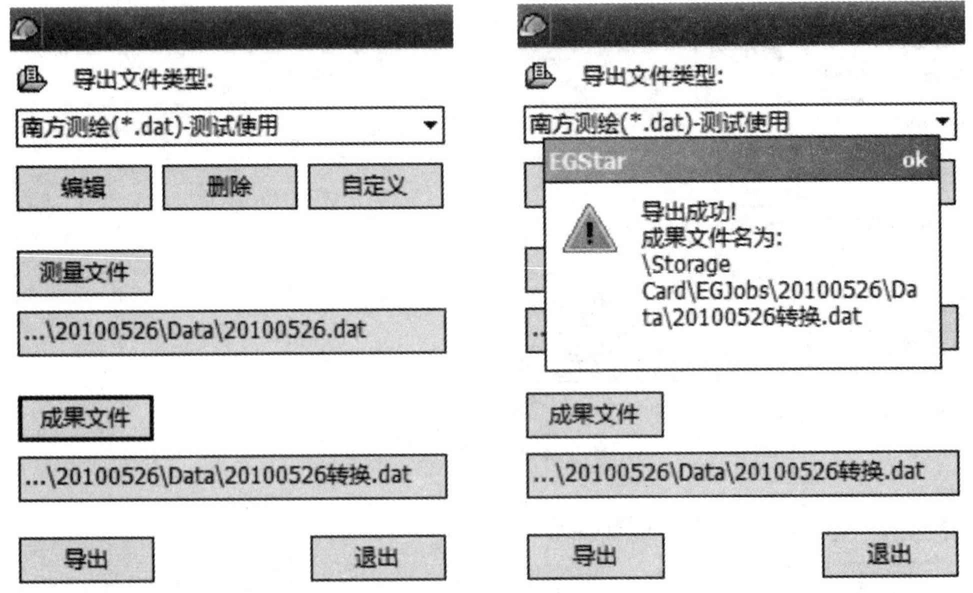

图 6-35 数据格式、源文件和目标文件设置完毕　　图 6-36 转换后的成果文件路径

最后单击“导出”,出现如图 6-36 所示的界面,则文件已经转换为所需要的格式。转换格式后的数据文件保存在“\Storage Card\EGJobs\20100526\data\”中。

9. 手簿与电脑的连接

9900 手簿与电脑的连接使用的软件是微软的同步软件(Microsoft ActiveSync)。

(1)从网站上或随机光盘上下载同步软件，安装在电脑上。如图 6-37。

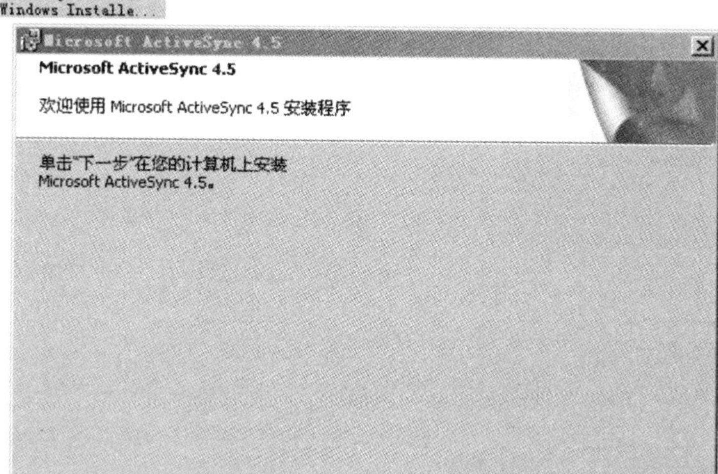

图 6-37　软件安装

(2)手簿和电脑 USB 相连，如图 6-38、图 6-39。

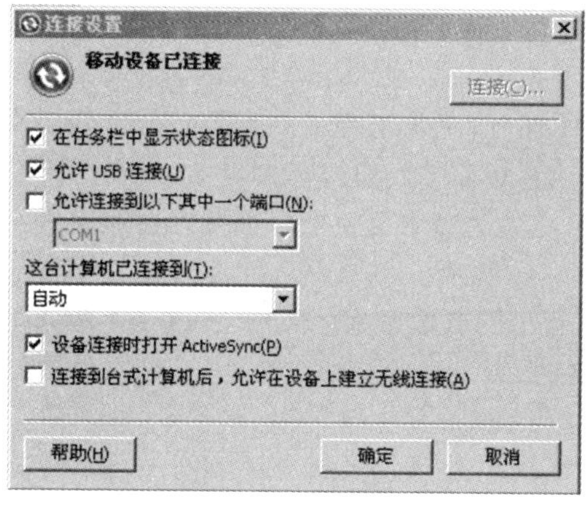

图 6-38　连接设置

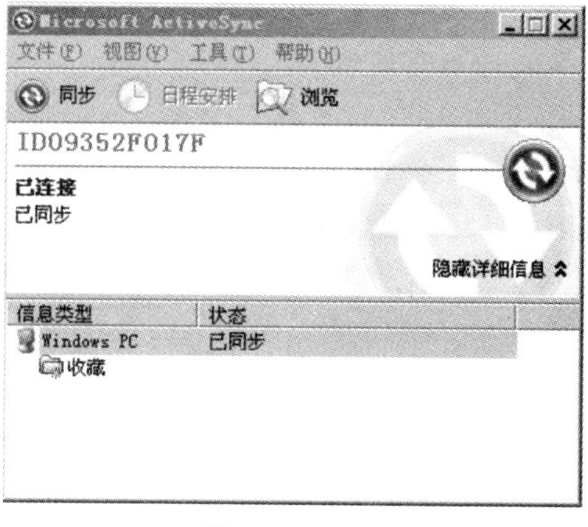

图 6-39　已连接

(3)点击 浏览，依次打开 我的 Windows 移动设备 Storage Card EGJobs 便可进入工程文件夹。如图 6-40。

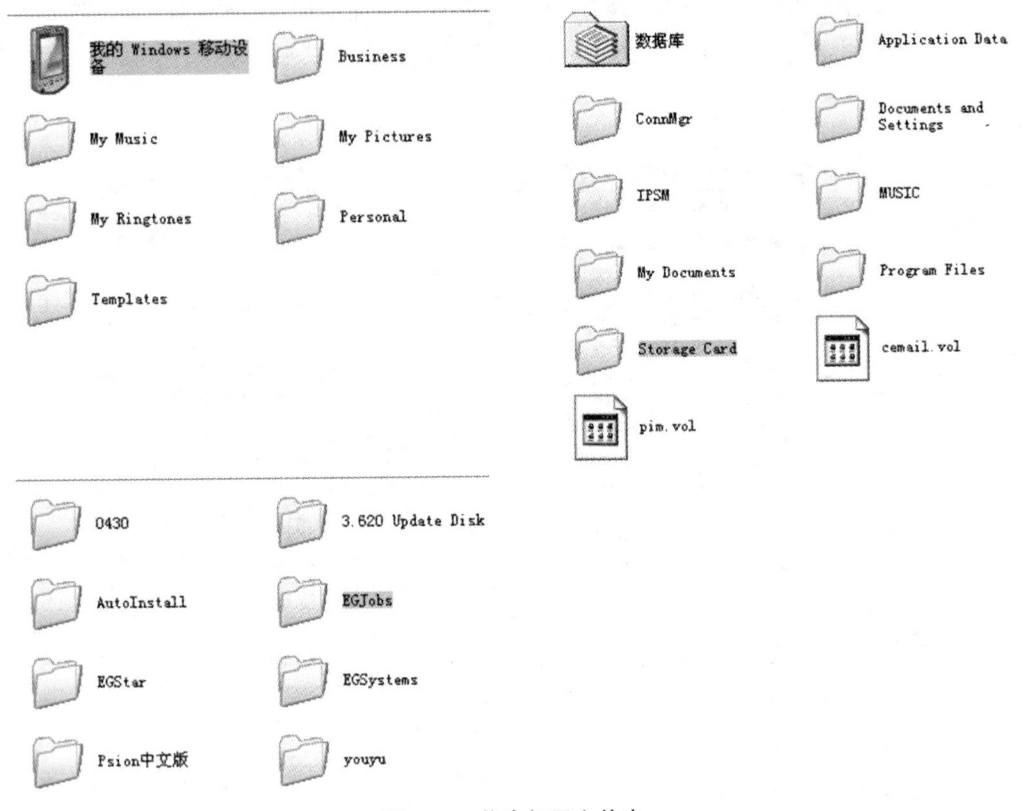

图 6-40　依次打开文件夹

10. 坐标管理库

坐标管理库是《工程之星 3.0》中比较重要的部分，它与工程中的参数是紧密联系在一起的，具有联动性。所以，在操作中用户一定要注意相关方面的内容。

说明：用来管理测量中要使用的坐标，凡《工程之星》涉及的坐标都可以在这里进行查看、编辑和存储，包括平面坐标、经纬度等，如图 6-41 所示。

注意：《工程之星 3.0》的坐标管理库是和工程中的参数紧密相关的，即改变工程中的参数，坐标管理库中的与参数相关的坐标是会改变的，牵涉到的坐标文件是“.nib”文件，“.dat”中的文件不会改变。

操作：输入→坐标管理库。

《工程之星 3.0》坐标管理库提供测量点搜索功能，可以通过点名或编码关键字搜索。图 6-42“点名”处输入搜索信息。

坐标管理库中采用彩色显示，索引列可以直观地看到坐标类型，绿色代表平面坐标，黄色代表经纬度，蓝色代表空间直角坐标且前面的图标代表属性类型，以及输入点、控制点等类型。

坐标管理库的使用：

(1)增加：在坐标管理库中增加一个点。单击“增加”，出现如图 6-43 所示界面。输入点

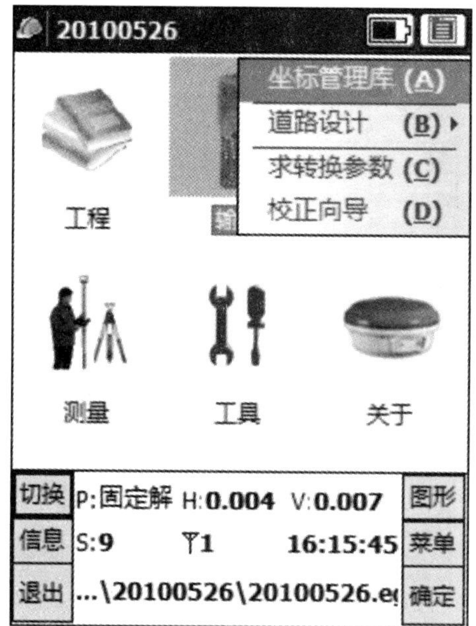

图 6-41 坐标管理库进入界面

图 6-42 坐标管理库

的所有信息，并选择坐标类型和属性类型后，单击“确定”，增加点完成，可以在坐标管理库中查看输入的点，如图 6-44。

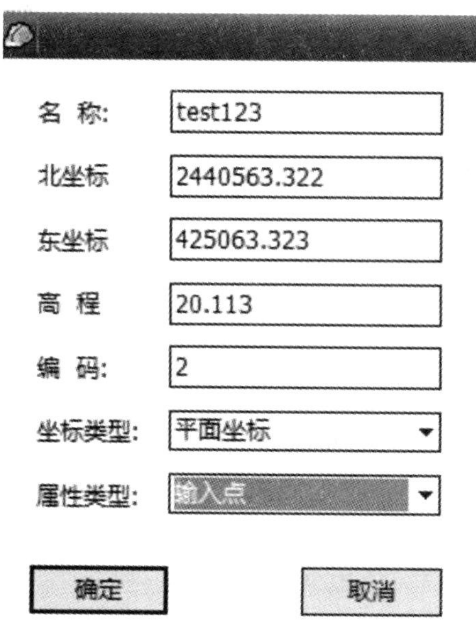

图 6-43 增加点

图 6-44 查看增加点

(2)编辑：如果一个点的坐标有问题，可以先选中这个点，然后单击“编辑”，弹出的对话框中列出了这个点的坐标，可以在这里对点的坐标进行编辑，如图 6-45 所示。此处的编辑是不能够改变坐标类型和属性类型的。编辑完成后单击“确定”即可。

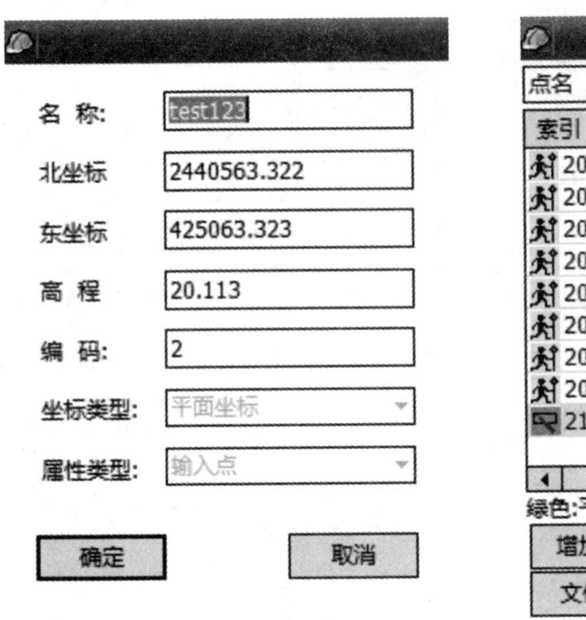

图 6-45　编辑点

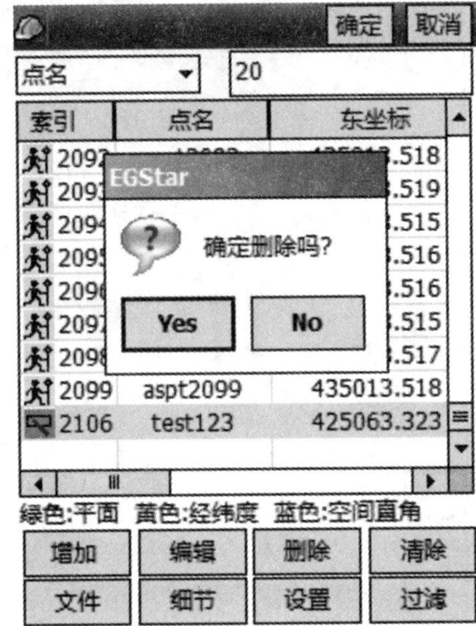

图 6-46　删除点

(3)删除:如果一个点的坐标不需要,可以直接在坐标管理库中删除,如图 6-46 所示。

注意:对坐标管理库中的坐标所做更改的结果保存在坐标管理库中,即在格式为“＊.rib”的文件里,在坐标管理库中所做的更改对原始坐标文件(即“＊.dat”和“＊.RTK”的文件)不起作用,原始坐标文件的数据不会有变化。

(4)文件:可以对坐标进行保存、导入和导出等操作,如图 6-47。

图 6-47　文件

①保存：对当前坐标管理库中的坐标进行保存，不管是当前工程中的坐标，还是调入的其他工程中的坐标，只要是显示在当前坐标管理库中的坐标，都会被保存在信息文件夹中，《工程之星 3.0》的信息文件夹为“info”文件夹，是和“data”文件夹平行的文件夹，保存的文件后缀名为 nib。

②导入：把当前工程或其他工程中的坐标导到当前工程的坐标管理库中，后缀名为“.dat”“.RTK”“.nib”“.txt”等格式的数据文件都可以导入坐标管理库。单击“导入”，出现如图 6-48 界面。

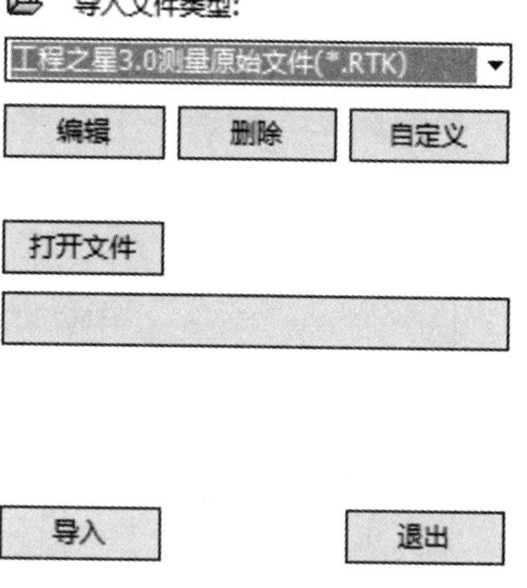

图 6-48　导入文件

在导入文件格式的下拉选项框中选择需要导入的文件格式，如图 6-49，主要有四种文件格式：“.dat”“.RTK”“.nib”和“.txt”，一般常用的是“.dat”和“.RTK”。

.dat：测量成果坐标(x，y，h)；

.rtk：测量成果原始坐标(WGS-84 经纬度坐标)；

.rib：坐标管理库中保存的坐标；

.txt：文本文件，可以是其他方式转换过来的，或是编辑出来的。

以导入一个 RTK 文件为例。选择“工程之星 3.0 经纬度文件(×RTK)”，点击“确定”出现如图 6-50 所示界面。

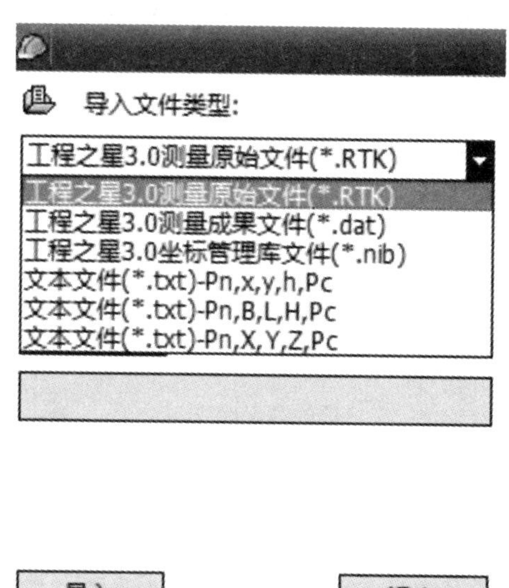

图 6-49　选择导入文件格式

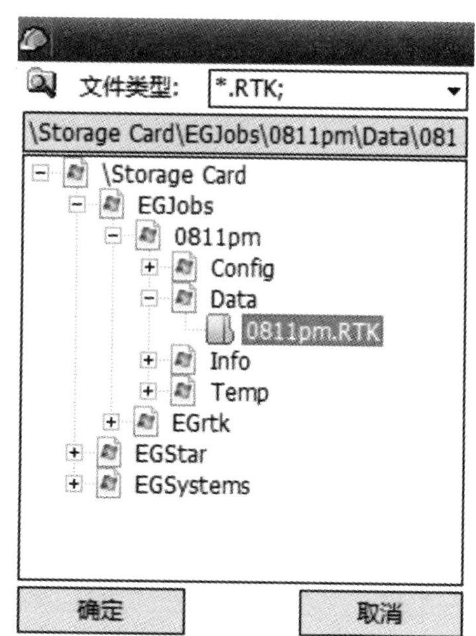

图 6-50　选择导入文件

选择好要导入的文件，如“工程 0811pm”下面的“Data”文件夹下的“0811pm.RTK”，单击“确定”，出现如图 6-51 所示界面。

③导出：把坐标管理库里的坐标保存到指定的文件夹下。

选择“文件”→“导出”，出现如图6-52界面。在第一个下拉选项框中选择导出的数据格式，然后点击“成果文件”，输入成果文件所保存的文件名，如图6-53所示。

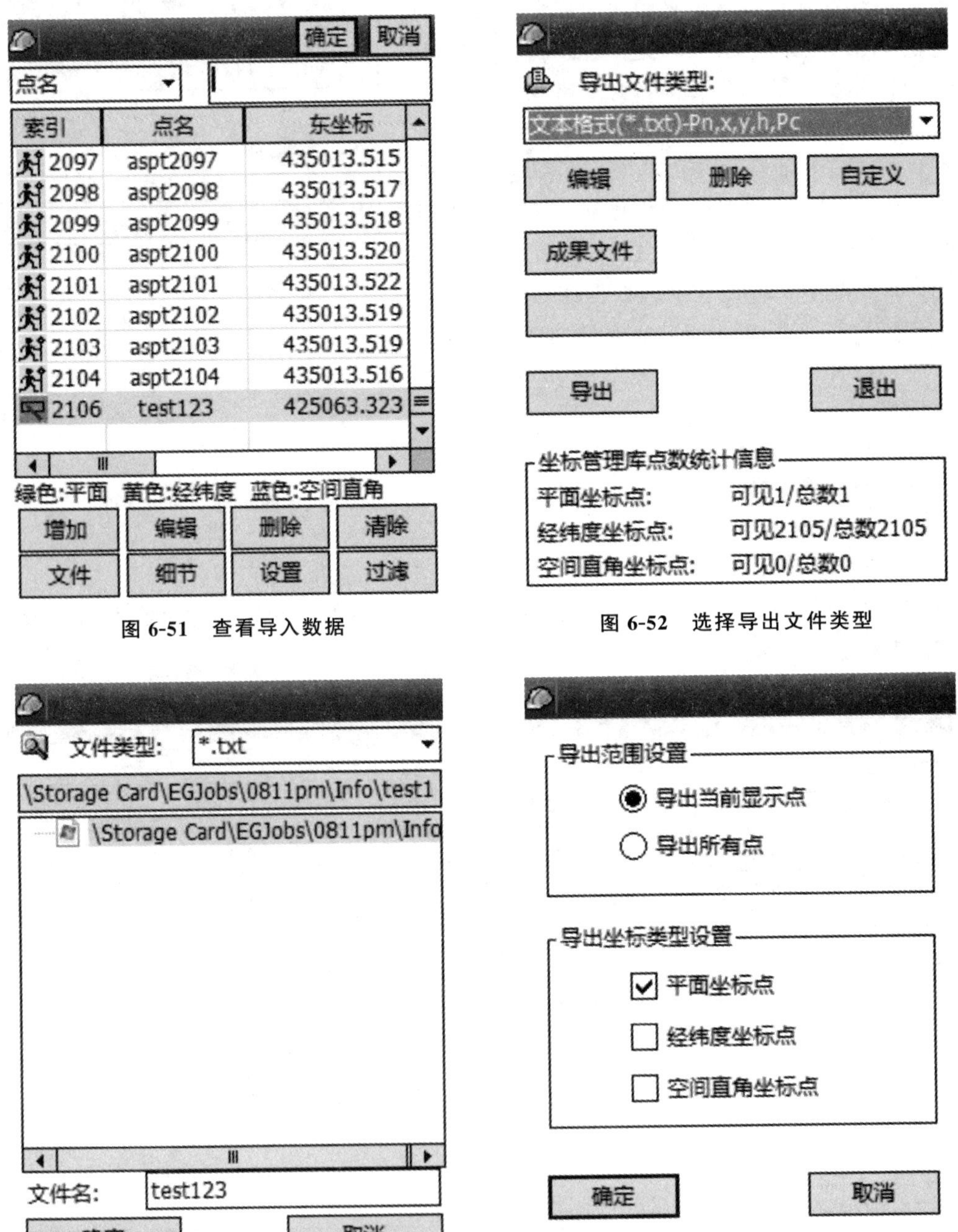

图6-51 查看导入数据

图6-52 选择导出文件类型

图6-53 输入成果文件名

图6-54 选择导出坐标类型

点击“确定”，弹出导出文件设置界面，坐标管理库中可能有多种类型的点，可以全部导出，也可以只导出某一类型的点，有测量点、控制点、输入点、计算点、放样点等。

选择好导出坐标类型，如图6-54，点击“确定”，出现如图6-55所示界面。

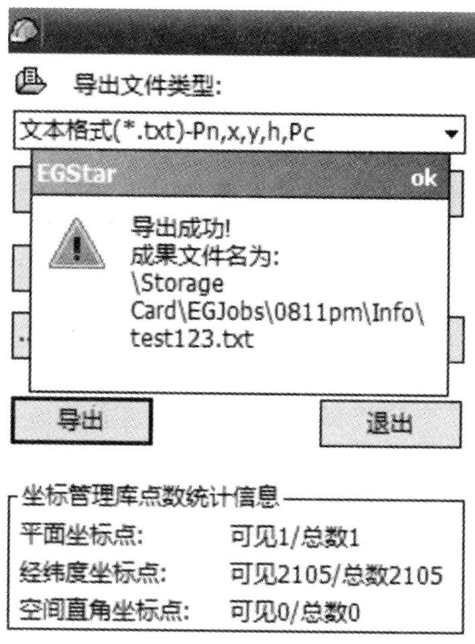

图 6-55　导出文件

文件导出完毕,文件保存在界面上提示的路径。

(5)细节:细节分为点细节和库细节。通过点细节可以查看每个坐标点的详细信息,如图 6-56 所示。

(a)　　(b)

图 6-56　点细节

库细节可以查看坐标管理库的综合信息,方便查阅,如图 6-57 所示。

(6)设置:通过设置界面可以设置坐标的显示类型与每个坐标信息显示顺序,如图6-58所示。

(7)过滤:如果不需要在坐标管理库显示所有类型的点,点击“过滤”,出现如图6-59所示界面。

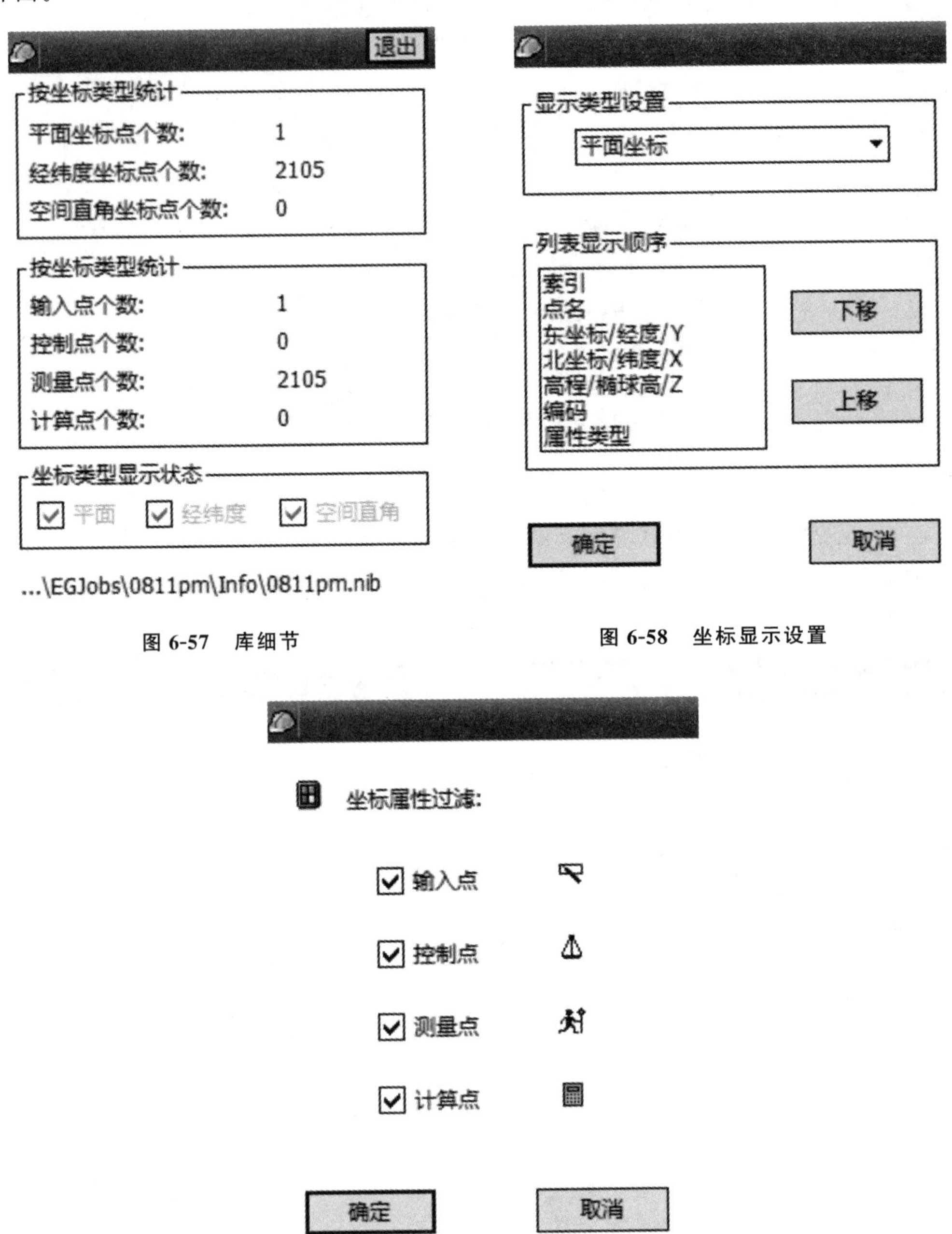

图6-57　库细节

图6-58　坐标显示设置

图6-59　过滤

勾选需要显示的点的类型,单击“确定”,则退出坐标管理库并保存对坐标管理库的修改；单击“取消”，则退出坐标管理库并询问是否保存对坐标管理库的修改。

11. 网络设置

随着网络在 RTK 应用中的推广，测量变得日益轻松。目前网络应用最广的是单基站和多基站 VRS(virtual reference stedrion，虚拟参考站)系统，它免去了每天都要求参数的麻烦，移动站的作用距离也更加广泛，使得测量更加精确和快捷。以下简要介绍 RTK 网络的设置连接等。

(1)网络连接

连接网络之前需要对主机模块进行设置。以后再用网络，如果使用的是同样的基站系统，则不需要再进行设置，直接开机把移动站设成移动站网络模式即可，主机会自动拨上网络的。

(2)网络设置

网络设置的方法很多，电脑和手簿都可以对主机进行设置。电脑上设置主要用的软件有《灵锐助手》、模块设置工具(模块升级压缩包里自带)，手簿上设置主要用的有《工程之星》和网络设置工具。下面以《工程之星》为例来进行设置。

①用《工程之星》进行设置

打开《工程之星》，连接上主机，主机调到移动站网络模式。

配置→网络设置，进入如图 6-60 所示网络设置界面。

图 6-60　网络设置

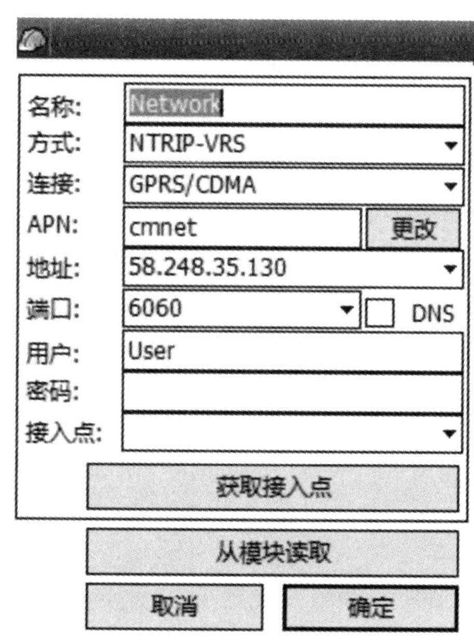

图 6-61　网络参数设置

点击“编辑”或“增加”按钮，出现如图 6-61 所示界面。“从模块读取”功能用来读取模块上上次存储的信息，点击并读取成功后，会将上次的信息填写到输入栏中，以供检查和修改，如图 6-62。

如图 6-62 所示，依次输入相应的网络配置信息，如无特殊的说明，APN 平常用到的都是 cmnet，一些网络系统用到的另外上网方式(专卡专用)，此处就要修改，接入点不需要输入。

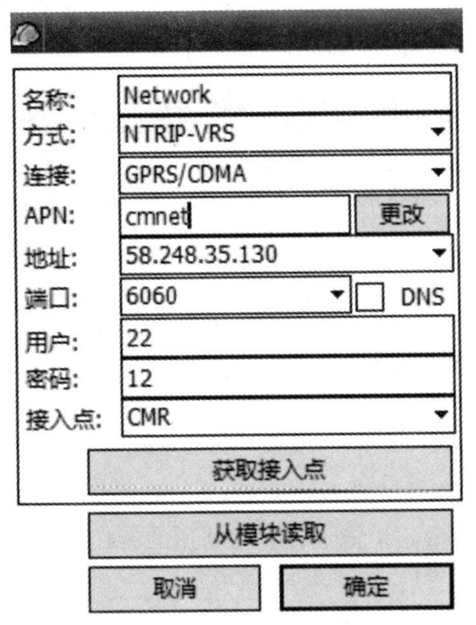

图 6-62　网络参数输入

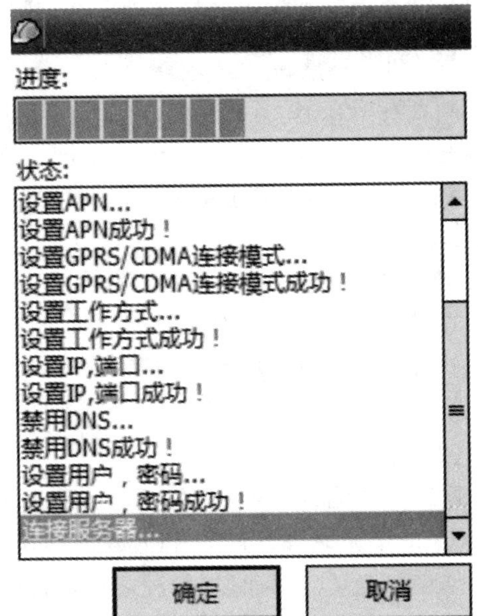

图 6-63　获取接入点

注:对于 NTRIP-VRS 模式,一组账号和密码只能供任意的一台机子来使用,不能同时使用于 2 台或 2 台以上的机子。

输完后,点击“获取接入点”,如图 6-63,进入获取源列表界面,《工程之星》会对主机模块进行输入信息的设置,以及登录服务器,获取到所有的接入点。

然后在网络配置界面下,接入点后面的下拉框中选择需要的接入点,点击“确定”会将该配置配置到主机的模块,如图 6-62。按“确认”返回网络配置界面,如图 6-64 所示,设置完成。

图 6-64　保存网络配置

②网络连接

在网络设置初始页面点击“连接”，进入网络连接界面，如图 6-65。

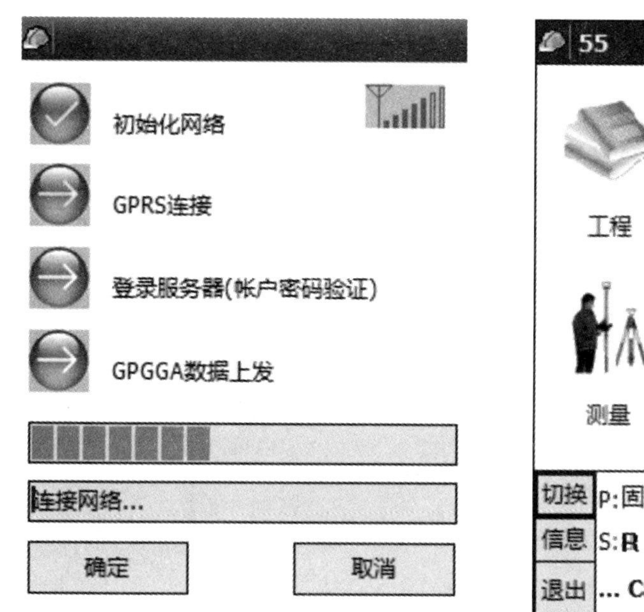

图 6-65　连接

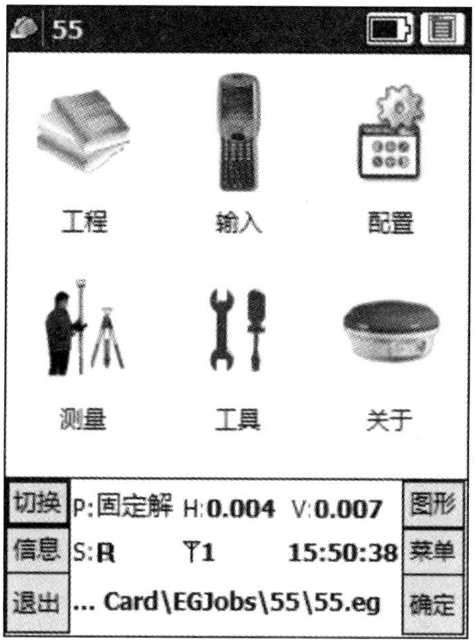

图 6-66　连接上网络

主机会根据程序步骤一步步地进行拨号连接，下面的对话分别会显示连接的进度和当前进行到的步骤的文字说明(账号、密码错误或是卡欠费等错误信息都可在此处显示出来)。连接成功，上发 GGA 之后点“确定”，进入《工程之星》初始界面，如图 6-66。

设置成功后很快就应该接收到差分信息，当状态达到固定解时，就可以进行测量的其他全部操作了。

思考练习题

1. GPS 由哪些部分构成？其定位的基本原理是什么？

2. GPS 地面监控有哪些？各有什么作用？

3. GPS 网的图形布设有哪几种基本形式？

4. 简述 GPS 网的布网原则。

5. GPS 相对于其他导航系统有何特点？

6. GPS 卫星定位的基本原理是什么？为了达到定位精度要求，至少需要同步观测多少颗卫星？为什么？

7. 影响卫星轨道的摄动力的因素主要有哪些？

8. 什么叫多路径误差？在 GPS 测量中可采用哪些方法来消除或削弱多路径误差？

第7章　测量误差的基本知识

【教学要求】

知识准备	能力要求	相关知识点
测量误差概述	(1)认识误差产生的原因 (2)熟悉测量误差的分类 (3)了解偶然误差的特性	(1)真误差 (2)观测条件 (3)系统误差 (4)偶然误差
评定精度的指标	(1)了解中误差 (2)了解相对中误差 (3)熟悉极限误差	(1)测量精度 (2)中误差 (3)相对中误差 (4)极限误差
误差传播定律及其应用	(1)能进行简单的倍数函数的中误差计算 (2)能进行简单和或差函数的中误差计算 (3)能进行简单线性函数的中误差计算 (4)了解一般函数的中误差	(1)误差传播 (2)倍数函数的中误差 (3)和或差函数的中误差 (4)线性函数的中误差 (5)一般函数的中误差

7.1　测量误差概述

测量实践表明,在测量工作中,无论测量仪器设备多么精密,无论观测者多么仔细认真,也无论观测环境多么良好,在测量结果中总是有误差存在。例如,对某一三角形的三个内角进行观测,其三个角值之和不等于180°;又如,观测某一闭合水准路线,各测站的高差之和也不等于零。这种差异表现为测量结果与观测量客观存在的真值之间的差值。这种差值称为真误差。一般用Δ表示真误差,用X表示真值,用L表示观测值。

$$\Delta = L - X \tag{7-1}$$

7.1.1　测量误差产生的原因

引起测量误差的因素有很多,概括起来主要有以下三个方面:

1. 测量仪器

测量工作中，测量仪器设备本身的精密程度必然对观测结果的精度产生影响，仪器设备在使用前虽经过了校正，但残余误差仍然存在，测量结果中就不可避免地包含了这种误差。

2. 观测者

测量工作离不开人的参与，由于观测者的感觉器官的鉴别能力有限，所以无论怎样仔细地工作，在仪器的安置、照准、读数等方面都会产生误差。

3. 外界条件

观测时所处的外界条件，如温度、湿度、风力、气压等因素的影响，必然使观测结果产生误差。

测量仪器、观测者和外界条件这三方面的因素综合起来称为观测条件。观测条件与观测结果的精度有着密切的关系。在较好的观测条件下进行观测所得的观测结果的精度就要高一些；反之，观测结果的精度就要低一些。

7.1.2　测量误差的分类

根据测量误差对观测结果的影响性质不同，测量误差可分为系统误差和偶然误差两类。

1. 系统误差

在相同的观测条件下对某量进行一系列观测，如果误差出现的符号及大小均相同或按一定的规律变化，这种误差称为系统误差。

系统误差产生的原因主要是仪器制造或校正不完善、观测人员操作习惯和测量时外界条件等引起的。如量距中用名义长度为 30 m 而经检定后实际长度为 30.001 m 的钢尺，每量一尺段就有 0.001 m 的误差，丈量误差与距离成正比。可见系统误差具有积累性。又如某些观测者在照准目标时，总习惯于把望远镜十字丝对准目标的某一侧，也会使观测结果带有系统误差。

在实际测量工作时，系统误差可以采取适当的观测方法或加改正数来消除或减弱其影响。如在水准测量中采用前后视距相等来消除视准轴与水准管轴不平行而产生的误差，在水平角观测中采用盘左盘右观测来消除视准轴误差等。因此，只要找到系统误差的规律，就可以采取一定的观测方法、观测手段设法减小以至消除系统误差的影响。

2. 偶然误差

在相同的观测条件下对某量进行一系列观测，如果误差的符号和大小都具有不确定性，但就大量观测误差总体而言，又服从于一定的统计规律，这种误差称为偶然误差，也叫随机误差。如读数的估读误差、望远镜的照准误差、经纬仪的对中误差等等。偶然误差产生的原因是由观测者、仪器和外界条件等多方面引起的。对于偶然误差，通常采用增加观测次数来减小，提高观测成果的质量。

在观测过程中，系统误差与偶然误差是同时产生的，当系统误差采取了适当的方法加以消除或减弱以后，决定观测精度的主要因素就是偶然误差，偶然误差影响了观测结果的精确性，所以在测量误差理论中研究对象主要是偶然误差。

7.1.3 偶然误差的特性

偶然误差从表面上看似乎没有规律性，即从单个或少数几个误差的大小和符号的出现上呈偶然性，但从整体上对偶然误差加以归纳统计，则显示出一种统计规律，而且观测次数越多，这种规律性表现得越明显。

现以一测量实例进行统计分析。

在相同观测条件下独立地观测了98个三角形的全部内角，由于观测值中带有误差，各三角形的内角之和就不等于180°。

现将98个真误差进行统计分析：取1″为区间，将98个真误差按大小和正负号排列，以表格的形式统计出其在各区间的分布情况，见表7-1。

表7-1 偶然误差的区间分布

误差区间 dΔ	正误差(+Δ)		负误差(−Δ)		总数	
	个数 n	频率($\frac{n}{98}$)	个数 n	频率($\frac{n}{98}$)	个数 n	频率($\frac{n}{98}$)
0″～1″	21	0.214	20	0.204	41	0.418
1″～2″	14	0.143	15	0.153	29	0.296
2″～3″	10	0.102	9	0.092	19	0.194
3″～4″	4	0.041	4	0.041	8	0.082
4″～5″	0	0	1	0.010	1	0.010
5″以上	0	0	0	0	0	0
$\sum$	49	0.500	49	0.500	98	1.000

从表7-1中可以看出，该组误差的分布表现出如下规律：小误差比大误差出现的频率高；绝对值相等的正、负误差出现的频率几乎相同；误差都在一个小范围内，最大误差不超过5″。

统计大量的实验结果，总结出偶然误差具有如下四个特性：

(1)有限性：在一定观测条件下，偶然误差的绝对值不超过一定的限度。

(2)显小性：绝对值小的误差比绝对值大的误差出现的机会多。

(3)对称性：绝对值相等的正、负误差出现的概率大致相同。

(4)抵消性：随着观测次数无限增多，偶然误差的算术平均值趋近于零，即

$$\lim_{n\to\infty}\frac{[\Delta]}{n}=0 \tag{7-2}$$

式中，n 为观测次数；$[\Delta]=\Delta_1+\Delta_2+\Delta_3+\cdots+\Delta_n$。

显然，第四个特性是由第三个特性导出的。

为了更直观清晰地表达误差的分布情况，除了采用误差分布表的形式外，还可以利用图形形象地表达。如图7-1，以误差 Δ 的大小为横坐标，误差出现于各区间的频率(相对个数)除以区间的间隔值 dΔ 为纵坐标，建立坐标系并绘图，这样每一误差区间上的长方形面积就代表误差出现在该区间的相对个数，该图称为直方图。我们用直方图的形式来表示误差分

布情况。当误差个数 $n\to\infty$ 时，如果把误差间隔 dΔ 无限缩小，则图7-1中的各长方形顶点折线就变成了一条光滑的曲线，该曲线称为误差分布曲线，即正态分布曲线。图中曲线形状越陡峭，表示误差分布越密集，观测质量越高；曲线越平缓，表示误差分布越离散，观测质量越低。

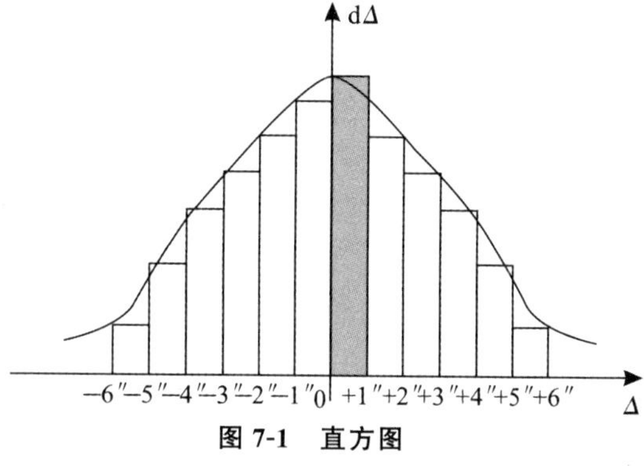

图 7-1 直方图

从误差分布曲线中可以看出，曲线中间高，两端低，表明小误差出现的机会大，大误差出现的机会小；曲线对称，表明绝对值相等的正、负误差出现的机会均等；曲线以横轴为渐近线，即最大误差不会超过一定限值。

7.2 评定精度的指标

研究测量误差最主要的目的就是衡量测量成果的精度。在测量工作中，观测质量是有优劣的，也就是精度有高有低。所谓精度，就是指误差分布的密集或离散的程度。为了较好地评定测量精度，衡量观测精度的高低，需要建立衡量精度的统一标准。

通常用以下几个数值指标作为评定测量精度的标准。

7.2.1 中误差

在相同的观测条件下，对某量进行了 n 次观测，其观测值为 $L_1,L_2,\cdots,L_n$，相应的真误差为 $\Delta_1,\Delta_2,\cdots,\Delta_n$，则定义该组观测值的中误差为各个真误差平方和的平均值的平方根，称为中误差，通常用 m 表示，即

$$m=\pm\sqrt{\frac{\Delta_1^2+\Delta_2^2+\cdots+\Delta_n^2}{n}}=\pm\sqrt{\frac{[\Delta\Delta]}{n}} \tag{7-3}$$

m 值越大，观测精度越低；m 值越小，则观测精度越高。

【例 7-1】对某三角形内角之和观测了5次，其三角形内角和的观测值与其真值180°相比较，真误差分别为+5″、−2″、0″、−4″、+3″，求观测值的中误差。

【解】$m=\pm\sqrt{\frac{[\Delta\Delta]}{n}}=\pm\sqrt{\frac{(+5)^2+(-2)^2+0^2+(-4)^2+(+3)^2}{5}}=\pm\sqrt{\frac{54}{5}}=\pm3.3''$

【例 7-2】设有甲、乙两组观测值，其真误差如下所示，分别求其观测值的中误差。

甲：−5″、−2″、0″、+4″、+2″

乙：−6″、+5″、0″、+5″、−5″

【解】

$$m_1=\pm\sqrt{\frac{25+4+0+16+4}{5}}=\pm3.1''$$

$$m_2=\sqrt{\frac{36+25+0+25+25}{5}}=\pm4.7''$$

因为 $m_1 < m_2$，所以甲组观测精度比乙组观测精度高。

7.2.2 相对中误差

中误差是一种绝对误差，当观测误差与观测值的大小有关时，仅用中误差不能准确地反映观测精度的高低。例如，用钢尺丈量 100 m 及 400 m 两段距离，两段距离的中误差均为 ±0.01 m，两者的中误差相同，若用中误差来衡量精度，两段距离丈量的精度是相等的。但就单位长度的测量精度而言，两者并不相同，显然前者的丈量精度要比后者低。因此，必须引入相对中误差(简称相对误差)这一精度指标。

相对误差定义为观测值中误差(绝对误差、容许误差、真误差)的绝对值与观测值之比，通常化成分子为 1 的分数形式

$$K=\frac{|\text{中误差}|}{\text{观测值}}=\frac{|m|}{L}=\frac{1}{\frac{L}{|m|}} \tag{7-4}$$

根据相对误差的定义，上述两段距离丈量中，相对中误差分别为 $K_1=\frac{1}{10000}$，$K_2=\frac{1}{40000}$。显然，400 m 的长度相对中误差小于 100 m 长度的相对中误差，丈量 400 m 段精度要高些。

7.2.3 极限误差

偶然误差的第一个特性说明，在一定观测条件下，偶然误差的绝对值不会超过一定的限值，这个限值就是极限误差。在测量工作中，如果观测误差的绝对值小于极限误差，则认为该观测值合格。如果观测误差的绝对值大于极限误差，就认为观测值不合格，该观测结果就舍去。那么应该如何确定这个限值呢?

实践证明，等精度观测的一组误差中，绝对值大于 2 倍中误差的偶然误差出现的可能性约为 5%，大于 3 倍中误差的偶然误差出现的可能性仅为 0.3%。这个规律就是确定极限误差的依据。

在实际测量工作中，通常采用 2 倍中误差作为极限误差

$$\Delta_{\text{限}}=2m \tag{7-5}$$

当要求较低时，也采用 3 倍中误差作为极限误差

$$\Delta_{\text{限}}=3m \tag{7-6}$$

极限误差也称为容许误差或允许误差。

7.3 误差传播定律及其应用

在实际测量工作中，有些未知量往往不能直接测得，而是通过某些直接观测值间接计算得到的。例如，在水准测量中，一测站的高差是由前、后尺读数计算得到的，即 $h=a-b$。读

数 a、b 是直接观测值,高差 h 是 a、b 的函数。显然,观测值 a、b 的测量误差必然会影响其函数 h 的精度。阐述观测值的中误差与其函数中误差之间关系的定律称误差传播定律。

下面就具体推导误差传播定律的公式形式。

7.3.1　倍数函数的中误差及其应用

设有倍数函数

$$z=kx \tag{7-7}$$

式中,x 为独立观测值,其中误差为 m_x,k 为常数,如果 x 产生真误差 Δx,则其函数 z 也产生误差 Δz,即有

$$z+\Delta z=k(x+\Delta x) \tag{7-8}$$

式(7-8)减去式(7-7),得

$$\Delta z=k\Delta x \tag{7-9}$$

若对 x 同精度观测了 n 次,则有

$$\begin{cases}\Delta z_1=k\Delta x_1\\ \Delta z_2=k\Delta x_2\\ \quad\vdots\\ \Delta z_n=k\Delta x_n\end{cases} \tag{7-10}$$

将式(7-10)各式两边平方,然后相加得

$$[\Delta z^2]=k^2[\Delta x^2] \tag{7-11}$$

将式(7-11)两边除以 n,得

$$\frac{[\Delta z^2]}{n}=k^2\frac{[\Delta x^2]}{n} \tag{7-12}$$

式(7-12)中,$\frac{[\Delta z^2]}{n}=m_z^2$,$\frac{[\Delta x^2]}{n}=m_x^2$,则式(7-12)可写为

$$m_z^2=k^2m_x^2 \text{ 或 } m_z=km_x \tag{7-13}$$

式(7-13)即为观测值倍数函数中误差的计算公式。

【例 7-3】在 1∶1000 地形图上,量得某段距离 $d=50.50$ cm,测量中误差 $m_d=\pm 0.1$ cm,求该段距离的实际长度和中误差。

【解】

$$D=kd=1000\times 50.50=50500\text{ cm}=505\text{ m}$$

$$m_D=km_d=\pm 1000\times 0.1=\pm 100\text{ cm}=\pm 1.0\text{ m}$$

所以,实际长度 $D=(505\pm 1.0)$m。

7.3.2　和或差函数的中误差及其应用

设有和差函数

$$z=x\pm y \tag{7-14}$$

式中,x、y 为独立观测值,其中误差分别为 m_x、m_y,如果 x、y 各产生真误差 Δx、Δy,则其函数 z 也产生真误差 Δz,即有

$$z+\Delta z=(x+\Delta x)\pm(y+\Delta y) \tag{7-15}$$

式(7-15)减去式(7-14),得

$$\Delta z=\Delta x\pm\Delta y \tag{7-16}$$

若对 x、y 同精度各观测了 n 次,则有

$$\begin{cases}\Delta z_1=\Delta x_1\pm\Delta y_1\\ \Delta z_2=\Delta x_2\pm\Delta y_2\\ \quad\vdots\\ \Delta z_n=\Delta x_n\pm\Delta y_n\end{cases} \tag{7-17}$$

将式(7-17)各式两边平方,然后相加得

$$[\Delta z^2]=[\Delta x^2]+[\Delta y^2]\pm 2[\Delta x\Delta y] \tag{7-18}$$

将式(7-18)两边除以 n,得

$$\frac{[\Delta z^2]}{n}=\frac{[\Delta x^2]}{n}+\frac{[\Delta y^2]}{n}\pm 2\frac{[\Delta x\Delta y]}{n} \tag{7-19}$$

式(7-19)中,Δx、Δy 均为相互独立的偶然误差;$[\Delta x\Delta y]$也具有偶然误差的特性,由偶然误差的特性(4)可知,当 $n\to\infty$时,$\frac{[\Delta x\Delta y]}{n}$趋近于零。

式(7-19)中,$\frac{[\Delta z^2]}{n}=m_z^2$,$\frac{[\Delta x^2]}{n}=m_x^2$,$\frac{[\Delta y^2]}{n}=m_y^2$,则式(7-19)可写为

$$m_z^2=m_x^2+m_y^2 \text{ 或 } m_z=\pm\sqrt{m_x^2+m_y^2} \tag{7-20}$$

式(7-20)即为观测值和或差函数中误差的计算公式。

【例 7-4】在水准测量中,若水准尺上每次读数中误差为±1.0 mm,则每站高差中误差是多少?

【解】

$$h=a-b$$

$$m_h=\pm\sqrt{m_a^2+m_b^2}=\pm\sqrt{1.0^2+1.0^2}=\pm 1.4\text{ mm}$$

7.3.3 线性函数的中误差及其应用

设有线性函数

$$z=k_1x_1\pm k_2x_2\pm\cdots\pm k_nx_n \tag{7-21}$$

式中,$x_1,x_2,\cdots,x_n$为独立观测值,其中误差分别为 $mx_1,mx_2,\cdots,mx_n$,$k_1,k_2,\cdots,k_n$ 为常数。如果观测值 $x_1,x_2,\cdots,x_n$ 各产生真误差 $\Delta x_1,\Delta x_2,\cdots,\Delta x_n$,则其函数 z 也产生真误差 Δz,即有:

$$z+\Delta z=k_1(x_1+\Delta x_1)\pm k_2(x_2+\Delta x_2)\pm\cdots\pm k_n(x_n+\Delta x_n) \tag{7-22}$$

将式(7-22)减去式(7-21)得:

$$\Delta z=k_1\Delta x_1\pm k_2\Delta x_2\pm\cdots\pm k_n\Delta x_n \tag{7-23}$$

若对观测值 $x_1,x_2,\cdots,x_n$进行了 n 次等精度观测,则有:

$$\begin{cases}\Delta z_1=k_1\Delta x_{11}\pm k_2\Delta x_{21}\pm\cdots\pm k_n\Delta x_{n1}\\ \Delta z_2=k_1\Delta x_{12}\pm k_2\Delta x_{22}\pm\cdots\pm k_n\Delta x_{n2}\\ \quad\vdots\\ \Delta z_n=k_1\Delta x_{1n}\pm k_2\Delta x_{2n}\pm\cdots\pm k_n\Delta x_{nn}\end{cases} \tag{7-24}$$

把式(7-24)各式两边平方，相加后再除以 n 得：

$$\frac{[\Delta z^2]}{n}=k_1^2\frac{[\Delta x_1^2]}{n}+k_2^2\frac{[\Delta x_2^2]}{n}+\cdots+k_n^2\frac{[\Delta x_n^2]}{n}+2k_1k_2\frac{[\Delta x_1\Delta x_2]}{n}+2k_2k_3\frac{[\Delta x_2\Delta x_3]}{n}+\cdots,$$

根据偶然误差的第(4)个特性，上式可写成：

$$\frac{[\Delta z^2]}{n}=k_1^2\frac{[\Delta x_1^2]}{n}+k_2^2\frac{[\Delta x_2^2]}{n}+\cdots+k_n^2\frac{[\Delta x_n^2]}{n} \tag{7-25}$$

根据中误差的定义，则有：

$$m_z^2=k_1^2m_{x1}^2+k_2^2m_{x2}^2+\cdots+k_n^2m_{xn}^2$$

$$m_z=\pm\sqrt{k_1^2m_{x1}^2+k_2^2m_{x2}^2+\cdots+k_n^2m_{xn}^2} \tag{7-26}$$

式(7-26)即为观测值线性函数中误差的计算公式。

【例 7-5】用经纬仪观测某角四个测回，其观测值为 $L_1=90°35'36''$，$L_2=90°35'42''$，$L_3=90°35'24''$，$L_4=90°35'30''$，如果一测回测角的中误差为 $\pm6''$，试求该角的中误差。

【解】该角值的最后结果 β 就是四测回所测角值的算术平均值，即

$$\beta=\frac{L_1+L_2+L_3+L_4}{4}$$

则

$$m_\beta=\pm\sqrt{\frac{4\times6^2}{4^2}}=\pm3''$$

7.3.4　一般函数的中误差及其应用

设有一般函数

$$z=f(x_1,x_2,\cdots,x_n) \tag{7-27}$$

式中，$x_1,x_2,\cdots,x_n$ 为独立观测值，其中误差分别为 $m_{x1},m_{x2},\cdots,m_{xn}$，若观测值 $x_1,x_2,\cdots,x_n$ 产生的真误差为 $\Delta x_1,\Delta x_2,\cdots,\Delta x_n$，则函数 z 也产生真误差 Δz。

现对函数取全微分，得

$$\mathrm{d}z=\frac{\partial f}{\partial x_1}\mathrm{d}x_1+\frac{\partial f}{\partial x_2}\mathrm{d}x_2+\cdots+\frac{\partial f}{\partial x_n}\mathrm{d}x_n \tag{7-28}$$

式(7-28)可用下式代替，即

$$\Delta z=\frac{\partial f}{\partial x_1}\Delta x_1+\frac{\partial f}{\partial x_2}\Delta x_2+\cdots+\frac{\partial f}{\partial x_n}\Delta x_n \tag{7-29}$$

式中，$\frac{\partial f}{\partial x}$ 为函数对自变量 x 的偏导数，当函数关系确定时，它们均为常数。

设 $\frac{\partial f}{\partial x_1}=k_1,\frac{\partial f}{\partial x_2}=k_2,\cdots,\frac{\partial f}{\partial x_n}=k_n$，因此，式(7-29)为线性函数的真误差关系式，则由式(7-26)可得

$$m_z^2=k_1^2m_{x1}^2+k_2^2m_{x2}^2+\cdots+k_n^2m_{xn}^2$$

即

$$m_z=\pm\sqrt{\left(\frac{\partial f}{\partial x_1}\right)^2m_{x1}^2+\left(\frac{\partial f}{\partial x_2}\right)^2m_{x2}^2+\cdots+\left(\frac{\partial f}{\partial x_n}\right)^2m_{xn}^2} \tag{7-30}$$

式(7-30)即为观测值一般函数中误差的计算公式。

通过以上推导可以看出，观测值线性函数中误差关系式是一般函数中误差关系式的特

殊形式。

【例 7-6】有一长方形,测得其长为(56.25±0.02) m,宽为(38.42±0.01) m。求该长方形的面积及其中误差。

【解】设长为 a,宽 b,面积为 S,则有

$$S=ab=56.25\times 38.42=2161.125\ \text{m}^2$$

$$m_S=\pm\sqrt{\left(\frac{\partial S}{\partial a}\right)^2 m_a^2+\left(\frac{\partial S}{\partial b}\right)^2 m_b^2}=\pm\sqrt{b^2m_a^2+a^2m_b^2}$$

$$=\pm\sqrt{38.42^2\times(\pm 0.02)^2+56.25^2\times(\pm 0.01)^2}$$

$$=\pm 0.95\ \text{m}^2$$

所以,该长方形的面积为 $S=(2161.125\pm 0.95)\ \text{m}^2$。

【例 7-7】$z=D\cos\alpha$,其中 $D=(56.32\pm 0.04)\text{m}$,$\alpha=60°30'18''\pm 12''$。试求相应 z 值及其中误差 m_z。

【解】

$$z=D\cos\alpha$$

$$m_{\Delta x}=\pm\sqrt{\left(\frac{\partial z}{\partial D}\right)^2 m_D^2+\left(\frac{\partial z}{\partial \alpha}\right)^2\left(\frac{m_\alpha}{\rho}\right)^2}=\pm\sqrt{\cos^2\alpha m_D{}^2+(-D\sin\alpha)^2\left(\frac{m_\alpha}{\rho}\right)^2}$$

$$=\pm\sqrt{\cos^2 60°30'18''\times 0.04^2+(-56.32\sin 60°30'18'')^2\left(\frac{12}{206265}\right)^2}$$

$$=\pm 0.02\text{m}$$

(计算中,$\frac{m_\alpha}{\rho}$是将角值化为弧度,$\rho=\frac{360°}{2\pi}=57.3°=3438'=206265''$)

思考练习题

1. 何谓测量误差?测量误差的来源有哪几个方面?

2. 什么叫系统误差?什么叫偶然误差?偶然误差有什么特性?

3. 什么叫中误差?什么叫相对中误差?什么叫极限误差?

4. 已知一测回测角中误差为±9″,欲使测角精度达到±2″,问至少需要几个测回?

5. 用钢尺进行距离丈量,共量了 6 个尺段,若每尺段丈量的中误差均为±2 mm,问全长中误差是多少?

6. 设有一 n 边形,每个内角的测角中误差均为±6″,求该 n 边形内角和闭合差的中误差。

7. 若水准测量中每公里观测高差的精度相同,则 K 公里观测高差的中误差是多少?若每测站观测高差的精度相同,则 n 个测站观测高差的中误差是多少?

8. 对某三角形 ABC 测量,测得边 $AB=(56.235\pm 0.010)\text{m}$,$\angle BAC=60°15'24''\pm 3.0''$,$\angle ABC=45°36'56''\pm 4.2''$,试计算边 BC 长及其中误差。

附录　测试题目

第1章　测量学的基本知识

一、单选题

1. 组织测量工作应遵循的原则是：布局上从整体到局部，精度上由高级到低级，工作次序上(　　)。

A. 先规划后实施　　B. 先细部再展开

C. 先控制后碎部　　D. 先碎部后控制

2. 测量的三要素是距离、(　　)和高差。

A. 坐标　　B. 气温　　C. 角度　　D. 方向

3. 我国目前采用的统一高程基准面是(　　)。

A. 青岛验潮站1956年平均海水面　　B. 青岛验潮站1985年黄海平均海水面

C. 青岛验潮站1956年黄海海水平面　　D. 青岛水准原点

4. 从测量平面直角坐标系的规定可知(　　)。

A. 象限与数学坐标象限编号顺序方向一致

B. X 轴为纵坐标轴，Y 轴为横坐标轴

C. 方位角由横坐标轴逆时针量测

D. 东西方向为 X 轴，南北方向为 Y 轴

5. 在(　　)为半径的范围内进行距离测量，可以把水准面当作水平面，可不考虑地球曲率对距离的影响。

A. 10 km　　B. 20 km　　C. 50 km　　D. 2 km

6. "1985国家高程基准"水准原点的高程为(　　)。

A. 72.260 m　　B. 72.289 m　　C. 72.301 m　　D. 72.2702 m

7. 地面点的空间位置是用(　　)来表达的。

A. 地理坐标　　B. 平面直角坐标

C. 坐标和高程　　D. 角度、距离、高程

8. 目前我国的1980国家大地坐标系的原点称为中华人民共和国大地原点，位于(　　)。

A. 山西　　B. 北京　　C. 陕西　　D. 四川

9. 首子午线的经度为0°，它经过(　　)。

A. 英国　　B. 美国　　C. 中国　　D. 法国

10. 高斯投影坐标系有3°带和6°带，它们是(　　)。

A. 分带平面坐标系　　B. 分带球面坐标系

C. 任意平面坐标系　　D. 空间三维坐标系

11. 大地水准面是通过(　　)的水准面。

A. 赤道　B. 地球椭球面　C. 平均海水面　D. 中央子午线

12. 以下不属于基本测量工作范畴的一项是(　　)。

A. 高差测量　B. 距离测量　C. 导线测量　D. 角度测量

13. 点的地理坐标中,平面位置是用(　　)表达的。

A. 直角坐标　B. 经纬度　C. 距离和方位角　D. 高程

14. 绝对高程是地面点到(　　)的铅垂距离。

A. 坐标原点　B. 大地水准面　C. 任意水准面　D. 赤道面

15. 测量工作主要包括测角、测距和测(　　)。

A. 高程　B. 方位角　C. 等高线　D. 地貌

16. 测量学的任务是(　　)。

A. 高程测量　B. 角度测量

C. 距离测量　D. 测定和放样地面点位

17. 地球的平均半径是(　　)。

A. 8844.43 km　B. 20000 km　C. 20 km　D. 6371 km

18. 我国西安-80 坐标系采用的是 1975 国际椭球,其参数是(　　)。

A. 6378245,1∶298.3　B. 6378137,1∶298.257

C. 6377397,1∶299.152　D. 6378140.1∶298.257

19. WGS-84 坐标系采用的是(　　)。

A. 克拉索夫斯基椭球　B. 1979 国际椭球

C. 1975 国际椭球　D. 1942 国际椭球

20. 在高斯 6°投影带中,带号为 N 的投影带的中央子午线的经度 λ 的计算公式是(　　)。

A. $\lambda=6N$　B. $\lambda=3N$　C. $\lambda=6N-3$　D. $\lambda=3N-3$

21. 在高斯 3°投影带中,带号为 N 的投影带的中央子午线的经度 λ 的计算公式是:(　　)。

A. $\lambda=6N$　B. $\lambda=3N$　C. $\lambda=6N-3$　D. $\lambda=3N-3$

22. 在 6°高斯投影中,我国为了避免横坐标出现负值,故规定将坐标纵轴向西平移(　　)km。

A. 100　B. 300　C. 500　D. 700

23. A 点的统一坐标为 $X_A=112240$ m,$Y_A=19343800$ m,则 A 点所在 6°带的带号及中央子午线的经度分别为(　　)。

A. 11 带,66　B. 11 带,63　C. 19 带,117　D. 19 带,111

24. 位于东经 116°28′、北纬 39°54′的某点所在 6°带带号及中央子午线经度分别为(　　)。

A. 20,120°　B. 20,117°　C. 19,111°　D. 19,117°

25. 在高斯投影中,离中央子午线越远,则变形(　　)。

A. 越大　B. 越小

C. 不变　D. 北半球越大,南半球越小

26. 卫星大地坐标系(WGS-84)采用的是(　　)坐标系。

A. 大地体球心　B. 地球质心

C. 空间坐标原点　D. 三维坐标原点

27. 大地坐标是以(　　)为基准面形成的。

A. 大地水准面　　B. 参考椭球面

C. 似大地水准面　　D. 水准面

28. 我国城市坐标系是采用(　　)。

A. 高斯正形投影平面直角坐标系　　B. 大地坐标系

C. 平面直角坐标系　　D. 任意坐标系

29. 目前中国建立的统一测量高程系和坐标系分别称为(　　)。

A. 渤海高程系、高斯平面直角坐标系

B. 1985 年国家高程基准、1980 年西安坐标系

C. 1956 年高程系、北京坐标系

D. 黄海高程系、WGS-84

30. 在半径为 10 km 的圆面积之内进行测量时,不能将水准面当作水平面看待的是(　　)。

A. 距离测量　　B. 角度测量　　C. 高程测量　　D. 方位角

二、多选题

1. 测量工作的原则是(　　)。

A. 由整体到局部　　B. 先测角后量距

C. 在精度上由高级到低级　　D. 先控制后碎部

E. 先进行高程控制测量后进行平面控制测量

2. 测量的基准面是(　　)。

A. 大地水准面　　B. 水准面

C. 水平面　　D. 1985 年国家高程基准面

3. 测量的基本工作(确定点位的三个要素)是(　　)。

A. 距离测量　　B. 水平角测量　　C. 碎部测量　　D. 控制测量

E. 高程测量

三、判断题(正确打"√",错误打"×")

1. 测量学是研究地球的形状和大小以及确定地面点位的科学。(　　)

2. 我国采用黄海平均海水面作为高程起算面,并在青岛设立水准原点,该原点的高程为零。(　　)

3. 在独立平面直角坐标系中,规定南北方向为纵轴,记为 X 轴,东西方向为横轴,记为 Y 轴。(　　)

4. 测量工作必须遵循的原则是"从整体到局部、先控制后碎部、高精度到低精度"。(　　)

5. 测量学的内容只包括测绘地形图。(　　)

6. 任意一水平面都是大地水准面。(　　)

7. 地面点到大地水准面的铅垂距离,称为该点的绝对高程,或称海拔。(　　)

8. 高斯平面直角坐标系,对于 6°带,任意带中央子午线经度 L_0 可用下式计算:$L_0=6N-3$,式中 N 为投影带的代号。(　　)

9. 确定地面点相对位置的三个基本要素是水平角、水平距离及高程。(　　)

10. 我国位于北半球,在高斯平面直角坐标系中,X 坐标均为正值,而 Y 坐标有正有负,为避免横坐标出现负值,故规定把坐标纵轴向西平移 500 km。(　　)

第2章　水准测量

一、单选题

1. 圆水准器轴与管水准器轴的几何关系为(　　)。

A. 互相垂直　　B. 互相平行　　C. 相交　　D. 不相交

2. 水准测量中,同一测站,当后尺读数大于前尺读数时,说明后尺点(　　)。

A. 高于前尺点　　B. 低于前尺点　　C. 高于测站点　　D. 无法判断

3. 水准仪置于 A、B 两点中间,$D_{AB}=80$ m,A 尺读数 $a=1.523$ m,B 尺读数 $b=1.305$ m,仪器移至 A 点附近,A、B 尺读数分别为 $a'=1.701$ m,$b'=1.462$ m,则(　　)。

A. LL // CC　　B. LL 不 // CC　　C. $L'L'$ // VV　　D. $L'L'$ 不 // VV

4. 从观察窗中看到符合水准气泡影像错动间距较大时,需(　　)使符合水准气泡影像符合。

A. 转动微倾螺旋　　B. 转动微动螺旋

C. 转动三个脚螺旋　　D. 转动制动脚螺旋

5. 水准仪观测时操作顺序是(　　)。

A. 粗平　精平　瞄准　读数　　B. 精平　粗平　瞄准　读数

C. 粗平　瞄准　精平　读数　　D. 以上均不正确

6. 进行往返路线水准测量时,从理论上说 $\sum h_{往}$ 与 $\sum h_{返}$ 之间应具备的关系是(　　)。

A. 符号相反,绝对值不等　　B. 符号相同,绝对值相同

C. 符号相反,绝对值相等　　D. 符号相同,绝对值不等

7. 水准测量中要求前后视距离大致相等的作用在于削弱(　　)影响,还可削弱地球曲率和大气折光的影响。

A. 圆水准轴与竖轴不平行的误差　　B. 十字丝横丝不垂直竖轴的误差

C. 读数误差　　D. 水准管轴与视准轴不平行的误差

8. 应用水准仪时,使圆水准器和水准管气泡居中,作用是分别判断(　　)。

A. 视线严格水平和竖轴铅直　　B. 精确水平和粗略水平

C. 竖轴铅直和视线严格水平　　D. 粗略水平和视线水平

9. 用望远镜观测中,当眼睛晃动时,如目标影像与十字丝之间有相互移动现象称为视差,产生的原因是(　　)。

A. 目标成像平面与十字丝平面不重合　　B. 仪器轴系未满足几何条件

C. 人的视力不适应　　D. 目标亮度不够

10. 水准仪有 $DS_{0.5}$、DS_1、DS_3 等多种型号,其下标数字 0.5、1、3 等代表水准仪的精度,为水准测量每千米往返高差中数的中误差值,单位为(　　)。

A. km　　B. m　　C. cm　　D. mm

11. 绝对高程的起算面是(　　)。

A. 水平面　　B. 大地水准面　　C. 假定水准面　　D. 竖直面

12. 圆水准器轴是圆水准器内壁圆弧零点的(　　)。

A. 切线　　B. 法线　　C. 垂线　　D. 平行线

13. 水准测量时,为了消除 i 角误差对一测站高差值的影响,可将水准仪置于(　　)

处。

A. 靠近前尺　　B. 两尺中间　　C. 靠近后尺　　D. 无所谓位置

14. 高差闭合差的分配原则为(　　)成正比例进行分配。

A. 与测站数　　B. 与高差的大小　　C. 与距离或测站数　　D. 立尺数

15. 附合水准路线高差闭合差的计算公式为(　　)。

A. $f_h = \sum h_{测} - (H_{终} - H_{始})$　　B. $f_h = \sum h_{测}$

C. $f_h = \sum h_{测} - (H_{始} - H_{终})$　　D. $f_h = 0$

16. 望远镜的视准轴是(　　)。

A. 目镜光心与物镜光心的连线　　B. 物镜光心与十字丝交点的连线

C. 目镜光心与十字丝交点的连线　　D. 望远镜镜筒的中心线

17. 往返水准路线高差平均值的正负号以(　　)的符号为准。

A. 往测高差　　B. 返测高差

C. 往返测高差的代数和　　D. 哪个都可以

18. 在水准测量中设 A 为后视点，B 为前视点，并测得后视点读数为 1.124 m，前视读数为 1.428 m，则 B 点比 A 点(　　)。

A. 高　　B. 低　　C. 等高　　D. 无法判断

19. 在进行高差闭合差调整时，某一测段按测站数计算每站高差改正数的公式为(　　)。

A. $v_i = -\dfrac{f_h}{\sum L}$　　B. $v_i = -\dfrac{f_h}{\sum n} n_i$

C. $v_i = -\dfrac{f_h}{\sum n}$　　D. $v_i = -\dfrac{f_h}{\sum L} L_i$

20. 转动目镜对光螺旋的目的是(　　)。

A. 看清十字丝　　B. 看清远处目标

C. 消除视差　　D. 让成像与十字丝分划板重合

21. 消除视差的方法是(　　)使十字丝和目标影像清晰。

A. 转动物镜对光螺旋　　B. 转动目镜对光螺旋

C. 反复交替调节目镜及物镜对光螺旋　　D. 转动微倾螺旋

22. 转动三个脚螺旋使水准仪圆水准气泡居中的目的是(　　)。

A. 使仪器竖轴处于铅垂位置　　B. 提供一条水平视线

C. 使仪器竖轴平行于圆水准轴　　D. 使仪器竖轴平行于十字丝纵丝

23. 闭合水准路线高差闭合差的理论值为(　　)。

A. 总为 0　　B. 与路线形状有关

C. 为一不等于 0 的常数　　D. 由路线中任两点确定

24. 用水准测量法测定 A、B 两点的高差，从 A 到 B 共设了两个测站，第一测站后尺中丝读数为 1234，前尺中丝读数 1470，第二测站后尺中丝读数 1430，前尺中丝读数 0728，则高差为(　　)米。

A. −0.938　　B. −0.466　　C. 0.466　　D. 0.938

25. 水准测量时在后视点 A 上的读数为 1.226，在前视点 B 上的读数为 1.737，则 A、B

两点之间的高差 h_{AB} 为(　　)。

A. 1.226 m　　B. 1.737 m　　C. 0.511 m　　D. −0.511 m

26. 水准测量是利用水准仪提供(　　)求得两点高差,并通过其中一已知点的高程,推算出未知点的高程。

A. 铅垂线　　B. 视准轴　　C. 水准管轴线　　D. 水平视线

27. 今利用高程为 418.302 m 的水准点测设设计标高 418.000 m 的点,设后视读数为 1.302,则前视读数应为(　　)。

A. 1.302　　B. 0.302　　C. 0.604　　D. 1.604

28. 普通水准测量,应在水准尺上读取(　　)位小数。

A. 2　　B. 3　　C. 4　　D. 5

29. DS_1 水准仪的观测精度要(　　)DS_3 水准仪。

A. 高于　　B. 接近于　　C. 低于　　D. 等于

30. 一对水准尺红黑面读数零点差是(　　)。

A. 4.787,4.878　　B. 4.687,4.786　　C. 4.767,4.867　　D. 4.687,4.787

31. 水准测量中,下列哪项不属于仪器误差(　　)。

A. 视准轴与水准管轴不平行引起的误差　　B. 调焦引起的误差

C. 水准尺的误差　　D. 地球曲率和大气折光的影响

32. 水准测量中,下列不属于观测误差的是(　　)。

A. 估读水准尺分划的误差　　B. 扶水准尺不直的误差

C. 肉眼判断气泡居中的误差　　D. 水准尺下沉的误差

33. 水准仪读得后视读数后,在一个方格的四个角 A、B、C 和 D 点上读得中视读数分别为 1.254 m、0.493 m、2.021 m 和 0.213 m,则方格上最高点和最低点分别是(　　)。

A. D,C　　B. C,D　　C. A,B　　D. B,A

34. 自水准点 M(H_M=100.000 m)经 8 个站测至待定点 A,得 h_{MA}=+1.02 m。再由 A 点经 13 个站测至另一水准点 N(H_N=105.121 m),得 h_{AN}=+4.08 m,则 A 点高程为(　　)。

A. 101.020 m　　B. 101.013 m　　C. 101.031 m　　D. 101.028 m

二、多选题

1. 水准测量中,使仪器前后视距相等可消除(　　)。

A. 水准管轴不平行视准轴的误差　　B. 地球曲率产生的误差

C. 大气折光的误差　　D. 估读误差

2. 水准仪要达到正确测量目的,需要满足(　　)要求。

A. 圆水准器轴平行于竖轴　　B. 横轴垂直于竖轴

C. 水准管轴平行于视准轴　　D. 十字丝横丝垂直于竖轴

3. 微倾式水准仪应满足(　　)几何条件。

A. 水准管轴平行于视准轴　　B. 横轴垂直于仪器竖轴

C. 水准管轴垂直于仪器视准轴　　D. 圆水准器轴平行于仪器竖轴

E. 十字丝横丝垂直于仪器竖轴

4. 在水准测量时,若水准尺倾斜,其读数值(　　)。

A. 当水准尺向前或向后倾斜时增大　　B. 当水准尺向左或向右倾斜时减小
C. 总是增大　　D. 总是减小
E. 不论水准尺怎样倾斜，其读数值都是错误的

5. 高差闭合差调整的原则是按（　　）成比例分配。
A. 高差大小　　B. 测站数
C. 水准路线长度　　D. 水准点间的距离
E. 往返测站数总和

6. 高程测量按使用的仪器和方法不同分为（　　）。
A. 水准测量　　B. 闭合路线水准测量
C. 附合路线水准测量　　D. 三角高程测量
E. 三、四、五等水准测量

7. 影响水准测量成果误差的有（　　）。
A. 视差未消除　　B. 水准尺未竖直
C. 估读毫米数不准　　D. 地球曲率和大气折光
E. 阳光照射和风力太大

8. 水准仪检验校正的内容有（　　）。
A. 照准部水准管　　B. 圆水准器
C. 对中器　　D. 十字丝
E. 指标水准管

9. 水准测量测站校核方法有（　　）。
A. 变动仪高法　B. 双面尺法　C. 附合水准路线　D. 闭合水准路线
E. 支水准路线

10. 水准仪的使用操作包括（　　）
A. 安置仪器　B. 粗略整平　C. 消除视差　D. 瞄准目标
E. 精平读数

11. 水准测量中，计算高程的方法有（　　）。
A. 高差法　B. 三角高程法　C. 视线高法　D. 双面尺法
E. 双仪高法

12. 水准仪几何轴线应满足的关系为（　　）。（其中 L_0L_0、LL、CC、VV 分别为圆水准器轴、长水管轴、视准轴、竖轴）
A. $L_0L_0 \perp VV$　　B. $L_0L_0 /\!/ VV$
C. $LL /\!/ CC$　　D. 十字丝横丝垂直于 VV
E. $LL \perp CC$

三、判断题（正确打"√"，错误打"×"）

1. 微倾水准仪的作用是提供一条水平视线，并能照准水准尺进行读数，当管水准器气泡居中时，水准仪提供的视线就是水平视线。（　　）

2. 附合水准路线中各待定高程点间高差的代数和在理论上等于零。（　　）

3. 水准仪的视线高程是指视准轴到地面的垂直高度。（　　）

4. 水准测量中计算检核不但能检查计算是否正确，而且能检核观测和记录是否产生错

误。(　　)

5. 在附合水准路线中，根据闭合差调正后的高差，由起始点 A 开始，推算各点高程，最后算得终点 B 点的高程应与已知的高程 H_B 相等。(　　)

6. 将水准仪安置在前、后视距相等的位置，可消除水准管轴不平行于视准轴引起的误差。(　　)

7. 使用微倾水准仪，在读数之前要转动微倾螺旋进行精平。(　　)

8. 如果水准仪竖轴 VV 与圆水准轴 L_0L_0 不平行且交角为 α，用脚螺旋使圆水准气泡居中后，再将仪器旋转 180°，则此时仪器竖轴与圆水准轴的交角仍为 α，但圆水准气泡表现出 2α 的偏差。(　　)

9. 支水准路线是由一个已知高程的水准点出发，沿待定点进行水准测量，最后附合到另外已知高程的水准点上。(　　)

10. 在水准测量中，测站检核通常采用变动仪器高法和双面尺法。(　　)

11. 水准测量是利用仪器提供的一条水平视线，并借助水准尺，来测定地面两点间的高差，这样就可由已知的高程推算未知点的高程。(　　)

12. 产生视差的原因是目标太远，致使成像不清楚。(　　)

13. 在水准测量中起传递高程作用的点称为转点。(　　)

14. 水准测量中，闭合水准路线高差闭合差等于各站高差的代数和。(　　)

15. 闭合水准路线上高差的代数和在理论上等于零。(　　)

16. 在水准测量内业工作中，高差闭合差的调整是按与测站数(或距离)成正比例反符号分配的原则进行的。(　　)

17. 水准管的分划值愈小，则水准管灵敏度愈高。(　　)

第 3 章　角度测量

一、单选题

1. 若经纬仪的视准轴与横轴不垂直，在观测水平角时，其盘左盘右的误差影响为(　　)。

A. 大小相等，符号相同　　B. 大小相等，符号相反

C. 大小不等，符号相同　　D. 大小不等，符号相反

2. 测站点 O 与观测目标 A、B 位置不变，如仪器高度发生变化，则观测结果(　　)。

A. 竖直角改变，水平角不变　　B. 水平角和竖直角都改变

C. 水平角改变，竖直角不变　　D. 水平角和竖直角都不变

3. 用测回法观测水平角，测完上半测回后，发现水准管气泡偏离 2 格多，在此情况下应(　　)。

A. 继续观测下半测回　　B. 整平后全部重测

C. 整平后观测下半测回　　D. 观测下半测回后适当调整

4. 将一台横轴不垂直于竖轴，但与视准轴垂直的经纬仪安平后，望远镜绕横轴旋转，此时视准轴的轨迹面是(　　)。

A. 圆锥面　　B. 竖直平面　　C. 抛物面　　D. 倾斜面

5. 经纬仪如存在指标差，将使观测结果出现(　　)。

A. 一测回水平角不正确　　B. 盘左和盘右竖直角均含指标差

C. 盘左和盘右水平角均含指标差　　D. 一测回竖直角不正确

6. 检验经纬仪水准管轴垂直于竖轴，当气泡居中后，平转180°时，气泡已偏离，用校正针拨动水准管校正螺丝，使气泡退回偏离值的(　　)，即已校正。

A. 1/2　　B. 全部　　C. 2倍　　D. 1/4

7. 测量中所使用的光学经纬仪的度盘刻画注记形式有(　　)。

A. 水平度盘均为逆时针注记　　B. 水平度盘均为顺时针注记

C. 竖直度盘均为逆时针注记　　D. 竖直度盘均为顺时针注记

8. 光学经纬仪由基座、水平度盘和(　　)三部分组成。

A. 望远镜　　B. 竖直度盘　　C. 照准部　　D. 水准器

9. 竖盘读数前，必须将竖盘指标气泡居中(若仪器无此项，但必须打开自动归零装置)，目的是(　　)。

A. 使竖盘处于铅直位置　　B. 使竖盘指标处于正确位置

C. 使竖盘的指标指向90°(或270°)　　D. 整平经纬仪

10. 经纬仪照准部检验校正过程中，大致整平后，使水准管平行于一对脚螺旋，旋转脚螺旋使气泡居中。当照准部旋转180°，气泡偏离水准泡零点，说明(　　)。

A. 水准管轴不平行于横轴　　B. 仪器竖轴不垂直于横轴

C. 经纬仪未对中　　D. 水准管轴不垂直于仪器的竖轴

11. 当经纬仪的望远镜上下转动时，竖直度盘(　　)。

A. 与望远镜一起转动　　B. 与望远镜相对运动

C. 不动　　D. 水平转动

12. 经纬仪视准轴检验和校正的目的是(　　)。

A. 使视准轴垂直于横轴　　B. 使横轴垂直于竖轴

C. 使视准轴平行于水准管轴　　D. 使视准轴垂直于十字丝横丝

13. 采用盘左、盘右的水平角观测方法，可以消除(　　)误差。

A. 对中　　B. 十字丝的竖丝不铅垂

C. 视准轴不垂直于横轴　　D. 指标差

14. 测量竖直角时，采用盘左、盘右观测，其目的之一是可以消除(　　)误差的影响。

A. 对中　　B. 视准轴不垂直于横轴

C. 指标差　　D. 十字丝的竖丝不铅垂

15. 用经纬仪观测水平角时，尽量照准目标的底部，其目的是消除(　　)误差对测角的影响。

A. 对中　　B. 照准　　C. 目标偏离中心　　D. 指标差

16. 地面上两相交直线的水平角是(　　)的夹角。

A. 这两条直线的实际　　B. 这两条直线在水平面的投影线

C. 这两条直线在同一竖直面上的投影　　D. 这两条直线在侧面的投影

17. 经纬仪安置时，整平的目的是使仪器的(　　)。

A. 竖轴位于铅垂位置，水平度盘水平　　B. 水准管气泡居中

C. 竖盘指标处于正确位置　　D. 成像清晰

18. 某经纬仪观测竖直角，当视线水平时，盘左竖盘读数为90°。用该仪器观测一高处

目标，盘左读数为 75°10′24″，则此目标的竖角为（　　）。

A. 255°10′24″　　B. −14°49′36″　　C. 14°49′36″　　D. 75°10′24″

19. 经纬仪在盘左位置时将望远镜大致置平，使其竖盘读数在 90°左右，望远镜物镜端抬高时读数减小，其盘左的竖直角公式为（　　）。

A. $\alpha_L = 90° - L$　　B. $\alpha_L = 0° - L$ 或 $\alpha_L = 360° - L$

C. $\alpha_L = 180° - L$　　D. $\alpha_L = L - 90°$

20. 经纬仪测量水平角时，正倒镜瞄准同一方向所读的水平方向值理论上应相差（　　）。

A. 180°　　B. 0°　　C. 90°　　D. 270°

21. 用经纬仪测水平角和竖直角，一般采用正倒镜方法，下面哪个仪器误差不能用正倒镜法消除（　　）。

A. 视准轴不垂直于横轴　　B. 竖盘指标差

C. 横轴不水平　　D. 竖轴不竖直

22. 下面测量读数的做法正确的是（　　）。

A. 用经纬仪测水平角，用横丝照准目标读数

B. 用水准仪测高差，用竖丝切准水准尺读数

C. 水准测量时，每次读数前都要使水准管气泡居中

D. 经纬仪测竖直角时，尽量照准目标的底部

23. 用经纬仪测竖直角，盘左读数为 81°12′18″，盘右读数为 278°45′54″，则该仪器的指标差为（　　）。

A. 54″　　B. −54″　　C. 6″　　D. −6″

24. 在竖直角观测中，盘左、盘右取平均值是否能够消除竖盘指标差的影响（　　）。

A. 不能　　B. 能消除部分影响

C. 可以消除　　D. 二者没有任何关系

25. 光学经纬仪有 DJ_1、DJ_2、DJ_6 等多种型号，数字下标 1、2、6 表示（　　）中误差的值。

A. 水平角测量一测回角度　　B. 竖直方向测量一测回方向

C. 竖直角测量一测回角度　　D. 水平方向测量一测回方向

26. 电子经纬仪区别于光学经纬仪的主要特点是（　　）。

A. 使用光栅度盘　　B. 使用金属度盘　　C. 没有望远镜　　D. 没有水准器

27. 经纬仪观测中，取盘左、盘右平均值是为了消除（　　）的误差影响，而不能消除水准管轴不垂直于竖轴的误差影响。

A. 视准轴不垂直于横轴　　B. 横轴不垂直于竖轴

C. 竖盘指标差　　D. A、B 和 C

28. 某水平角需要观测 3 个测回，第 3 个测回度盘起始读数应配置在（　　）附近。

A. 60°　　B. 120°　　C. 150°　　D. 90°

29. 用校正好的经纬仪观测同一竖直面内不同高度的若干目标，水平盘读数和竖盘读数分别（　　）。

A. 相同，相同　　B. 不相同，不相同

C. 相同，不相同　　D. 不相同，相同

30. 水平角观测一测回解释为（　　）。

A. 全部测量一次叫一测回

B. 往返测量一次叫一测回

C. 盘左、盘右观测的两个半测回合称为一测回

D. 循环着测一次

31. 某水平角需要观测 6 个测回,第 5 个测回度盘起始读数应配置在(　　)附近。

A. 60°　　B. 120°　　C. 150°　　D. 90°

32. 用一台望远镜视线水平时,盘左竖盘读数为 90°,望远镜视线向上倾斜时读数减小的 J_6 级经纬仪观测目标,得盘左、盘右竖盘读数为 $L=124°03'30''$,$R=235°56'54''$,则算得竖直角及指标差为(　　)

A. $+34°03'18''$,$-12''$　　B. $-34°03'18''$,$+12''$

C. $-34°03'18''$,$-12''$　　D. $+34°03'18''$,$-24''$

33. 水平角要求观测四个测回,第四测回度盘应配置(　　)。

A. 45°　　B. 90°　　C. 135°　　D. 180°

34. 竖直角亦称倾角,是指在同一垂直面内倾斜视线与水平线之间的夹角,其角值范围为(　　)。

A. 0°～360°　　B. 0°～180°　　C. −90°～+90°　　D. −90°～0°

35. 水平角观测中,为减少度盘分划误差的影响,应使各测回(　　)。

A. 同一方向盘左读数保持不变　　B. 变换度盘位置

C. 增加测回数　　D. 更换仪器

36. 水平角观测时,各测回间要求变换度盘位置的目的是(　　)。

A. 改变零方向　　B. 减少度盘偏心差的影响

C. 减少度盘分划误差的影响　　D. 减少度盘带动误差的影响

37. 经纬仪对中误差所引起的角度偏差与测站点到目标点的距离(　　)。

A. 成反比　　B. 成正比　　C. 没有关系　　D. 有关系,但影响很小

38. 水平角的取值范围是(　　)。

A. 0°～360°　　B. 0°～180°　　C. −90°～90°　　D. 0°～90°

二、多选题

1. 用测回法观测水平角,可以消除(　　)误差。

A. 2*C*　　B. 横轴误差

C. 指标差　　D. 大气折光误差

E. 对中误差

2. 当经纬仪竖轴与仰视、平视、俯视的三条视线位于同一竖直面内时,其水平度盘读数值(　　)。

A. 相等　　B. 不等

C. 均等于平视方向的读数值　　D. 仰视方向读数值比平视度盘读数值大

E. 俯视方向读数值比平视方向读数值小

3. 影响角度测量成果的主要误差是(　　)。

A. 仪器误差　　B. 对中误差　　C. 目标偏误差　　D. 竖轴误差

E. 照准估读误差

4. 望远镜水平时，物镜端为 180°，指标指向 90°，则竖直角计算公式为(　　)。

A. $\alpha_{左}=90°-L$　　B. $\alpha_{左}=L-90°$

C. $\alpha_{右}=270°-R$　　D. $\alpha_{右}=R-270°$

5. 用经纬仪测角，盘左盘右进行观测，可以消除下例哪些误差的影响(　　)。

A. 对中　　B. 视准轴不垂直于横轴

C. 指标差　　D. 横轴不垂直于竖轴

6. 经纬仪观测中，取盘左、盘右平均值是为了消除(　　)的误差影响，而不能消除水准管轴不垂直于竖轴的误差影响。

A. 视准轴不垂直于横轴　　B. 横轴不垂直于竖轴

C. 指标差　　D. A、B 和 C

7. 经纬仪检验校正的内容包括(　　)。

A. 照准部水准管的检验校正　　B. 十字丝竖丝垂直于横轴的检验校正

C. 视准轴垂直于横轴的检验校正　　D. 横轴垂直于竖轴的检验校正

E. 竖盘指标水准管的检验校正

8. 水平角观测的常用方法是(　　)

A. 双仪高法　　B. 双面尺法　　C. 三角高程法　　D. 测回法

E. 全圆测回法(方向观测法)

三、判断题(正确打"√"，错误打"×")

1. DJ_6 表示水平方向测量一测回的方向中误差超过±6″的大地测量经纬仪。(　　)

2. 观测水平角时，各测回改变起始读数(对零值)递增值为 $180°/n$，这样做是为了消除度盘分划不均匀误差。(　　)

3. 经纬仪观测水平角，仪器整平的目的是使水平度盘水平和竖轴竖直。(　　)

4. 光学经纬仪的水平度盘是玻璃制成的圆环，在其上刻有分划 0°～360°，且逆时针方向注记。(　　)

5. 用经纬仪观测水平角时，知左方目标读数为 350°00′00″，右方目标读数为 10°00′00″，则该角值为 20°00′00″。(　　)

第 4 章　距离测量与直线定向

一、单选题

1. 某基线丈量若干次计算得到平均长为 540 m，平均值之中误差为±0.05 m，则该基线的相对误差为(　　)。

A. 1/10800　　B. 1/11000　　C. 1/10000　　D. 1/9000

2. 某直线段 AB 的坐标方位角为 150°，其两端点间坐标增量的正负号为(　　)。

A. $-\Delta x，+\Delta y$　　B. $+\Delta x，-\Delta y$　　C. $-\Delta x，-\Delta y$　　D. $+\Delta x，+\Delta y$

3. 往返丈量直线 AB 的长度为：$D_{AB}=268.59$ m，$D_{BA}=268.65$ m，其相对误差为(　　)。

A. $K=1/5000$　　B. $K=1/4500$　　C. $K=1/4400$　　D. $K=-0.06$

4. 已知直线 AB 的坐标方位角为 186°，则直线 BA 的方位角为(　　)。

A. 6°　　B. 126°　　C. 316°　　D. 16°

5. 在距离丈量中衡量精度的方法是用(　　)。

A. 往返较差　B. 相对误差　C. 闭合差　D. 误差

6. 坐标方位角是以(　　)标准方向,顺时针转到测线的夹角。

A. 真子午线方向　B. 磁子午线方向　C. 坐标纵轴方向　D. X 轴方向

7. 在测量学中,距离测量的常用方法有钢尺量距、光学测距和(　　)测距。

A. 电磁波测距　B. 目测法　C. 步测法　D. 花杆测距

8. 处在不同带的高斯平面直角坐标系中的两点的距离可由(　　)确定。

A. 坐标反算求得　B. 坐标正算求得

C. 坐标换带计算求得　D. 直接测距求得

9. 钢尺量距的基本工作是(　　)。

A. 拉尺,丈量读数,记温度　B. 分段,定线,丈量,计算与检核

C. 分段,定线,丈量读数,检核　D. 定线,丈量,计算,检核

10. 一般直线距离丈量时直线定线的方法是(　　)。

A. 渐近法　B. 经纬仪定线法　C. 目估法定线　D. 骑马桩法

11. 往返丈量 120 m 的距离,要求相对误差达到 1/10000,则往返较差不得大于(　　)m。

A. 0.048　B. 0.012　C. 0.024　D. 0.036

12. 某段距离的平均值为 100 m,其往返较差为+20 mm,则相对误差为(　　)。

A. 0.02/100　B. 0.002　C. 1/5000　D. 1/10000

13. 电磁波测距的基本原理是(　　)。(说明:c 为光速,t 为时间差,D 为空间距离)

A. $D=ct$　B. $D=1/2ct$　C. $D=1/4ct$　D. $D=2ct$

14. 罗盘仪是一种用于测量(　　)的仪器。

A. 磁方位角　B. 坐标方位角

C. 真方位角　D. 水平角

15. 过地面上某点的真子午线方向与磁子午线方向常不重合,两者之间的夹角,称为(　　)。

A. 收敛角　B. 指标差　C. 磁偏角　D. 归零差

16. 若两点 C、D 间的坐标增量 Δx 为正,Δy 为负,则直线 CD 的坐标方位角位于第(　　)象限。

A. 一　B. 二　C. 三　D. 四

17. 同一条直线,第四象限角 R 和方位角 A 的关系为(　　)。

A. $R=A$　B. $R=180°-A$　C. $R=A-180°$　D. $R=360°-A$

18. 下列(　　)不属于地形图上的三北方向。

A. 磁子午线方向　B. 真子午线方向　C. 纬度线方向　D. 坐标纵轴方向

19. 确定一直线与标准方向的夹角关系的工作称为(　　)。

A. 定位测量　B. 直线定向　C. 象限角测量　D. 直线定线

20. 若直线 AB 的方位角为 268°,则其象限角为(　　)。

A. NE88°　B. SW88°　C. EN88°　D. WS88°

21. 已知 AB 直线的坐标象限角为 SE30°13′,则 BA 的坐标方位角为(　　)。

A. NW30°13′　B. 329°47′　C. SE30°13′　D. 30°13′

22. 地面 A、B、C 三点,已知 $\alpha_{AB}=85°06'$,$\beta_{右}=45°$,则 $\alpha_{BC}=$(　　)。

A. 130°06′　　B. 40°06′　　C. 220°06′　　D. 311°06′

23. 距离丈量的结果是求得两点间的(　　)。

A. 斜线距离　　B. 水平距离　　C. 折线距离　　D. S形距离

24. 直线坐标方位角的角值范围是(　　)。

A. 0°～360°　　B. 0°～±180°　　C. 0°～±90°　　D. 0°～90°

25. A、B 两点的坐标为(X_A,Y_A)及(X_B,Y_B),测量学中两点间距离的常用计算公式为(　　)。

A. $D=\sqrt{(X_B-X_A)^2+(Y_B-Y_A)^2}$　　B. $D=\dfrac{Y_B-Y_A}{\sin\alpha_{AB}}$

C. $D=\dfrac{X_B-X_A}{\cos\alpha_{AB}}$　　D. $D=\dfrac{Y_B-Y_A}{\sin\alpha_{AB}}=\dfrac{X_B-X_A}{\cos\alpha_{AB}}$

26. 同一组人员用同一种仪器,在基本相同的条件下以不同的次数测量某段距离,其观测结果分别为 $S_{\mathrm{I}}=1000.010$ m(4 次),$S_{\mathrm{II}}=1000.004$ m(2 次),则最后结果为(　　)。

A. 1000.009 m　　B. 1000.008 m　　C. 1000.007 m　　D. 1000.006 m

27. 视距测量中,读得标尺下、中、上三丝读数分别为 1.548、1.420、1.291,算得竖角为 −2°34′。设仪器高为 1.45 m,测站点至标尺点间的平距和高差为(　　)。

A. 25.7,1.15　　B. 25.6,−1.12　　C. 25.6,−1.18　　D. 25.7,−1.12

28. 已知 $x_A=2192.54$ m,$y_A=1556.40$ m,$x_B=2179.74$ m,$y_B=1655.64$ m,该直线的坐标方位角 α_{BA} 为(　　)。

A. −82°39′02″　　B. 97°20′58″　　C. 277°20′58″　　D. 82°39′02″

29. 视距测量就是利用望远镜内视距丝装置,根据几何光学原理同时测定两点间(　　)的方法。

A. 距离和高差　　B. 水平距离和高差

C. 距离和高程　　D. 水平距离和高程

30. 当视线倾斜进行视距测量时,水平距离的计算公式是(　　)。

A. $D=Kl+C$　　B. $D=Kl\cos\alpha$

C. $D=Kl\cos\alpha\times\cos\alpha$　　D. $D=Kl\sin\alpha$

31. 已知线段 AB 的方位角为 220°,则线段 BA 的方位角为(　　)

A. 220°　　B. 40°　　C. 50°　　D. 130°

二、多选题

1. 视距测量可同时测定两点间的(　　)。

A. 高差　　B. 水平距离　　C. 高程　　D. 高差与平距

E. 水平角

2. 确定直线的方向,一般用(　　)来表示。

A. 方位角　　B. 象限角　　C. 水平角　　D. 竖直角

E. 真子午线方向

3. 确定直线方向的标准方向有(　　)。

A. 坐标纵轴方向　　B. 真子午线方向　　C. 磁子午线方向　　D. 直线方向

E. 坐标横轴方向

4. 用钢尺进行直线丈量，应(　　)。

A. 尺身放平　　B. 确定好直线的坐标方位角

C. 丈量水平距离　　D. 目估或用经纬仪定线

E. 进行往返丈量

5. 视距测量中视线水平时计算平距和高差的公式为(　　)。

A. $D=Kl$　　B. $h=i-v$

C. $D=Kl\cos^2\alpha$　　D. $h=1/2Kl\sin2\alpha+i-v$

E. $h=D\tan\alpha+i-v$

6. 方位角推算时，相邻两条边方位角的正确关系为(　　)。

A. $\alpha_{前}=\alpha_{后}\pm180°+\beta_{左}$　　B. $\alpha_{前}=\alpha_{后}+\beta_{左}$

C. $\alpha_{前}=\alpha_{后}+180°\pm\beta_{左}$　　D. $\alpha_{前}=\alpha_{后}\pm180°-\beta_{右}$

E. $\alpha_{前}=\alpha_{后}-\beta_{右}$

三、判断题(正确打“√”，错误打“×”)

1. 用钢尺往返丈量一段距离，其平均值为 184.26 m，要求量距的相对误差为 1/3000，则往返测距离之差绝对值不能超过 0.1 m。(　　)

2. 钢尺量距时倾斜改正数永远为负值。(　　)

3. 直线定向的标准方向有真子午线方向、磁子午线方向和坐标纵轴方向三种。(　　)

4. 用实际长度比名义长度短的钢尺丈量地面两点间的水平距离，所测得结果比实际距离长。(　　)

5. 由标准方向的北端起，逆时针方向量到某直线的水平夹角，称为该直线的方位角。(　　)

6. 推算坐标方位角的一般公式为 $\alpha_{前}=\alpha_{后}+180°\pm\beta$，其中，$\beta$ 为左角时取负号，β 为右角时取正号。(　　)

7. 已知 $X_A=100.00$，$Y_A=100.00$，$X_B=50.00$，$Y_B=50.00$，坐标反算 $\alpha_{AB}=45°00'$。(　　)

第 5 章　全站仪测量

一、选择题

1. 全站仪由光电测距仪、电子经纬仪和(　　)组成。

A. 电子水准仪　　B. 坐标测量仪　　C. 读数感应仪　　D. 内置微处理器

2. 用全站仪进行测量前，需设置正确的球气差改正数，设置的方法可以是直接输入测量时的气温和(　　)及球气差参数设置。

A. 气压　　B. 湿度　　C. 经纬度　　D. 风力

3. 根据全站仪坐标测量的原理，在测站点瞄准后视点后，方向值应设置为(　　)。

A. 测站点至后视点的方位角　　B. 后视点至测站点的方位角

C. 0°　　D. 90°

4. 全站仪测量点的高程的原理是(　　)。

A. 水准测量原理　　B. 导线测量原理

C. 三角测量原理　　D. 三角高程测量原理

5. 在用全站仪进行点位放样时，若棱镜高和仪器高输入错误对放样点的(　　)有影响。

A. 平面位置　　B. 高程　　C. 距离　　D. 角度

6. 在全站仪进行下列测量时不必建站的是(　　)

A. 路线测量　　B. 坐标放样　　C. 对边测量　　D. 导线测量

7. 全站仪数据存储的格式是(　　)。

A. X,Y,H　　B. 点号，X,Y,H，属性

C. 点号，属性，X,Y,H　　D. 点号，D,A,H

8. 全站仪建站必须具备的条件是(　　)。

A. 设站点坐标，后视点高程　　B. 设站点坐标，后视点坐标

C. 设站点高程，后视点方位角　　D. 设站点坐标，后视点距离

9. 若某全站仪的标称精度为±(3 mm＋2 ppm×D)，则用此全站仪测量 2 km 长的距离，其误差的大小为(　　)。

A. ±7 mm　　B. ±5 mm　　C. ±3 mm　　D. ±2 mm

10. 全站仪与计算机进行数据通信前，必须将全站仪和计算机上的通信参数设置一致，主要有(　　)、校验位、停止位和回答方式。

A. 波特率　　B. 波特位　　C. 校验率　　D. 数码位

11. 下列关于全站仪使用方法错误的是(　　)。

A. 仪器迁站时应关闭电源　　B. 电池应长时间充电使其充满

C. 望远镜不能直接照准太阳　　D. 在阳光下应打伞遮阳

12. 下列关于全站仪使用方法正确的是(　　)。

A. 电池长期不用 3～4 个月应充电一次　　B. 仪器应存放在密闭的环境内

C. 在开机状态可以进行电缆操作　　D. 长途运输后应进行仪器检测后使用

13. 下列说法正确的是(　　)。

A. 免棱镜测量精度高于有棱镜测量精度　　B. 全站仪测量高程精度低于平面精度

C. 在任意点设站不能进行坐标测量　　D. 全站仪测量时距离越长精度越高

14. 全站仪有三种常规测量模式，下列选项不属于全站仪常规测量模式的是(　　)

A. 角度测量模式　　B. 方位测量模式

C. 距离测量模式　　D. 坐标测量模式

15. 下列关于全站仪使用时注意事项的叙述，错误的是(　　)。

A. 全站仪的物镜不可对着阳光或其他强光源

B. 全站仪的测线应远离变压器、高压线等

C. 全站仪应避免测线两侧及镜站后方有反光物体

D. 安置全站仪时，不需要整平仪器

16. 根据全站仪坐标测量的原理，在测站点瞄准后视点后，方向值应设置为(　　)

A. 测站至后视点的方位角　　B. 后视点至测站点的方位角

C. 测站点至前视点的方位角　　D. 前视点至测站点的方位角

17. 用全站仪进行距离测量前，需设置正确的大气改正数，设置的方法可以是直接输入测量时的气温和(　　)

A. 气压　　B. 湿度　　C. 海拔　　D. 风力

18. 在全站仪进行下列测量时必须建站的是(　　)。

A. 坐标采集　　B. 悬高测量　　C. 对边测量　　D. 面积测量

二、判断题(正确打"√",错误打"×")

1. 全站仪能同时测定目标点的平面位置(X,Y)与高程(H)。(　　)
2. 全站仪能完全替代水准仪进行水准测量。(　　)
3. 高精度测量中全站仪也必须正倒镜观测。(　　)
4. 全站仪只能在盘左状态进行施工放样。(　　)
5. 全站仪测量时目标点必须安置棱镜。(　　)
6. 2″级的全站仪与2″级的经纬仪的测角精度理论上相同。(　　)
7. 全站仪水准器气泡一旦偏离中心位置,就不能测得正确读数。(　　)
8. 竖直角与天顶距是同一个概念。(　　)
9. 全站仪在晚上不能进行测量工作。(　　)
10. 多测回反复观测能提高测量精度。(　　)
11. 取下全站仪电池之前应先关闭电源开关。(　　)
12. 在全站仪进行测地形图时,不需要绘制草图。(　　)
13. 全站仪所观测的数据必须当场记录,否则不能保存。(　　)
14. 全站仪的测距精度受到气温、气压、大气折光等因素的影响。(　　)

第6章　GPS测量

一、单选题

1. GPS定位技术是一种(　　)的方法。

A. 摄影测量　　B. 卫星测量　　C. 常规测量　　D. 不能用于控制测量

2. GPS完成静态数据采集后,要获得当地坐标系统,其内业一般应进行(　　)计算。

A. 坐标转换计算　　B. 坐标换带计算

C. 无约束平差　　D. 无约束平差和约束平差

3. GPS卫星星座配置有(　　)颗在轨卫星。

A. 21　　B. 12　　C. 18　　D. 24

4. GPS定位中,信号传播过程中引起的误差主要包括大气折射的影响和(　　)影响。

A. 多路径效应　　B. 对流层折射　　C. 电离层折射　　D. 卫星中差

5. 在GPS测量中,观测值都是以接收机的(　　)位置为准的,所以天线的相位中心应该与其几何中心保持一致。

A. 几何中心　　B. 相位中心　　C. 点位中心　　D. 高斯投影平面中心

6. GPS定位的实质就是将高速运动的卫星瞬间位置作为已知数据,采用(　　)的方法,确定待定点的空间位置。

A. 空间距离后方交会　　B. 空间距离前方交会

C. 空间角度交会　　D. 空间直角坐标交会

7. 根据GPS定位原理,至少需要接收到(　　)颗卫星的信号才能定位。

A. 5　　B. 4　　C. 3　　D. 2

8. 同步观测是指两个(　　)同时观测。

A. 卫星　　B. 接收机　　C. 工程　　D. 控制网

9. 三角形是 GPS 网中的一种(　　)

A. 基本图形　　B. 扩展图形　　C. 设计图形　　D. 高稳定度图形

10. 与传统的手工测量手段相比,GPS 技术具有的特点是(　　)

A. 测量精度高,操作复杂　　B. 仪器体积大,不便于携带

C. 全天候操作,信息自动接收、存储　　D. 中间处理环节较多且复杂

11. GPS 网的精度等级是按(　　)划分的。

A. 角度精度　　B. 位置精度　　C. 时间精度　　D. 基线精度

12. GPS 卫星信号的基准频率是(　　)。

A. 1.023 MHz　　B. 10.23 MHz　　C. 102.3 MHz　　D. 1023 MHz

13. 以下(　　)因素不会削弱 GPS 定位的精度。

A. 晴天为了不让太阳直射接收机,将测站点置于树荫下进行观测

B. 测站设在大型蓄水的水库旁边

C. 在 SA 期间进行 GPS 导航定位

D. 夜晚进行 GPS 观测

14. GPS 系统的空间部分由 21 颗工作卫星及 3 颗备用卫星组成,它们均匀分布在(　　)相对于赤道的倾角为 55°的近似圆形轨道上。它们距地面的平均高度为 20200 km,运行周期为 11 h 58 min。

A. 3 个　　B. 4 个　　C. 5 个　　D. 6 个

15. GPS 主要由三大部分组成,即空间星座部分、地面监控部分和(　　)部分。

A. 用户设备　　B. GPS 时间　　C. GPS 信号　　D. GPS 卫星

16. GPS 具有实时三维动态定位、三维测速导航和(　　)的功能。

A. 三维坐标　　B. 导航定向　　C. 坐标增量　　D. 授时

17. GPS 监控系统,主要由分布在全球的 5 个地面站组成,按其功能分为主控站、监测站和(　　)。

A. 副控站　　B. 注入站　　C. 协调站　　D. 修理站

18. GPS 信号接收机,根据接收卫星的信号频率,可分(　　)。

A. 单波段机和多波段机　　B. 有源机和无源机

C. 单频机和双频机　　D. 高频机和低频机

19. 静态定位是(　　)相对于地面不动。

A. 接收机天线　　B. 卫星天线　　C. 接收机信号　　D. 卫星信号

20. GPS 卫星中所安装的时钟是(　　)。

A. 分子钟　　B. 原子钟　　C. 离子钟　　D. 石英钟

21. GPS 目前所采用的坐标系统是(　　)。

A. 北京 54 系　　B. WGS-84 系　　C. 西安 80 系　　D. 高斯坐标系

22. GPS 定位方法,按其定位结果来分,可分(　　)。

A. 绝对定位和单点定位　　B. 绝对定位和相对定位

C. 单点定位和双点定位　　D. 动态定位和静态定位

23. 实际采用GPS进行三维定位时至少需要同时接收(　　)颗卫星的信号。

A. 2　　B. 3　　C. 4　　D. 5

24. 选点时,要求点位周围无反射物,以免(　　)影响。

A. 走捷径误差　　B. 走弯路误差　　C. 多路径误差　　D. 短路径误差

25. GPS测量的精度指标通常是以(　　)来表示。

A. 度中误差　　B. 对中误差

C. 位中误差　　D. 相邻点之间的距离中误差

26. 当GPS测量获得WGS-84坐标时,一般通过实地测量公共点坐标,进行工地点校正的坐标转换工作,对于公共点应有以下要求(　　)。

A. 点的数目合适,2～3点即可

B. 公共点应具备相互位置关系精确的两套坐标

C. 公共点的分布应集中在重要工程部位

D. 公共点为一般导线点

27. 在静态GPS测量实施中,网形设计是重要内容,GPS网一般应有以下要求(　　)。

A. 一般构成闭合图形,分布均匀,有足够的公共点,布于交通便利地方

B. 构成闭合图形,相邻点位应能通视,与相当的水准点重合

C. 构成星形网,相邻点位应能通视,布于交通便利地方

D. 一定采用三角网形,分布均匀,有足够的公共点,布于交通便利地方

28. 在GPS卫星信号中,测距码是指(　　)。

A. 载波和D码　　B. P码和数据码　　C. P码和C/A码　　D. C/A码和数据码

29. 消除对流层影响的方法是(　　)。

A. 单点定位　　B. 双点定位　　C. 绝对定位　　D. 相对定位

30. 最可靠的同步图形扩展方式是(　　)。

A. 点连式　　B. 边连式　　C. 网连式　　D. 混连式

31. 白天的电离层误差影响比晚上的影响(　　)。

A. 大　　B. 小　　C. 相同　　D. 无关

32. GPS网的图形设计主要包括边连式、边点混合连接式、网连式和(　　)。

A. 三角锁连接　　B. 边边式　　C. 立体连接式　　D. 点点式

33. 在高程应用方面,GPS可以直接精确测定测站点的(　　)。

A. 大地高　　B. 正常高　　C. 水准高　　D. 海拔高

34. WGS-84坐标系属于(　　)。

A. 协议天球坐标系　　B. 瞬时天球坐标系

C. 地心坐标系　　D. 参心坐标系

35. GPS共有地面监测台站(　　)个。

A. 288　　B. 12　　C. 9　　D. 5

36. 不是GPS卫星星座功能的是(　　)。

A. 向用户发送导航电文　　B. 接收注入信息

C. 适时调整卫星姿态　　D. 计算导航电文

37. 不是监测站功能的是(　　)。

A. 向用户发送导航电文
B. 收集气象数据
C. 监测卫星工作状态
D. 处理观测资料

38. 消除电离层影响的措施是(　　)。

A. 单频测距
B. 双频测距
C. L_1 测距+测距码测距
D. 延长观测时间

39. 西安 80 坐标系属于(　　)。

A. 协议天球坐标系
B. 瞬时天球坐标系
C. 地心坐标系
D. 参心坐标系

40. 不是 GPS 用户部分功能的是(　　)。

A. 捕获 GPS 信号
B. 解译导航电文,测量信号传播时间
C. 计算测站坐标、速度
D. 提供全球定位系统时间基准

二、判断题(正确打"√",错误打"×")

1. GPS 是测时测距系统。(　　)

2. 全球定位系统具有高精度和自动测量的特点,但是受地形、天气等自然因素影响较大。(　　)

3. 全球定位系统使用的卫星轨道均为近圆形,运行的周期约为 24 h。(　　)

4. GPS 定位精度同卫星与测站构成的图形强度有关,与能同步跟踪的卫星数和接收机使用的通道数无关。(　　)

5. GPS 定位直接获得的高程是似大地水准面上的正常高。(　　)

6. 观测作业的主要任务是捕获 GPS 卫星信号,并对其进行跟踪、处理和量测,以获得所需要的定位信息和观测数据。(　　)

7. 使用两台或两台以上的接收机,同时对同一组卫星所进行的观测称为同步观测。(　　)

8. GPS 静态定位之所以需要观测较长时间,其主要目的是正确确定整周未知数。(　　)

9. 采用相对定位可消除卫星钟差的影响。(　　)

10. 电离层折射的影响白天比晚上大。(　　)

11. 测站点应避开反射物,以免多路径误差影响。(　　)

12. 接收机没有望远镜,所以没有观测误差。(　　)

13. GPS 网的精度是按基线长度中误差划分的。(　　)

14. GPS 网中的已知点应不少于 3 个。(　　)

15. 边连式就是两个同步图形之间有两个共同点。(　　)

16. 高度角大于截止高度角的卫星不能观测。(　　)

17. GPS 定位的最初成果为 WGS-84 坐标。(　　)

18. GPS 高程定位精度高于平面精度。(　　)

19. GPS 时间基准由监控站提供。(　　)

20. 要估算 WGS-84 坐标系与北京 54 坐标系的转换参数,最少应知道 1 个点的 WGS-84 坐标和 3 个点的北京 54 坐标。(　　)

21. 在未建立区域似大地水准面模型的区域，实现高程基准的转换主要采用高程拟合法。(　　)

22. 动态绝对定位精度较低，一般只能用于一般性的导航。(　　)

23. GPS的通视要求是指与测站上空的卫星通视，但是在实际作业中为了加密低等级控制点，一般还要求至少与一个相邻控制点通视。(　　)

24. 正高是以似大地水准面为基准面的高程。(　　)

25. 大地高是沿法线到参考椭球面的距离。(　　)

26. WGS-84坐标系属于协议地球坐标系。(　　)

27. 相对定位精度高于绝对定位精度是因为相对定位利用误差的相关性，采用差分方法消除或减弱了这些误差对定位精度的影响。(　　)

第7章　测量误差的基本知识

单选题

1. 下列误差中(　　)为偶然误差。

A. 照准误差　　B. 竖盘指标差　　C. 视准轴误差　　D. 水准管轴误差

2. 衡量一组观测值的精度的指标是(　　)。

A. 允许误差　　B. 系统误差　　C. 偶然误差　　D. 中误差

3. 偶然误差具有(　　)。

①累积性；②有界性；③小误差密集性；④符号一致性；⑤对称性；⑥抵偿性

A. ①②④⑤　　B. ②③⑤⑥　　C. ②③④⑥　　D. ③④⑤⑥

4. 水准尺分划误差对读数的影响属于(　　)。

A. 系统误差　　B. 偶然误差　　C. 粗差　　D. 错误

5. 下列不是测量误差产生的来源的是(　　)。

A. 测量仪器构造不完善　　B. 测量方法错误

C. 观测者感觉器官的鉴别能力有限　　D. 外界环境与气象条件不稳定

6. 钢尺的尺长误差对距离测量的误差影响属于(　　)。

A. 偶然误差　　B. 系统误差

C. 偶然误差，也可能是系统误差　　D. 既不是偶然误差也不是系统误差

7. 等精度观测是指(　　)的观测。

A. 真误差相同　　B. 系统误差相同　　C. 观测条件相同　　D. 偶然误差相同

8. 在距离丈量中衡量精度的方法是用(　　)。

A. 往返较差　　B. 相对误差　　C. 闭合差　　D. 容许误差

9. 消除系统误差的方法是(　　)。

A. 多余观测　　B. 求最可靠值　　C. 提高仪器等级　　D. 求改正数

10. 观测值与真值的差值叫作(　　)。

A. 偶然误差　　B. 系统误差　　C. 真误差　　D. 似真差

11. 按测量误差原理，误差分布较为离散，则观测质量(　　)。

A. 越低　　B. 不变　　C. 不确定　　D. 越高

12. 经纬仪对中误差属于(　　)。

A. 偶然误差　　B. 系统误差　　C. 中误差　　D. 容许误差

13. 普通水准尺的最小分划为 1 cm，估读水准尺 mm 位的误差属于(　　)。

A. 偶然误差　　B. 系统误差

C. 中误差　　D. 既不是偶然误差也不是系统误差

14. 同精度水准测量观测，各路线观测高差的权与测站数成(　　)。

A. 正比　　B. 无关系　　C. 不确定　　D. 反比

15. 下面是三个小组丈量距离的结果，只有(　　)组测量的相对误差不低于 1/5000 的要求。

A. 100 m±0.025 m　　B. 200 m±0.040 m

C. 150 m±0.035 m　　D. 250 m±0.040 m

16. 测量限差一般取(　　)倍的中误差。

A. 2～3　　B. $\sqrt{3}$　　C. $\sqrt{2}$　　D. 3～5

17. 设 n 个观测值的中误差均为 m，则 n 个观测值平均值的中误差为(　　)。

A. $\sqrt{\frac{[vv]}{n-1}}$　　B. $m\sqrt{n}$　　C. $\frac{m}{\sqrt{n}}$　　D. $\sqrt{\frac{[vv]}{n}}$

18. 对某一量作 N 次等精度观测，则该量算术平均值的中误差为观测值中误差的(　　)。

A. N 倍　　B. $\sqrt{N}$ 倍　　C. $N-1$ 倍　　D. $\frac{1}{\sqrt{N}}$倍

19. 对三角形进行 5 次等精度观测，其真误差(闭合差)为+4″、−3″、+1″、−2″、+6″，则该组每次观测值的精度(　　)

A. 不相等　　B. 相等　　C. 最高为+1″　　D. 接近 0

20. 在等精度观测条件下，正方形一条边的观测中误差为 m，则正方形的周长中误差为(　　)。

A. m　　B. $2m$　　C. $3m$　　D. $4m$

21. 丈量某长方形的长为 $a=20\pm0.004$ m，宽为 $b=15\pm0.003$ m，则该长方形周长精度为(　　)。

A. ±10 mm　　B. ±4 mm　　C. ±5 mm　　D. ±6 mm

22. 对某角观测一测回的观测中误差为±3″，现要使该角的观测结果精度达到±1.4″，需观测(　　)个测回。

A. 2　　B. 3　　C. 4　　D. 5

23. 一条直线分两段丈量，它们的中误差分别为 m 和 n，该直线丈量的中误差为(　　)。

A. m^2+n^2　　B. mn　　C. $\sqrt{m^2+n^2}$　　D. $m+n$

24. 一条附合水准路线共设 n 站，若每站水准测量中误差为 m，则该路线水准测量中误差为(　　)。

A. $\sqrt{n}\times m$　　B. $m\times nM$　　C. $\frac{m}{\sqrt{n}}\sqrt{m^2+n^2}$　　D. $\frac{m}{n}$

25. 五边形内角和为 540°00′35″，则内角和的真误差和每个角改正数分别为(　　)。

A. +35″、7″　　B. −35″、+7″　　C. +35″、−7″　　D. −35″、−7″

26. 丈量一段距离 4 次，结果分别为 132.563 m、132.543 m、132.548 m 和 132.538 m，则算术平均值中误差和最后结果的相对中误差为(　　)。

A. ±10.8mm，1/12200　　B. ±4.7 mm，1/14100

C. ±9.4 mm，1/28200　　D. ±5.4 mm，1/24500

27. 用 DJ_6 经纬仪观测水平角，要使测角度中误差不大于 3″，应观测(　　)测回。

A. 2　　B. 4　　C. 6　　D. 8

28. 用 DJ_2 和 DJ_6 单向观测的中误差分别为(　　)。

A. ±2″、±6″　　B. $\pm 2\sqrt{2}''$、$\pm 6\sqrt{2}''$

C. ±4″、±12″　　D. ±8″、±24″

29. 一圆形建筑物半径及其中误差为 27.5±0.01 m，则圆面积中误差为(　　)。

A. ±1.32 m^2　　B. ±1.77 m^2　　C. ±1.73 m^2　　D. ±3.14 m^2

30. 水准路线每千米中误差为±8 mm，则 4 km 水准路线的中误差为(　　)mm。

A. ±32.0　　B. ±11.3　　C. ±16.0　　D. ±5.6

31. 已知三角形测角的中误差均为±4″，若三角形角度闭合差的允许值为中误差的 2 倍，则三角形角度闭合差的允许值为(　　)。

A. ±13.8″　　B. ±6.9″　　C. ±5.4″　　D. ±10.8″

32. 丈量了 AB、CD 两段距离，结果分别是 AB=814.53 m±0.05 m，CD=532.48 m ±0.05 m，则该两段距离丈量的精度关系是(　　)。

A. AB 比 CD 高　　B. AB 比 CD 低　　C. 相等　　D. 无可比性

参考文献

1. 王金玲，周无极.建筑工程测量[M].北京：北京大学出版社，2008.
2. 李仕东.工程测量[M].北京：人民交通出版社，2002.
3. 李生平，陈伟清.建筑工程测量[M].武汉：武汉理工大学出版社，2008.
4. 杨晓平，王云江.建筑工程测量[M].武汉：华中科技大学出版社，2006.
5. 许能生，吴海清.工程测量[M].北京：科学出版社，2006.
6. 陈久强，刘文生.土木工程测量[M].北京：北京大学出版社，2006.
7. 王劲松，鲁有柱.土木工程测量[M].北京：中国计划出版社，2008.
8. 李生平，陈伟清.建筑工程测量[M].3版.武汉：武汉理工大学出版社，2010.
9. 薛新强，李洪军.建筑工程测量[M].北京：中国水利水电出版社，2008.
10. 田文.工程测量[M].北京.人民交通出版社，2005.
11. 邹永廉.工程测量[M].武汉：武汉大学出版社，2000.
12. 武汉测绘科技大学测量学编写组.测量学[M].北京：测绘出版社，1993.
13. 詹长根.地籍测量学[M].武汉：武汉大学出版社，2011.
14. 建设部.中华人民共和国国家标准 国家三、四等水准测量规范：GB/T12898-2009[S].2009.
15. 建设部.中华人民共和国国家标准 工程测量规范：GB50026-2007[S].2007.
16. 住房和城乡建设部.中华人民共和国行业标准 2011 城市测量规范：CJJ/T 8-2011[S].2011.
17. 交通部.中华人民共和国行业标准 公路勘测规范：JTG C10-2007[S].2007.
18. 交通部.中华人民共和国行业标准 公路路线设计规范：JTG G20-2007[S].2007.